- gezielte Förderung von Sprachbildung und Medienkompetenz MK
- Aufgaben: üben, anwenden und vernetzen lassen

Entdecken
- handlungsorientierte Lernsituationen
- strukturierte Förderung der Medienkompetenz MK

Zwischentest

- Mit Sprechblasen gekennzeichnete Aufgaben besitzen eine sprachliche Alternative auf der angegebenen Seite im Anhang

Am Ziel
- Kompetenzzuwachs erlebbar machen und sichern
- Abschlusstest mit Lösungen im Anhang

Auf einen Blick
- Grundwissen des Kapitels im Überblick

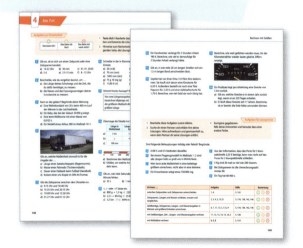

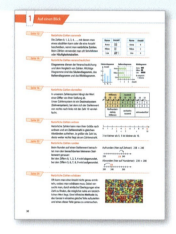

Der Anhang enthält sprachliche Alternativen von mit S. 236 gekennzeichneten Aufgaben, die Lösung zu „Startklar" und „Am Ziel" und eine Schulung zum Umgang mit Operatoren.

mathe.delta 5
Mathematik für das Gymnasium

Nordrhein-Westfalen

C.C.Buchner

mathe.delta
Nordrhein-Westfalen
Herausgegeben von Michael Kleine und Christian van Randenborgh

mathe.delta 5 – Nordrhein-Westfalen
Bearbeitet von David Bednorz, Sarah Beumann, Michael Casper, Sabine Castelli, Michael Kleine, Christian van Randenborgh, Ellen Voigt und Marcel Voldrich

> Zur vollständigen Ausgabe werden erhältlich sein:
> - Digitales Lehrermaterial **click & teach** Einzellizenz, Bestell-Nr. 611851
> - Digitales Lehrermaterial **click & teach** Box (Karte mit Freischaltcode), ISBN 978-3-661-61195-2
> - **Lösungsband**, ISBN 978-3-661-61185-3
> - **Arbeitsheft**, ISBN 978-3-661-61175-4
> - **ArbeitsheftPlus**, ISBN 978-3-661-61181-5
> - **Klassenarbeitstrainer**, ISBN 978-3-661-61191-4
>
> Weitere Materialien finden Sie unter www.ccbuchner.de.

Dieser Titel ist auch als digitale Ausgabe **click & study** unter www.ccbuchner.de erhältlich.

1. Auflage, 1. Druck 2019
Alle Drucke dieser Auflage sind, weil untereinander unverändert, nebeneinander benutzbar.

Dieses Werk folgt der reformierten Rechtschreibung und Zeichensetzung. Ausnahmen bilden Texte, bei denen künstlerische, philologische oder lizenzrechtliche Gründe einer Änderung entgegenstehen.

© 2019 C.C.Buchner Verlag, Bamberg
Das Werk und seine Teile sind urheberrechtlich geschützt. Jede Nutzung in anderen als den gesetzlich zugelassenen Fällen bedarf der vorherigen schriftlichen Einwilligung des Verlags. Das gilt insbesondere auch für Vervielfältigungen, Übersetzungen und Mikroverfilmungen. Hinweis zu § 52 a UrhG: Weder das Werk noch seine Teile dürfen ohne eine solche Einwilligung eingescannt und in ein Netzwerk eingestellt werden. Dies gilt auch für Intranets von Schulen und sonstigen Bildungseinrichtungen.

Redaktion: Frederik Töpfer
Layout und Satz: tiff.any GmbH, Berlin
Illustrationen: Jacqueline Urban, Berlin
Umschlag: HOCHVIER GmbH & Co. KG, Bamberg
Druck und Bindung: Creo Druck & Medienservice, Bamberg
www.ccbuchner.de

ISBN 978-3-661-**61165**-5

Inhaltsverzeichnis

Mathematische Zeichen und Abkürzungen 8

1 Natürliche Zahlen

Entdecken: Wir lernen uns kennen 10
1.1 Sammeln und Veranschaulichen von
  natürlichen Zahlen 12
1.2 Darstellen von natürlichen Zahlen –
  Das Zehnersystem 16
1.3 Ordnen von natürlichen Zahlen 20
1.4 Runden und Schätzen von natürlichen Zahlen . . . 22
Trainingsrunde 26
Am Ziel 30
Auf einen Blick 32

2 Rechnen mit natürlichen Zahlen

Startklar 34
Entdecken: Sportlich, sportlich 36
2.1 Zusammenhang zwischen Addieren
  und Subtrahieren 38
2.2 Schriftliches Addieren von natürlichen Zahlen . . . 40
2.3 Schriftliches Subtrahieren von
  natürlichen Zahlen 44
2.4 Zusammenhang zwischen Multiplizieren
  und Dividieren 48
2.5 Schriftliches Multiplizieren von
  natürlichen Zahlen 50
2.6 Schriftliches Dividieren von natürlichen Zahlen . . . 54
2.7 Potenzieren von natürlichen Zahlen 58
2.8 Rechenvorteile und Rechengesetze
  bei natürlichen Zahlen 62
Trainingsrunde 66
Am Ziel 70
Auf einen Blick 72

Inhaltsverzeichnis

3 Geometrische Grundbegriffe

Startklar	74
Entdecken: Falten und messen	76
3.1 Strecken und Geraden	78
3.2 Orthogonal und parallel	80
3.3 Abstand	84
3.4 Achsensymmetrie	86
3.5 Punktsymmetrie	90
3.6 Koordinatensystem	94
3.7 Verschiebungen	98
3.8 Vierecke in der Ebene	100
Trainingsrunde	104
Am Ziel	108
Auf einen Blick	110

4 Rechnen mit Größen

Startklar	112
Entdecken: Messen auf verschiedene Arten	114
4.1 Längen	116
4.2 Masse	120
4.3 Zeit	124
4.4 Geldbeträge	128
4.5 Rechnen mit Größen	130
4.6 Größen im Alltag: Wirtschaft	132
4.7 Zusammenhänge zwischen Größen: Dreisatz & Co.	136
4.8 Maßstab	140
Trainingsrunde	144
Am Ziel	148
Auf einen Blick	150

Inhaltsverzeichnis

5 Umfang und Flächeninhalt von Figuren

Startklar	152
Entdecken: Figuren spannen(d)	154
5.1 Umfang ebener Figuren	156
5.2 Flächen vergleichen und messen	160
5.3 Flächeneinheiten	162
5.4 Umfang und Flächeninhalt von Rechteck und Quadrat	166
5.5 Umfang und Flächeninhalt von rechtwinkligen Dreiecken	172
5.6 Flächeninhalt weiterer Figuren	174
Trainingsrunde	178
Am Ziel	182
Auf einen Blick	184

6 Teile und Anteile

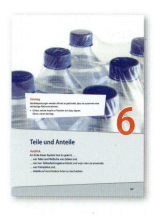

Startklar	186
Entdecken: In Ordnung bringen	188
6.1 Teiler und Vielfache	190
6.2 Teilbarkeitsregeln	192
6.3 Besondere Teiler und Vielfache: Primzahlen	196
6.4 Anteile erkennen	200
6.5 Anteile herstellen	204
6.6 Anteile auf verschiedene Arten angeben	206
Trainingsrunde	210
Am Ziel	214
Auf einen Blick	216

Aufgaben zur Sprachförderung	217
Lösungen	221
Umgang mit Operatoren	238
Stichwortverzeichnis	
Bildnachweis	
Inhaltsverzeichnis von Band 6	240

Medienkompetenzen auf einen Blick

Medienkompetenz: Digitale Werkzeuge

Erstellung eines Fragebogens mit einem *Textprogramm*	11
Schreiben eines Berichts mit einem *Textprogramm*	15
Vergleich verschiedener digitaler *Zufallsgeneratoren* für einen Würfelwurf	15
Winkelmessen mit einer *Smartphone-App*	77
Erzeugung achsensymmetrischer Gesichter mit einem *Bildbearbeitungsprogramm*	89
Digitale *Geobretter* ausprobieren	155

Medienkompetenz: Informationsrecherche

Suche nach Flüssen auf einer Weltkarte im Internet	28
Verlauf ausgewählter Kanäle	28
Täglicher Wasserverbrauch einer Person	29
Achsensymmetrie in Logos von Sportvereinen und Wappen	87
Hinweisschilder	96
Vierecke in Vereinswappen	106
Festlegung der Dauer von Tagen, Monaten und Jahren	127

Medienkompetenz: Informationsauswertung

Wettkampfkarten zum Bereich „Schwimmen"	37
Daten über verschiedene Walarten	57

Medienkompetenz: Medienproduktion und Präsentation

Auf verschiedene Arten berechnen	69
Grundeinheiten von Alltagsgrößen	114
Sinnvolles Runden von Längenangaben	119
Sinnvolles Runden von Massenangaben	123
Gewichtsentwicklung von Babys	147
Zerlegung einer Zahl in zwei Faktoren	189
Bedeutung von Primzahlen in der heutigen Welt	197

Medienkompetenz: Prinzipien der digitalen Welt

Einsatz von Besucherzählern auf Internetseiten	18

Medienkompetenz: Algorithmen erkennen

Vergleich verschiedener digitaler *Zufallsgeneratoren* für einen Würfelwurf	15

Mediencodes auf einen Blick

1 Natürliche Zahlen
61165-01	Erklärvideo zum Thema „Diagramme"	14
61165-02	Erklärvideo zum Thema „Zehnersystem"	16
61165-03	Erklärvideo zum Thema „Natürliche Zahlen ordnen"	20
61165-04	Erklärvideo zum Thema „Natürliche Zahlen runden"	22

2 Rechnen mit natürlichen Zahlen
61165-05	Erklärvideos zum Thema „Natürliche Zahlen schriftlich subtrahieren"	44
61165-06	Erklärvideo zum Thema „Natürliche Zahlen schriftlich multiplizieren"	50
61165-07	Erklärvideo zum Thema „Natürliche Zahlen schriftlich dividieren"	54
61165-08	Erklärvideo zum Thema „Natürliche Zahlen potenzieren"	58
61165-09	Erklärvideo zum Thema „Rechengesetze"	62

3 Geometrische Grundbegriffe
61165-10	Erklärvideo zum Thema „orthogonale und parallele Geraden"	80
61165-11	Erklärvideo zum Thema „Abstand"	84
61165-12	Erklärvideo zum Thema „Achsensymmetrie"	86
61165-13	Erklärvideo zum Thema „achsensymmetrische Figuren ergänzen"	87
61165-14	Erklärvideo zum Thema „Punktsymmetrie bestimmen"	90
61165-15	Erklärvideo zum Thema „punktsymmetrische Figuren zeichnen"	90
61165-16	Erklärvideo zum Thema „Koordinatensystem"	94

4 Rechnen mit Größen
61165-17	Erklärvideo zum Thema „Umrechnung von Längeneinheiten"	116
61165-18	Erklärvideo zum Thema „Umrechnung von Masseneinheiten"	120
61165-19	Erklärvideo zum Thema „Rechnen mit Zeiteinheiten"	124
61165-20	Erklärvideo zum Thema „Rechnen mit Geldbeträgen"	128
61165-21	Erklärvideo zum Thema „Mit Größen Rechnen"	130
61165-22	Erklärvideo zum Thema „Mit Maßstäben umgehen"	140

5 Umfang und Flächeninhalt von Figuren
61165-23	Erklärvideo zum Thema „Flächen vergleichen und messen"	160
61165-24	Erklärvideo zum Thema „Umrechnung von Flächeneinheiten"	162
61165-25	Erklärvideo zum Thema „Flächeninhalt eines Rechtecks"	166

6 Teile und Anteile
61165-26	Erklärvideo zum Thema „Teiler und Vielfache"	190
61165-27	Erklärvideo zum Thema „Besondere Vielfache und Teiler"	196, 198
61165-28	Erklärvideo zum Thema „Bruchschreibweise"	200
61165-29	Erklärvideo zum Thema „Anteile herstellen"	204
61165-30	Erklärvideo zum Thema „Brüche erweitern"	206
61165-31	Erklärvideo zum Thema „Brüche kürzen"	206

Verwendung

Bitte gib den gewünschten Medien-Code/Clip-Code in die Suchmaske auf www.ccbuchner.de/medien ein.

Suche: [Clip-/Medien-Code] »

Mathematische Zeichen und Abkürzungen

$\mathbb{N}$	Menge der natürlichen Zahlen	P, A, …	Punkte
=	gleich	P (x|y)	Punkt P mit den Koordinaten x und y
≈	ungefähr gleich	g, h, …	Geraden, Halbgeraden (Strahlen)
>	größer als	$\overline{PQ}$	Strecke mit den Endpunkten P und Q
<	kleiner als	$|\overline{PQ}|$	Länge der Strecke $\overline{PQ}$
≙	entspricht	$\overrightarrow{AB}$	Halbgerade (Strahl) mit Startpunkt A, die durch B verläuft
+	plus	d (P; g)	Abstand des Punktes P von der Geraden g
−	minus	U	Umfangslänge
·	mal, multipliziert mit	A	Flächeninhalt
:	geteilt durch, dividiert durch	A_O	Oberflächeninhalt
a^n	Potenz: „a hoch n"	⊥	orthogonal (senkrecht) auf
$\frac{a}{b}$	Bruch mit Zähler a und Nenner b	∥	parallel zu
ggT	größter gemeinsamer Teiler	⌐	Rechter Winkel
kgV	kleinstes gemeinsames Vielfaches		

Einstieg
In der Grundschule hast du schon vieles über Zahlen erfahren.
- In welchen Situationen braucht man Zahlen?
  Wo sind dir heute Morgen schon Zahlen begegnet? Finde Beispiele.

Natürliche Zahlen

Ausblick
Am Ende dieses Kapitels hast du gelernt, …
… wie man Zahlen der Größe nach **ordnet**.
… wie man Zahlen zum Beschreiben im **Alltag** nutzen kann.
… wie man **Kenngrößen** aus Zahlenreihen bestimmt und diese interpretiert.
… wie man **Anzahlen schätzt** und sinnvoll **rundet**.
… wie man Darstellungen wie **Stellenwerttafel** und **Zahlenstrahl** nutzt.

1 Entdecken

Du bist in einer neuen Klasse an einer neuen Schule.

Vielleicht kennst du bereits einige Mitschüler in deiner Klasse, andere jedoch noch nicht. Es wird Zeit, die neuen Mitschülerinnen und Mitschüler kennenzulernen.

Was möchtest du alles wissen? Was möchtest du von dir erzählen?

Du kannst verschiedene Informationen mit einem Fragebogen gleichzeitig erheben.

⇢ Erstellt in der Klasse einen gemeinsamen Fragebogen, auf dem Informationen stehen, die euch interessieren. Mögliche Fragen sind:

1. Wie heißt du?
2. Wie alt bist du?
3. In welchem Monat wurdest du geboren?
4. Von welcher Grundschule kommst du?

…

⇢ Führt die Befragung partnerweise durch: Füllt dazu einen Fragebogen für euren Partner oder eure Partnerin aus.

Fragebogen
1. Name: ....
2. Alter: ....
3. Geburtsmonat: ....
4. Grundschule: ....
5. Lieblingsfach: ....
6. Lieblingsfarbe: ....
7. Schulweg:
   ○ zu Fuß ○ Bus ○ Rad
   ○ Auto   ○ Sonstiges
8. Haustiere: ....
9. …

Wir lernen uns kennen

Natürliche Zahlen

Bei einer Befragung werden viele Daten gesammelt. Doch wie soll man den Überblick behalten?

Partnerarbeit:

- Tragt die Daten in der Klasse zusammen. Versuche mit einem Partner oder einer Partnerin, die Daten übersichtlich darzustellen. Nutzt Möglichkeiten, die ihr aus der Grundschule kennt.

- Überlegt: Was sind Unterschiede zwischen den verschiedenen Daten, die ihr erhoben habt, was sind Gemeinsamkeiten?
  Beispiel: „Daten nach der Lieblingsfarbe und dem Alter unterscheiden sich."
  Überlegt euch ein Vorgehen, wie man die unterschiedlichen Daten auswerten kann.

Medien & Werkzeuge

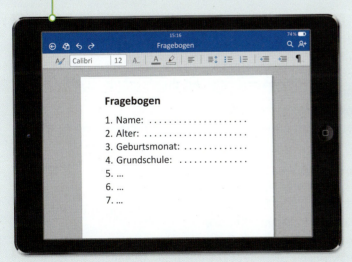

Hast du auch schon einmal mit einem Textprogramm gearbeitet? Dann probiere es doch einmal aus. Du kannst den Fragebogen auch hiermit erstellen.

Nenne Vor- und Nachteile, die dir im Vergleich zur Arbeit mit Stift und Papier auffallen

1.1 Sammeln und Veranschaulichen von natürlichen Zahlen

Entdecken

Du hast schon in der Grundschule und in der neuen Klasse Zahlen gesammelt, um Informationen zu erhalten.

- Beschreibe, wie du vorgegangen bist und die Zahlen dann übersichtlich geordnet hast.

Verstehen

Im Alltag geben wir beispielsweise bei einer Umfrage die Anzahl mit natürlichen Zahlen 0, 1, 2, 3, … an. Für die Menge der natürlichen Zahlen schreibt man $\mathbb{N} = \{0; 1; 2; 3; 4; …\}$.

Merke

Die Ergebnisse einer Umfrage können zunächst in einer Urliste angeordnet vorliegen.

Name	Alter	Lieblingstier	Lieblingssport	Geschwister
Sabine	11	Pferd	Reiten	2
Marina	12	Hamster	Trampolin	0
Peter	11	Hund	Fußball	1

Eine einfache Übersicht liefern **Strichlisten**. Die Anzahl der Striche gibt die Häufigkeit an, mit der Daten vorkommen. Somit kann man in einer Tabelle auch statt der Striche deren Anzahl als Zahl schreiben. Man nennt dieses eine **Häufigkeitstabelle**.

Lieblingstier		Anzahl
Pferd	IIII	4
Hamster	II	2
Hund	HHT III	8
Kaninchen	HHT	5

Beispiel

Bernhard und Bianca haben ihre Mitschülerinnen und Mitschüler befragt und eine Strichliste angelegt: „Welches Obst soll der Schulkiosk anbieten?" Jeder hatte eine Stimme.

Klasse	5a	5b	5c
nur Äpfel	HHT HHT II	HHT III	HHT HHT I
Äpfel und Bananen	HHT I	HHT HHT	HHT III
nur Bananen	HHT III	HHT IIII	HHT I

a) Welche Informationen kannst du aus der Tabelle ablesen?
b) Wie hätte man die Umfrage gestalten müssen, um den Einkauf gut planen zu können?

Lösung:

a) Man kann in jeder Spalte ablesen, wie viele Schülerinnen und Schüler der jeweiligen Klasse ihre Stimme abgegeben haben: z. B. in Klasse 5a 26 (12 + 6 + 8 = 26). Die Anzahl der Striche gibt an, dass insgesamt 78 Schülerinnen und Schüler teilgenommen haben. In jeder Zeile kann man ablesen, wie viele sich für die jeweilige Auswahl gemeldet haben, z. B. „nur Äpfel": 31 (12 + 8 + 11 = 31). In jeder Zelle kann man die Entscheidungen pro Klasse erkennen.

b) Man sollte die Anzahl der Äpfel und Bananen erfassen, die jeder kaufen würde. Dann hätten die Zeilen „Äpfel" und „Bananen" gereicht, um eine Kaufentscheidung zu erkennen.

Natürliche Zahlen

Nachgefragt

- Beschreibe, wie man mit seltenen Antworten in Umfragen umgehen kann.
- Erkläre, warum man zunächst Strichlisten anlegt, statt die Anzahl aufzuschreiben.

1 Laura und Malte wollen Klassensprecher werden.
  a) Beschreibe, welche Informationen du der Strichliste entnehmen kannst.
  b) Wer hat die Wahl gewonnen? Erstelle eine Häufigkeitstabelle. Fasse Jungen und Mädchen zusammen.

	Laura	Malte
Jungen	IIII	HHT III
Mädchen	HHT HHT	HHT I

2 In Klasse 5c haben acht Kinder kein Haustier, zwölf haben genau ein Haustier, vier genau zwei Haustiere und drei Kinder haben drei oder mehr Haustiere.
  a) Erstelle eine Häufigkeitstabelle. Bestimme damit die Anzahl der Kinder in der Klasse.
  b) Gib an, wie viele Kinder weniger als drei (mehr als zwei) Haustiere haben.

3 Von der Klassenfahrt sind Fotos ausgehängt, die man bestellen kann.
  a) Erstelle anhand der Tabelle rechts eine Liste für die Bestellung der Bilder.
  b) Berechne den Preis für alle Fotos, wenn ein Bild 12 ct kostet.
  c) Gib an, wie viel Geld von Toni (Perth, Celin, Rike) eingesammelt wird.

Aufgaben

Yasmin	1, 5, 6, 7
Mathias	1, 2, 4, 7
Sebastian	1, 3, 6
Toni	1, 2, 3, 5, 7
Laura	1, 4, 6, 7
Andreas	2
Amira	3, 5, 7
Perth	1, 7
Alex	6, 7
Ahmed	2, 5, 7
Silvia	3, 7
Matze	2, 5, 7
Celin	3, 5, 7
Thomas	2, 7
Rike	1, 3, 4, 7
Moritz	2, 5, 7
Leni	1, 5, 7
Kirsten	4, 6, 7
Jordan	2, 5, 6, 7
Yvonne	1, 4, 5, 7
Natascha	4, 5, 7
Ali	7
Sabrina	5, 6, 7

4 Mädchen mögen Pferde, Jungen mögen Hunde und spielen gerne Fußball. Mädchen spielen lieber mit Puppen.
  a) Beschreibe weitere ähnliche Ansichten, die du über Jungen und Mädchen kennst.
  b) Führe in deiner Klasse eine Befragung durch und untersuche, ob die Ansichten stimmen.

Alles klar?

5 Die Strichliste gibt an, wie viel Zeit Schülerinnen und Schüler eines 5. Jahrgangs täglich mit ihren Hobbys verbringen.
  a) Bestimme die Anzahl derjenigen, die …
   1 insgesamt weniger als 60 Minuten Zeit mit ihren Hobbys verbringen.
   2 mehr als 15 Minuten für ihre Hobbys aufwenden.
  b) Die Beschreibung „weniger als …" ist nicht klar. Erkläre. Finde bessere Beschreibungen.

Zeit pro Tag	
weniger als 15 min	HHT III
weniger als 30 min	HHT HHT II
weniger als 1 h	HHT HHT HHT I
weniger als 90 min	HHT HHT HHT HHT IIII
mehr als 90 min	III

1.1 Sammeln und Veranschaulichen von natürlichen Zahlen

> **Weiterdenken**
>
> Viele Dinge in unserer Umwelt lassen sich abzählen und durch Zahlen beschreiben. Diagramme können helfen, einen Überblick zu bekommen.
>
> Es gibt verschiedene Möglichkeiten, Daten in Diagrammen zu veranschaulichen.
>
> **Beispiel:** Lieblingsgerichte der Fünftklässler am Heinrich-Böll-Gymnasium
>
>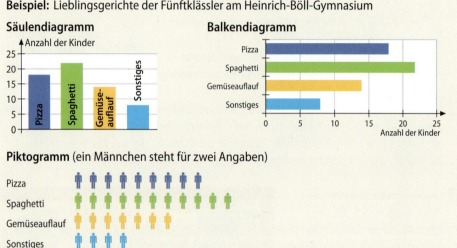

So fertigst du ein Säulendiagramm an:

1. *Zeichne einen senkrechten und einen waagerechten Zahlenstrahl bzw. eine Linie.*
2. *Trage an der senkrechten Linie ab, wie oft die Daten vorkommen; schreibe an die waagerechte Linie, was erfasst werden soll.*

Erklärvideo

Mediencode 61165-01

6 Die Tabelle zeigt, wie viel monatliches Taschengeld je nach Alter empfohlen wird:

Alter	6–7 Jahre	8–9 Jahre	10–11 Jahre	12–13 Jahre	14–15 Jahre	16–17 Jahre
Taschengeld	6 €	8 €	12 €	20 €	30 €	40 €

Der Sachverhalt wird unterschiedlich dargestellt:

1 Piktogramm   **2** Säulendiagramm

a) Finde heraus, wofür eine Münze im Piktogramm steht.
b) Beschreibe Gemeinsamkeiten und Unterschiede beider Darstellungen.

7 Bestimme die Anzahl der roten, gelben, … Gummibärchen in der Abbildung.
a) Lege dazu eine geeignete Tabelle an, in der du die Farben abzählst.
b) Stelle das Ergebnis in einem passenden Diagramm dar. Begründe deine Diagrammwahl.

8  Das Piktogramm zeigt die Anzahl der Passagiere am Flughafen Paderborn-Lippstadt. Ein Flugzeug steht für 150 000 Passagiere.
a) Gib die Anzahl der Passagiere in den einzelnen Jahren in einer Tabelle an.
b) Im Jahr 2020 erwartet der Flughafen ca. 675 000 Passagiere. Erstelle das passende Piktogramm.
c) Medien und Werkzeuge: Schreibe einen Bericht zur Entwicklung der Passagierzahlen im dargestellten Zeitraum.

Du kannst für den Bericht ein Textprogramm verwenden.

9 Die Tabelle gibt die Geburtsmonate der Schülerinnen und Schüler einer 5. Klasse an.

Monat	1	2	3	4	5	6	7	8	9	10	11	12
Geburtstage	4	?	3	4	1	1	2	6	1	3	0	4

a) In die Klasse gehen insgesamt 31 Kinder. Erstelle ein Säulendiagramm. Bestimme dazu zunächst die Anzahl der Kinder, die im Februar Geburtstag haben.
b) Erstelle eine Tabelle für deine Klasse und zeichne ein entsprechendes Diagramm.

10 Die Auswertung einer Umfrage in der Klasse 5a ergibt die abgebildeten Diagramme.

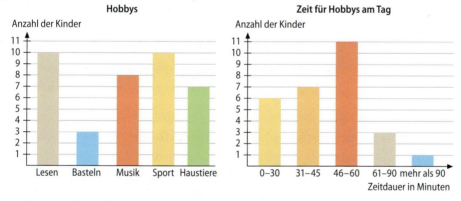

a) Welche Information kannst du jedem Diagramm entnehmen, welche nicht?
b) Stelle die Ergebnisse der Befragung jeweils in einer Tabelle dar.
c) Wie viele Kinder wurden insgesamt befragt?
d) Welches Diagramm kannst du in ein Piktogramm umsetzen, welches nicht so gut? Probiere aus und begründe deine Antwort.

11 Timo behauptet: „Die 6 fällt beim Würfeln viel zu selten." Um das zu überprüfen, wirft er einen Würfel 60-mal und notiert sich die Ergebnisse.
a) Gib an, wie oft Timo die „6" bei seiner Überprüfung erwartet.
b) Probiere aus und wirf einen Würfel 60-mal. Stelle das Ergebnis in einem geeigneten Diagramm dar.
c) Vergleiche deine Erwartung aus a) mit dem Ergebnis aus b). Stimmen sie überein? Gibt es Unterschiede? Finde Erklärungen.
d) Medien und Werkzeuge: Suche im Internet nach „Zufallsgeneratoren". Probiere einige der Programme aus und beurteile sie für einen solchen Würfelwurf.

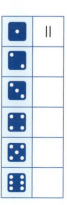

1.2 Darstellen von natürlichen Zahlen – das Zehnersystem

Entdecken

„Hohe Hausnummer" ist ein Würfelspiel für mehrere Spieler. Ihr braucht dazu pro Gruppe einen Würfel und je Spieler ein Blatt mit sechs vorgegebenen Ziffernfeldern.

- Spielregel: Jeder Spieler würfelt. Die gewürfelte Augenzahl trägt er in ein Feld seiner Wahl ein. Die sechs Ziffern bilden zusammen eine Zahl. Gewonnen hat, wer nach sechs Würfen die größte (Variante: kleinste) Zahl („Hausnummer") hat.
- Du würfelst die Augenzahl „5". Beschreibe den Wert der „5", wenn er an verschiedenen Stellen eingesetzt wird.
- Formuliert Regeln, in welches Feld man welche Zahl am besten einträgt.

Verstehen

Alle natürlichen Zahlen lassen sich in unserem Zahlsystem mit den zehn Ziffern 0, 1, 2, 3, 4, 5, 6, 7, 8, 9 darstellen. Deshalb nennen wir unser System auch Dezimalsystem oder Zehnersystem.

Merke

decem (lat.): zehn

Stellenwerttafel

Billionen			Milliarden			Millionen			tausend					
H	Z	E	H	Z	E	H	Z	E	H	Z	E	H	Z	E
1	5	0	3	0	5	5	7	0	0	1	6	1	0	5
einhundert-fünfzig Billionen			dreihundertfünf Milliarden			fünfhundert-siebzig Millionen			sechzehn-tausend			einhundertfünf		

Die Stellenwerte vervielfachen sich von rechts nach links mit der Zahl 10.

In unserem Zahlensystem hängt der Wert einer **Ziffer** von ihrer Stelle ab. Beispielsweise hat die Ziffer 5 je nachdem, an welcher Stelle sie innerhalb einer **Zahl** steht, einen unterschiedlichen Wert. Man spricht deshalb von einem Stellenwertsystem.

Die **Stellenwerte** vervielfachen sich von rechts nach links mit der Zahl 10. Nach jeweils drei Schritten erhalten Stellenwerte eine neue Bezeichnung (z. B. Millionen).

37 — Zahl, Ziffer Ziffer

Beispiel

Trage die Zahl in eine Stellenwerttafel ein.
a) dreitausendsechsundsiebzig
b) vierundachtzigtausenddreihundertzweiundzwanzig
c) zwei Milliarden dreihundertelf Millionen achthundertelftausendvierhundert

Lösung:

	Milliarden			Millionen			tausend						
	H	Z	E	H	Z	E	H	Z	E	H	Z	E	
a)										3	0	7	6	3076
b)								8	4	3	2	2	84 322
c)			2	3	1	1	8	1	1	4	0	0	2 311 811 400

Zur besseren Lesbarkeit kann man große Zahlen in Dreierpäckchen gliedern:
z. B. 2 311 811 400 statt 2311811400

Natürliche Zahlen

Nachgefragt

- Zwei Zahlen haben gleich viele Ziffern. Beschreibe, wie man entscheiden kann, welche Zahl größer ist.
- Finde alle Zahlen, die man aus den Ziffern 8, 5, 1, 1 bilden kann, sodass die Zahl größer ist als 1200, aber kleiner als 1800. Beschreibe dein Vorgehen.

Aufgaben

1 Zeichne wie auf der Vorseite eine Stellenwerttafel bis Billionen in dein Heft. Trage dort die folgenden Zahlen ein.
   a) sechzehn Millionen
   b) dreihundertvierundvierzig Millionen
   c) sieben Millionen
   d) zwölf Millionen dreihunderttausend
   e) 7 Milliarden 7 Millionen 7 Tausend
   f) acht Billionen elf Millionen viertausend
   g) neunhundertachtundzwanzig Milliarden dreiundfünfzig Millionen fünfhundertzweitausendneunhundertneunundneunzig

Zahlen unter einer Million werden in Worten klein und zusammen geschrieben, Zahlen ab einer Million schreibt man getrennt.

2
   19 000   39 860   130 912   675 123 841   1 000 222 000 333
   5760   4 000 000   999 333 444   49 700 000 009   123 800 112

   a) Schreibe die angegebenen Zahlen in Worten.
   b) Ordne alle Zahlen der Größe nach, beginne mit der kleinsten.

3 Wie heißt die Zahl? Schreibe als Wort auf.
   a) 94 787 689   b) 4 004 214   c) 9 000 000 000   d) 101 010 101 010
   e) 65 383 968   f) 123 800 112   g) 1 000 222 000 333   h) 12 345 678 910

4 Gliedere die Zahl in Dreierpäckchen und lies sie laut vor.

   Beispiel: 29876513 = 29 876 513 („29 Millionen 876 Tausend 513")

   a) 65398   231966   415263   300300   1100111   34434334
   b) 50550550   12345678   123456789   535781246   2190000358
   c) 1234567890   44444444444   99000040000050   10101010101010101

Alles klar?

5 a) Schreibe als Zahl:
      1 sieben Millionen sechshundertdreitausend
      2 vierzehn Milliarden siebenhundertdreizehntausendzweiundzwanzig
   b) Schreibe die Zahl in Worten: 1 124 653 000 210   2 45 098 400 208

6 Benenne den Wert der Ziffer 6, wenn sie bei einer Zahl an der
   1 4. Stelle   2 8. Stelle   3 12. Stelle von hinten steht.

7 Gib an, wie viele natürliche Zahlen zwischen den beiden Zahlen liegen.
   a) 45 und 56   b) 2988 und 3002   c) 76 990 und 77 005   d) 99 986 und 100 001
   62 und 98   1712 und 4623   51 780 und 59 270   217 405 und 284 305

1.2 Darstellen von natürlichen Zahlen – das Zehnersystem

*Bei den natürlichen Zahlen nennt man jede um 1 größere Zahl **Nachfolger** und um 1 kleinere Zahl **Vorgänger**.*

8 Übertrage die Tabelle in dein Heft und fülle die Lücken aus.

a)

Vorgänger	Zahl	Nachfolger
	856	
	1000	
		3600
	12 999	
		559 000
123 888		

b)

Vorgänger	Zahl	Nachfolger
599 999		
	869 989	
		300 500
3 999 998		
	1 000 000	
	999 999 999	

9 Übertrage ins Heft. Setze das richtige Zeichen (< oder >) ein. Nutze die Stellenwerte.

a) 5126 ▒ 5128
13 700 ▒ 13 007
1357 ▒ 7531

b) 45 008 ▒ 45 080
24 256 ▒ 24 526
99 999 ▒ 100 000

c) 220 202 ▒ 202 220
4 405 817 ▒ 467 125
9 887 765 ▒ 9 888 775

10 Du weißt bereits, dass du Zahlen am Zahlenstrahl darstellen kannst. Lies die markierten Zahlen ab. Gib zunächst die Unterteilung des Zahlenstrahls an.

a) A B C D E F G H
0 1000 2000 3000 4000 5000 6000 7000 8000 9000 10 000

Mit „Mio" kürzt man Millionen ab.

b) A B C D E F G H I
0 1 Mio. 2 Mio. 3 Mio. 4 Mio. 5 Mio. 6 Mio. 7 Mio. 8 Mio. 9 Mio. 10 Mio.

Sie sind Besucher

2947195

auf dieser Website.

11 Manche Internetseiten zeigen, wie oft die Seite bisher aufgerufen wurde (siehe Abbildung).
a) Gib an, welche Zahl ① dem vorherigen ② dem nachfolgendem Besucher angezeigt wird.
b) Bestimme, wie viele Besucher der Zähler dieser Seite höchstens anzeigen kann.
c) **Medien und Werkzeuge:** Finde im Internet Seiten, auf denen die Besucher gezählt werden. Überprüfe, was passiert, wenn du eine Seite wiederholt besuchst. Finde Gründe für den Einsatz solcher Zähler.

12 Die Tabelle enthält Daten der acht Planeten unseres Sonnensystems.

Planet	Abstand zur Sonne	Durchmesser
Erde	149 600 000 km	12 736 km
Jupiter	777 920 000 km	142 643 km
Uranus	2 872 320 000 km	51 100 km
Merkur	57 895 200 km	4878 km
Mars	227 392 000 km	6763 km
Venus	108 160 800 km	12 099 km
Neptun	4 502 960 000 km	49 670 km
Saturn	1 428 680 000 km	119 973 km

a) Schreibe die Abstände zur Sonne in Worten.
b) Ordne die Planeten nach ihrem Abstand zur Sonne.
c) Stelle die Durchmesser der Planeten auf einem geeigneten Zahlenstrahl dar.

Natürliche Zahlen

Weiterdenken

Die Römer benutzten früher ein Zahlsystem, bei dem jedes verwendete Zeichen einen festen Wert hatte.

Zeichen	I	V	X	L	C	D	M
Wert	1	5	10	50	100	500	1000

M wie mille (lat.): 1000
C wie centum (lat.): 100
L als „Hälfte" von C: 50
X als „Doppeltes" von V: 10
V als Handsymbol: 5
I als Fingersymbol: 1

Heutige Regeln zur Schreibweise:
1. Die Zeichen werden von links nach rechts mit absteigendem Wert notiert und dann addiert, z. B. CXV = 100 + 10 + 5 = 115.
2. Es dürfen I, X und C höchstens dreimal; V, L und D nur einmal vorkommen.
3. Steht ein kleineres Zeichen vor einem größeren, wird subtrahiert, z. B. CM = 1000 − 100 = 900. In dieser umgekehrten Reihenfolge gibt es nur folgende Differenzen: IV = 4   IX = 9   XL = 40   XC = 90   CD = 400   CM = 900

13 a) Wandle in unser Dezimalsystem um.
   Beispiel: MCMLXXIV = 1000 + (1000 − 100) + 50 + 10 + 10 + (5 − 1)
   = 1000 + 900 + 50 + 10 + 10 + 4 = 1974
   1) XXXVIII; CCXXV; DCLXV   2) CDXXX; MCMXLV; MMLVII
b) Schreibe als römische Zahl.
   1) dein Geburtsdatum   2) dein Alter   3) deine Hausnummer
   4) das heutige Datum   5) die Anzahl der Kinder deiner Klasse
c) Ordne den Zahlen die römische Schreibweise zu.

   388   190   309   2525   213   CDLXX   XVII   CCCIX   CCCLXXXVIII
   470   66   1004   17   LXVI   CXC   MMDXXV   MIV   CCXIII

14 **Argumentieren und Begründen**
Erkläre, dass das römische Zahlensystem kein Stellenwertsystem ist.
Idee:
- Nenne Eigenschaften des Stellenwertsystems.
- Vergleiche diese Eigenschaften mit dem römischen Zahlsystem.
- Gib Beispiele für deine Aussagen an.

15 Wann erhielten die Städte ihre Stadtrechte? Ordne der Reihenfolge nach.

a) Olpe MCCCXI
b) Büren MCXCV
c) Xanten XCVIII
d) Erftstadt MCMLXIX

16 Obelix bietet Hinkelsteine in verschiedenen Klassen (I bis VI) an und hat notiert, wie viele Steine er von jeder Sorte auf Lager hat.
Ein Sesterz ist ein Zahlungsmittel im antiken Rom.
a) Übersetze die Tabelle in unser Zahlensystem.
b) Berechne, wie viele Sesterzen Obelix einnimmt, wenn er alle Hinkelsteine verkauft.

Klasse	Anzahl	Preis
I	IV	CCXX
II	III	CLXXIX
III	I	D
IV	IX	XCIX
V	XIII	LXXIV
VI	II	CML

Die Preise sind in Sesterzen angegeben.

1.3 Ordnen von natürlichen Zahlen

Entdecken

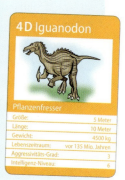

Die Schülerinnen und Schüler der Klasse 5a spielen gerne „Dinosaurier-Quartett".

- Welche Karte hättest du am liebsten? Begründe.
- Gib verschiedene Möglichkeiten an, die Karten zu ordnen.

Verstehen

Wenn wir Gegenstände vergleichen, spielt die Reihenfolge eine wichtige Rolle. Die Beurteilung, ob das besser ist, was größer, länger, … ist, hängt von der Sichtweise ab.

Erklärvideo

Mediencode 61165-03

Merke

Natürliche Zahlen kann man der Größe nach **ordnen** und am **Zahlenstrahl** in **gleichen Abständen** aufreihen: Je größer eine Zahl ist, desto weiter rechts liegt sie am Zahlenstrahl.

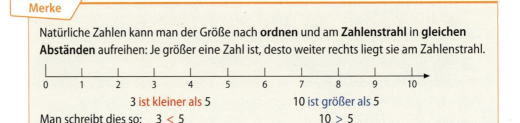

3 ist kleiner als 5   10 ist größer als 5

Man schreibt dies so: 3 < 5   10 > 5

Beispiele

I. Auf dem Zahlenstrahl sind einige Stellen rot markiert. Welche Zahlen sind dies?

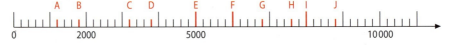

Lösung:
A: 1200; B: 1800; C: 3200; D: 3800; E: 5000; F: 6000; G: 6800; H: 7600; I: 8000; J: 8800

II. Markiere auf dem Zahlenstrahl in rot die folgenden Zahlen:
a) 40 000   b) 200 000   c) 350 000   d) 530 000

Lösung:

Nachgefragt

- Welches ist die kleinste (größte) natürliche Zahl? Erkläre deine Lösung.
- Jede natürliche Zahl hat genau zwei Nachbarzahlen. Stimmt das? Begründe.

Natürliche Zahlen

Aufgaben

1 Lies die markierten Zahlen ab. Nenne Gemeinsamkeiten und Unterschiede der beiden Zahlenstrahlen.

2 Zeichne jeweils einen Zahlenstrahl und markiere die folgenden Zahlen.
a) 15; 2; 9; 10; 8; 6; 12; 3
b) 30; 110; 45; 75; 15; 60; 90
c) 150; 500; 250; 400; 550
d) 2000; 10 000; 7000; 6500; 8000

Tipp: Überlege dir zunächst eine geeignete Einteilung des Zahlenstrahls.

3 Übertrage in dein Heft und setze für ■ das passende Zeichen (<, > oder =) ein.
a) 527 ■ 517
   438 ■ 483
   1101 ■ 1101
b) 6130 ■ 6103
   15 250 ■ 15 150
   8581 ■ 8518
c) 11 899 ■ 11 989
   50 678 ■ 50 673
   91 234 ■ 91 243
d) 0 ■ 432
   33 313 ■ 33 331
   99 999 ■ 10 000

4 a) Lies auf einem Ausschnitt des Zahlenstrahls die markierten Zahlen ab.

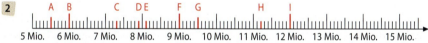

b) Trage die Zahlen auf einem Zahlenstrahl in deinem Heft ein.
① 812; 834; 850; 865; 878; 898
② 1550; 1570; 1605; 1635; 1655; 1670

5 Ordne die Zahlen der Größe nach. Bei richtiger Anordnung ergibt sich ein Lösungswort.
a) Beginne mit der kleinsten Zahl.
① 122 (S); 24 (W); 83 (S); 506 (N); 42 (I); 371 (E)
② 777 (T); 767 (C); 677 (A); 666 (M); 776 (H)
③ 2233 (S); 2332 (H); 3322 (U); 2333 (L); 3232 (A); 2323 (C)
b) Beginne mit der größten Zahl.
① 997 (T); 49 (E); 6450 (M); 530 (H); 1350 (A)
② 9090 (E); 9900 (U); 9990 (Z); 9099 (B); 9009 (R); 9909 (A)

6 Tom ist so groß wie Arne. Ben ist kleiner als Malte. Tom ist aber größer als Malte. Dafür ist Arne kleiner als Vincent.
a) Gib an, wie der Junge mit der roten Schleife heißt.
b) Gib den Namen von dem Jungen in der Mitte an.

7 Übertrage in dein Heft und setze für die Platzhalter ■ und ● natürliche Zahlen ein. Gib mehrere Möglichkeiten an, wenn es sie gibt.
a) 48 < ■ < 57
b) 9 < ■ < ● < 14
c) 108 > ■ > ● > 96
d) ■ < 4 < ● = 9

1.4 Runden und Schätzen von natürlichen Zahlen

Entdecken

In der amtlichen Statistik und der Zeitungsmeldung werden unterschiedliche Zahlen genannt.

Stadt	Einwohnerzahl
Köln	1 060 582
Düsseldorf	612 178
Duisburg	491 231
Bonn	318 809
Leverkusen	163 487
Neuss	155 414

- Erkläre, wie die Angaben in der Zeitung zustande kommen.
- Schreibe den Text mithilfe der Angaben aus der Tabelle weiter.

Bevölkerungsentwicklung
Entlang des Rheins haben sich die Bevölkerungszahlen für ausgewählte Städte in den letzten Jahren leicht erhöht. Zurzeit wohnen in Köln mehr als 1 Mio Menschen, in Düsseldorf über 600 000, in Duisburg fast 500 000 und in Neuss knapp 160 000.

Verstehen

Im Alltag ist die genaue Angabe einer Zahl in vielen Fällen gar nicht so wichtig, häufig reicht ein gerundeter Wert aus.

Merke

Beim **Runden** bestimmt man eine annähernd gleich große Zahl. Dazu betrachtet man den benachbarten kleineren Stellenwert (rechts von der Rundungsstelle): Bei den Ziffern …

0, 1, 2, 3, 4 wird abgerundet. 5, 6, 7, 8, 9 wird aufgerundet.

Abrunden (hier auf Hunderter):   Aufrunden (hier auf Zehner):

 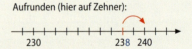

Beim Runden verwendet man das Zeichen ≈ (sprich: „ungefähr" bzw. „rund").

Erklärvideo — Mediencode 61165-04

Beispiel

Runde die Zahl 567 185 auf die angegebene Stelle. Erkläre dein Vorgehen.
a) Zehner (Z)   b) Tausender (T)   c) Zehntausender (ZT)

Lösung:
a) Z: 567 185 ≈ 567 190   Rechts auf die Rundungsstelle folgt eine 5, also wird aufgerundet.
b) T: 567 185 ≈ 567 000   Rechts auf die Rundungsstelle folgt eine 1, also wird abgerundet.
c) ZT: 567 185 ≈ 570 000 Rechts auf die Rundungsstelle folgt eine 7, also wird aufgerundet.

Nachgefragt

- Bestimme die ① kleinste, ② größte Zahl, die beim Runden auf Hunderter die Zahl 1300 (2000) ergibt.
- Runde die Zahl 9999 auf Zehner (Hunderter, Tausender). Beschreibe, was dir auffällt.

Aufgaben

1 a) Runde auf Zehner (auf Hunderter).
   ① 236; 491; 712; 650; 888
   ② 1772; 2495; 3821; 5999
   ③ 12 304; 71 508; 44 298; 99 999
   ④ 99; 101; 9090; 99 950
b) Runde auf Tausender (auf Zehntausender).
   ① 24 605; 55 440; 18 711; 79 936; 61 458
   ② 84 848; 55 014; 219 972; 12 959
   ③ 12 703; 81 420; 92 655; 31 982
   ④ 124 739; 315 071; 71 572; 9324
c) Runde auf Millionen (auf Hunderttausender).
   ① 8 563 906; 20 482 531; 707 473 989
   ② 99 599 999; 113 022 333; 1739
   ③ 2 873 572; 17 802 501; 350 901 772
   ④ 512; 48 103; 35 781 320

Natürliche Zahlen

2 a) Bei welchen Angaben sollte man lieber nicht runden? Begründe deine Antwort.
Telefonnummer; Einwohnerzahl von Köln; Entfernung zwischen Dortmund und Essen; Postleitzahl von Bielefeld; Höhe des Kahlen Asten; Schuhgröße
b) Finde weitere Beispiele, bei denen Zahlen nicht gerundet werden sollten.
c) Erkläre, wovon es abhängt, ob man eine Zahl rundet oder lieber exakt angibt.

3 Auf welche Stelle wurde jeweils gerundet? Begründe deine Antwort.
a) 151 117 ≈ 151 120
b) 151 117 ≈ 150 000
c) 151 117 ≈ 200 000
d) 2 670 946 ≈ 2 670 900
e) 2 670 946 ≈ 2 671 000
f) 2 670 946 ≈ 2 700 000

Verteilung des Namens „Weber" in Deutschland.

4 Die Tabelle zeigt die zehn häufigsten Familiennamen in Deutschland. Runde auf Tausender und ordne nach der Häufigkeit. Stelle das Ergebnis in einem Balkendiagramm dar.

Becker	74 009	Schmidt	190 584
Fischer	97 658	Schneider	115 749
Hoffmann	71 440	Schulz	73 736
Meyer	83 586	Wagner	79 732
Müller	256 003	Weber	86 061

Alles klar?

5 a) Runde auf Zehner, Hunderter, Tausender und Zehntausender:
① 117 354 ② 98 972
③ 5 095 471

15 645 ≈ 15 650 ≈ 15 700

b) Okan soll 15 645 auf Zehner und Hunderter runden. Beschreibe sein Vorgehen. Beurteile seine Lösung.

6 a) Gib drei Zahlen an, die beim Runden auf Hunderter die Zahl 2500 ergeben.
b) Gib an, wie viele Zahlen es gibt, die beim Runden auf Hunderter auf die Zahl 2500 aufgerundet (abgerundet) werden.

7 Leider schleichen sich beim Runden auch Fehler ein. Erkläre jeweils, welcher Fehler gemacht wurde und korrigiere ihn.

a) 24 356 ≈ 24 300 *f*
b) 482 715 ≈ 490 000 *f*
c) 889 ≈ 880 *f*
d) 1498 ≈ 2000 *f*
e) 4 501 000 ≈ 10 000 000 *f*
f) 571 316 ≈ 571 310 *f*

8 a) Übertrage die Angaben in dein Heft und gib jeweils alle Ziffern an, die du für ■ einsetzen kannst, damit die Rundung stimmt.
① 589■ ≈ 5890   ② 4■45 ≈ 5000   ③ 48■ ≈ 490
6■41 ≈ 7000   2■2 ≈ 200   25■2 ≈ 2600
34■94 ≈ 35 000   348■4 ≈ 34 900   3■894 ≈ 30 000
b) Begründe, dass es für jedes ■ in a) gleich viele Ziffern gibt, die du einsetzen kannst.

9 Finnja besitzt 46 €. Sie geht mit dem Geld ins Kaufhaus und kauft sich für rund 20 € einen Fußball und für rund 30 € ein Computerspiel. Wie kann das sein?

1.4 Runden und Schätzen von natürlichen Zahlen

10 a) Paul und Sara bekommen jeweils rund 15 € Taschengeld. Heißt das, sie bekommen gleich viel? Wie groß kann der Unterschied höchstens sein?
b) Beim letzten Fußballländerspiel waren rund 70 000 Zuschauer im Stadion. Wie viele Zuschauer waren es mindestens, wie viele höchstens?

S. 217

11 Die Übersicht zeigt die Anzahl der Pkw-Zulassungen der fünf stärksten Automarken in Deutschland. Ein Auto steht dabei für 50 000 Zulassungen.

1. Volkswagen 🚗🚗🚗🚗🚗🚗🚗🚗🚗🚗🚗
2. Mercedes 🚗🚗🚗🚗🚗🚗
3. Opel 🚗🚗🚗🚗🚗🚗
4. BMW 🚗🚗🚗🚗🚗
5. Audi 🚗🚗🚗🚗🚗

Ford 243 845   Renault 149 516   Toyota 147 995

a) Gib die Anzahl der Zulassungen der einzelnen Automarken an. Bestimme die kleinste und größte mögliche Anzahl.
b) Sind die Plätze 2 und 3 bzw. 4 und 5 austauschbar? Begründe.
c) Ergänze das Piktogramm um die Marken Ford, Renault und Toyota in deinem Heft.

12 Die Tabelle zeigt die Anzahl der Zuschauer verschiedener Vereine, die im Durchschnitt in einer Bundesligasaison ein Heimspiel besucht haben.
a) Runde die Zahlen auf Tausender und ordne sie der Größe nach.
b) Runde die Zahlen auf Zehntausender und ordne sie wiederum. Welche Probleme hast du beim Erstellen der Ordnung? Erkläre.
c) Erstelle ein geeignetes Diagramm zu den Zuschauerzahlen. Welche Rundungen verwendest du? Begründe deine Antwort.

Verein	Durchschnitt Zuschauer pro Heimspiel
Bayer 04 Leverkusen	29 311
Bor. Mönchengladbach	50 660
Werder Bremen	40 946
Schalke 04	61 578
RB Leipzig	37 452
Hertha BSC Berlin	50 185
Eintracht Frankfurt	47 618
Borussia Dortmund	80 463
Bayern München	72 882
VfL Wolfsburg	28 199

Weiterdenken

Oftmals kann man im Alltag die genaue Anzahl einer Größe nicht ermitteln. Dann schätzt man eine Zahl, die möglichst nahe am tatsächlichen Wert liegt.

Hilfreiche Methoden für das Schätzen sind:
- Man teilt das Ganze beispielsweise mit einem Zählgitter in einzelne gleiche Felder auf und untersucht eines dieser Felder genauer. Anschließend vervielfacht man die Anzahl entsprechend der Anzahl der Gitterfelder.
- Man sucht eine Vergleichsgröße und nutzt seine Alltagserfahrung aus.

13 a) Beschreibe, worauf du beim Auszählen mit dem Zählgitter achten musst, damit eine gute Schätzung möglichst gut ist. Nutze das Foto aus dem Kasten.
b) Finde Beispiele aus dem Alltag, in denen du Zahlen über Vergleichsgrößen schätzt.

14 Schätze und erkläre, wie du zu deinem Ergebnis kommst.
   a) Höhe deiner Schule
   b) Anzahl der Fenster deiner Schule
   c) Anzahl der Blätter eines Baums
   d) Anzahl der Weizenhalme auf einem Feld

15 a) Schätze die Anzahl der Vögel, Zuschauer, Äpfel bzw. Mauersteine auf den Fotos. Beschreibe dein Vorgehen.

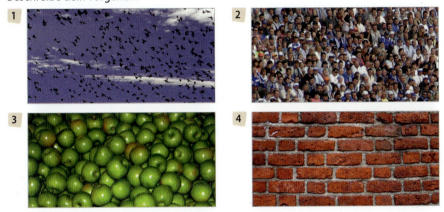

   b) Man kann die Bilder in a) zum Schätzen in unterschiedlich große Rechtecke aufteilen. Welche Vor- und welche Nachteile bringt das mit sich?

16 Schätze die folgenden Größen. Beschreibe jeweils dein Vorgehen.
   a) Anzahl der Haare auf deinem Kopf
   b) Länge deines Schulwegs
   c) Anzahl der kleinen Kästchen auf einer DIN-A4-Seite
   d) Zeit, die du bisher in deinem Leben mit Zähneputzen (schlafen, essen) verbracht hast.

17 Wie viele Erbsen sind in einer 500-g-Packung?
Schätze die Anzahl der Erbsen auf unterschiedliche Arten. Beschreibe dein Vorgehen.

18 In einem Zeitungsbericht steht: „Nach Angabe der Veranstalter nahmen an der Demonstration 20 000 Menschen teil. Die Polizei dagegen sprach nur von 12 000 Teilnehmern." Wie kann es zu diesen Unterschieden kommen? Begründe.

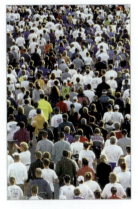

S. 217

19 In Deutschland kommen auf 100 Einwohner durchschnittlich 66 Autos und genauso viele Fernsehgeräte, 82 Fahrräder und 104 Smartphones. Für 100 000 Einwohner gibt es durchschnittlich 27 Apotheken.
   a) Gib an, wie viele Autos, Fernseher, ... es der angegebenen Schätzung zufolge in deinem Wohnort (in Dortmund, in Deutschland) gibt.
   b) Suche Gründe dafür, dass die in a) geschätzten Anzahlen nicht den tatsächlichen Werten entsprechen.
   c) Zeichne ein Diagramm, das den Sachverhalt gut widerspiegelt.

1 Trainingsrunde: Differenziert

Die folgenden Aufgaben behandeln alle Themen, die du in diesem Kapitel kennengelernt hast. Auf dieser Seite sind die Aufgaben in zwei Spalten unterteilt. Die **grünen** Aufgaben auf der linken Seite sind etwas einfacher als die **blauen** auf der rechten Seite. Entscheide bei jeder Aufgabe selbst, welche Seite du dir zutraust!

1 Lies so genau wie möglich ab, welche Zahlen jeweils auf dem Zahlenstrahl rot markiert wurden.

a)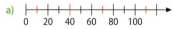
b)

a)
b)

2 Das Piktogramm zeigt, wie viele Fahrzeuge in einer Stunde über eine Kreuzung fuhren.
Ein Bild steht für 15 gezählte Fahrzeuge.

Auto

Lkw

Bus

a) Bestimme, wie viele Autos gezählt wurden.
b) Gib an, wie viele Fahrzeuge insgesamt während der Zeit gezählt wurden.
c) Stelle den Sachverhalt in einem Balkendiagramm dar.

a) Bestimme, wie viele Autos und LKW zusammen gezählt wurden.
b) Kann man anhand der Zählung die Anzahl der Fahrzeuge an einem Tag bestimmen? Begründe.
c) Erstelle zum Sachverhalt ein Diagramm deiner Wahl.

3 Trage die Zahlen in eine Stellenwerttafel ein.

a) dreitausendfünfhundertvierzig
b) sechs Millionen vierhundertzwanzigtausend

a) vierhunderttausendachtundzwanzig
b) siebzig Milliarden dreihundertacht Millionen zweihunderttausendzwanzig

4 Runde auf die angegebene Stelle und vergleiche die gerundeten Zahlen.

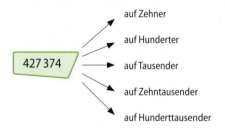

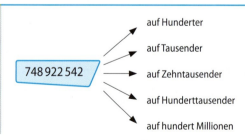

5 Schätze die folgenden Anzahlen. Beschreibe dein Vorgehen. Gib an, …

a) wie viele Stühle in deiner Schule stehen.
b) wie viele Schülerinnen und Schüler zu Fuß zu deiner Schule kommen.
c) wie viele Tore Borussia Dortmund insgesamt in einer Saison in der Bundesliga schießt.

a) wie alt alle Kinder deiner Schule zusammen sind.
b) wie viele Stifte es in deiner Schule gibt.
c) wie viele Tore in einer Saison in der Fußball-Bundesliga insgesamt geschossen werden.

Trainingsrunde: Kreuz und Quer

Natürliche Zahlen

1 Gib an, wie viele vierstellige Zahlen es gibt, die …
a) eine 0 als Einer,
b) eine 0 als Zehner,
c) eine 0 als Hunderter,
d) eine 0 als Tausender haben.

2 Kilian schreibt die Zahlen von 1 bis 100 auf. Wie viele Nullen (Einsen) schreibt er?

3 Eva hat sich die Geburtstage ihrer Freundinnen und Freunde notiert. Bringe die Liste in eine sinnvolle Reihenfolge. Beschreibe woran du dich orientierst.

Julian 7.3.		Marlon 17.3.	
Laura 4.12.		Denise 6.2.	
Malte 28.2.		Minh 1.6.	
Aisha 25.5.		Malin 17.7.	

4 Stelle dir die abgebildeten Zahlenkarten her.

Lege mit den Karten …
a) eine möglichst große (kleine) Zahl.
b) eine möglichst kleine gerade (ungerade) Zahl.
c) eine Zahl, die möglichst nahe bei 800 Billionen liegt.
d) möglichst kleine (große) achtstellige Zahlen.
e) alle möglichen Zahlen, die mit 3057640 … beginnen.

5 An einem Gymnasium wurde eine Befragung durchgeführt. Jedes Kind durfte sein liebstes Haustier nennen. Max hat dazu folgende Tabelle erstellt:

Hunde	Fische	Hamster
95	23	28

Hasen	Vögel	Katzen
18	46	72

Wie viele Schülerinnen und Schüler wurden befragt? Erstelle ein Balkendiagramm, das dir schnell einen Überblick über das Befragungsergebnis verschafft.

6 Schätze die Anzahl der Schafe bzw. Mandeln auf den Bildern. Beschreibe dein Vorgehen.

a)

b)

7

a) Schätze möglichst genau die Höhe des Muldenkippers. Beschreibe dein Vorgehen.
b) Ist dieses Vorgehen ungenau? Begründe.

8 Gib die kleinste und größte Zahl an, die auf Zehntausender gerundet die angegebene Zahl ergibt.
a) 120 000
b) 250 000
c) 10 000
d) 1 000 000

9 a) Ordne die Höhenangaben den entsprechenden Bergen zu: Säntis – Zugspitze – Nebelhorn – Feldberg – Watzmann
1493 m – 2490 m – 2224 m – 2713 m – 2963 m.
b) Runde die Höhenangaben sinnvoll und zeichne ein Säulendiagramm.

1 Trainingsrunde: Kreuz und quer

10 Ein Internet-Lexikon gibt die Länge von einigen großen Flüssen der Erde an:

Nil	6852 km
Amazonas	6448 km
Mississippi	6051 km

Kongo	4374 km
Mekong	4500 km
Euphrat	3380 km

a) **Medien und Werkzeuge:** Weißt du, wo diese Flüsse liegen? Suche im Internet eine Weltkarte und finde dort die Flüsse.
b) Runde die Flusslängen sinnvoll und veranschauliche sie in einem Balkendiagramm. Wähle die Einheit sinnvoll.

11 Antonia und Lisa haben ihre Klassenkameradinnen nach deren Haustieren befragt und das Ergebnis in einem Balkendiagramm dargestellt.

a) Schreibe in einer Tabelle auf, wie viele Kinder welches Haustier besitzen.
b) Gib die Anzahl der Kinder an, die kein Haustier haben.
c) Welche Haustiere sind am beliebtesten? Sortiere der Reihenfolge nach.

12 Wie viel Taschengeld erhalten Jugendliche?

Von hundert 13- bis 18-Jährigen bekommen im Monat:
- 4 über 100 Euro
- 9 51 bis 100 Euro
- 13 31 bis 50 Euro
- 23 21 bis 30 Euro
- 23 bis 20 Euro
- 28 kein Taschengeld

a) Beschreibe den Inhalt des Diagramms.
b) Was meinst du: Ist es gut, wenn jemand mehr als 100 € Taschengeld im Monat bekommt?

13 In Deutschland gibt es heute über 50 Kanäle, auf denen Schiffe durch das Land fahren. In der Tabelle sind ein paar wichtige Kanäle aufgelistet.

Kanal	Länge in km
Dortmund-Ems-Kanal	265
Main-Donau-Kanal	171
Mittellandkanal	326
Nord-Ostsee-Kanal	99
Oder-Spree-Kanal	88
Rhein-Herne-Kanal	46

a) **Medien und Werkzeuge:** Informiere dich im Atlas, Internet, …, wo diese Kanäle verlaufen.
b) Ordne die Kanäle nach ihrer Länge.
c) Runde die Längenangaben geeignet und stelle sie in einem Diagramm dar.

14

Land		Anzahl der Milchkühe
Deutschland	🐄🐄🐄🐄🐄🐄🐄	4 235 916
Frankreich	🐄🐄🐄🐄🐄🐄🐄	4 019 289
Polen	🐄🐄🐄🐄🐄	2 751 667
Großbritannien (UK)	🐄🐄🐄🐄	2 206 373
Italien	🐄🐄🐄🐄	2 079 909

a) Gib an, für wie viele Milchkühe ein Kuhbild im Diagramm steht. Erkläre deine Überlegung.
b) Stelle den Sachverhalt (auf Millionen gerundet) in einem Balkendiagramm dar.
c) Schätze, wie lang eine Reihe wäre, wenn sich alle Milchkühe aus Deutschland hintereinander aufstellen. Beschreibe dein Vorgehen.

Natürliche Zahlen

15

Körperpflege — 7 ℓ
Waschen — 17 ℓ
Trinken/Kochen — 3 ℓ
Toilettenspülung — 40 ℓ
Geschirr spülen — 7 ℓ
Baden/Duschen — 37 ℓ
Sonstiges — 11 ℓ

Die Abbildung zeigt die Wassermengen, die von jedem Bürger in Deutschland im Durchschnitt an einem Tag verbraucht werden.
a) Zeichne ein geeignetes Schaubild (1 cm $\widehat{=}$ 10 ℓ). Nutze beispielsweise Millimeterpapier.
b) Ermittle den Gesamtwasserverbrauch einer Person pro Tag.
 c) **Medien und Werkzeuge:** Recherchiere im Internet nach aktuellen Daten und vergleiche.
d) Gib Möglichkeiten an, wie sich der Wasserverbrauch verringern lässt.

16 *S. 217*

Fernsehen spielt eine wichtige Rolle
Düsseldorf. Nach den gestern vorgelegten Ergebnissen einer Studie verbringen immer mehr Jugendliche ihre Zeit vor dem Fernseher. 181 der insgesamt 1000 Jugendlichen gaben an, pro Woche zwischen 21 und 30 Stunden fernzusehen. 119 schätzen, dass Sie mehr als 30 Stunden vor dem Fernseher verbringen. Die Anzahl an Jugendlichen, die weniger als 10 Stunden fernsehen, beträgt nur noch 453. Zwischen 11 und 20 Stunden verbringen …

Lies zunächst den Ausschnitt des Zeitungsartikels. Gib an, welche der folgenden Aussagen du aus der Umfrage herleiten kannst und welche nicht. Begründe deine Antwort.
1 Jugendliche sehen mehr als 20 Stunden pro Woche fern.
2 Fast die Hälfte aller Jugendlichen sieht weniger als 10 Stunden in der Woche fern.
3 Die meisten Jugendlichen sehen höchstens eine Stunde pro Tag fern.

17 Auf dem Bild sind bunte Kugeln abgebildet. Gesucht ist die Anzahl der roten Kugeln. Paul und Henry verwenden jeweils eine andere Rasterung, um die Anzahl abschätzen zu können.

1 Pauls Rasterung: Er zählt die Kugeln im linken oberen Feld.

2 Henrys Rasterung: Er zählt die Kugeln im rechten unteren Feld.

a) Gib an, auf welche Anzahl Paul und Henry jeweils kommen.
b) Diskutiere mit deinem Nachbarn oder deiner Nachbarin, welche der beiden Rasterungen und Abschätzungen du besser findest. Überlege auch, wie du die Schätzung verbessern kannst.

29

1 Am Ziel

Aufgaben zur Einzelarbeit

| 😊 Das kann ich! | 😐 Das kann ich fast! | ☹ Das kann ich noch nicht! |

1 **Teste dich!** Bearbeite dazu die folgenden Aufgaben und bewerte die Lösungen mit einem Smiley.

2 Hinweise zum Nacharbeiten findest du auf der folgenden Seite, die Lösungen findest du im Anhang.

1 Wie viele Orangen, Äpfel, … siehst du? Lege eine Strichliste an und zeichne ein Balkendiagramm.

2 Der im Deutschen häufigste Vokal ist „e". Welches ist der zweithäufigste Vokal? Nimm dir dazu eine beliebige Buchseite und erstelle eine Strichliste über die Anzahl der dort vorkommenden Vokale (a, e, i, o, u). Zeichne ein Säulendiagramm.

3 Das Säulendiagramm zeigt die Anzahl der Sonnentage in einem Jahr in Wuppertal.

a) Stelle die Ergebnisse in einer Tabelle dar.
b) In welchem Monat hat die Sonne die meisten (wenigsten) Tage geschienen?
c) Wie viele Sonnentage gab es in dem Jahr?

4 Zeichne einen Zahlenstrahl und markiere.
a) 160; 40; 220; 180; 70   b) 15; 90; 45; 150; 125

5 Setze für ■ das passende Zeichen (<, > oder =).
a) 35 ■ 27   b) 1100 ■ 1010   c) 1000 ■ 999
d) 18 ■ 81   e) 123 ■ 132   f) 173 ■ 173
g) 4 ■ 40   h) 987 ■ 789   j) 1010 ■ 1011

6

a) Bestimme die größte (kleinste) Zahl, die man aus den Ziffern legen kann.
b) Gib alle unterschiedlichen Zahlen an, die man aus den Ziffern 1, 4, 5 und 5 legen kann. Ordne die Zahlen der Größe nach und beginne mit der kleinsten.

7 Schätze die Anzahl der Bienen auf dem Bild. Beschreibe deine Vorgehensweise.

8 Gib jeweils Vorgänger und Nachfolger an.
a) 123; 450; 1299; 1500; 789; 1789; 17 899
b) 1 000 000; 909 090; 1 789 999; 1 999 999
c) 59; 500; 5001; 50 901; 509 999

9 a) Nenne die größte (kleinste) vierstellige natürliche Zahl, deren Vorgänger und Nachfolger.
b) Addiere zu einer Zahl deren Nachfolger und Vorgänger und teile das Ergebnis durch 3. Finde eine Erklärung für das Ergebnis.

10 Ordne die Zahlen der Größe nach aufsteigend.
a) 20 239; 20 035; 3999; 29 393; 3856; 30 001
b) 4837; 4900; 4821; 4899; 4999; 4887; 4878
c) 101 010; 11 011; 111 000; 1 001 001; 1 010 100
d) 900 399; 99 990; 919 999; 999 998; 899 999

Natürliche Zahlen

11 Korrigiere die Fehler beim Runden. Auf welche Stelle gerundet werden sollte, steht in Klammern.

a) 12 450 ≈ 12 400 (Tausender) f
b) 374 900 ≈ 380 000 (Zehntausender) f
c) 9098 ≈ 9090 (Zehner) f
d) 1499 ≈ 2000 (Hunderter) f

12 Runde auf Millionen (Zehntausender).
12 657 912; 4 390 000; 176 981 517 123

13 Bei einem Fußballspiel wurden 24 812 Sitzplatzkarten und 18 429 Stehplatzkarten verkauft. Außerdem wurden 1479 Freikarten verschenkt. In das Stadion passen 45 000 Zuschauer.
a) Überschlage im Kopf mit gerundeten Zahlen, wie viele Karten verkauft wurden.
b) Berechne, wie viele Plätze noch frei sind.

Aufgaben für Lernpartner

1. Bearbeite diese Aufgaben zuerst alleine.
2. Suche dir einen Partner und erkläre ihm deine Lösungen. Höre aufmerksam und gewissenhaft zu, wenn dein Partner dir seine Lösungen erklärt.
3. Korrigiere gegebenenfalls deine Antworten und benutze dazu eine andere Farbe.

Sind folgende Behauptungen **richtig** oder **falsch**? Begründe.

A Mit einer Strichliste lassen sich Sachverhalte gut abzählen.
B Im Dezimalsystem hat jede Ziffer einen festen Wert.
C Von zwei Zahlen ist stets diejenige größer, die mehr Stellen hat.
D Im Dezimalsystem gibt es unendlich viele Stellen.
E Beim Vergleich zweier Zahlen werden die Stellenwerte von rechts nach links verglichen. Es ist dann diejenige größer, die an der ersten Stelle die größere Ziffer hat.
F In einem Piktogramm steht eine Figur immer für genau einen Gegenstand.
G Ein Balkendiagramm ist ein Säulendiagramm, das man „auf die Seite gelegt" hat.
H Wenn man auf Tausender rundet, dann bedeutet abrunden, dass alle Stellenwerte kleiner als tausend die Ziffer 0 bekommen.
I Beim Schätzen mit einem Zählgitter zählt man das Kästchen aus, in dem die wenigsten Gegenstände sind.
J Schätzen kann man wie man will. Es weiß ja sowieso keiner besser.
K Beim Schätzen von Längen kann man folgendermaßen vorgehen: Man sucht sich einen Gegenstand, dessen Länge man kennt. Anschließend untersucht man, wie oft der bekannte Gegenstand in den gesuchten „passt".

Ich kann ...	Aufgabe	Hilfe	Bewertung
Strichlisten und Tabellen anlegen und zur Auswertung von Daten nutzen.	1, 2, A	S. 12	☺ 😐 ☹
Zahlen in Diagramme übertragen und umgekehrt.	1, 2, 3, F, G	S. 14	☺ 😐 ☹
Zahlen im Zehnersystem darstellen und in ein anderes Zahlsystem umwandeln.	4, B, D	S. 16, 19	☺ 😐 ☹
Zahlen ordnen und der Größe nach vergleichen.	5, 6, 8, 9, 10, C, E	S. 20	☺ 😐 ☹
Zahlen auf einen Stellenwert runden und systematisch schätzen.	7, 11, 12, 13, H, I, J, K	S. 22, 24	☺ 😐 ☹

1 Auf einen Blick

Seite 12

Natürliche Zahlen sammeln

Die Zahlen 0, 1, 2, 3, 4, …, mit denen man etwas abzählen kann oder die eine Anzahl beschreiben, nennt man **natürliche Zahlen**. Beim Zählen verwendet man oft **Strichlisten** oder **Häufigkeitstabellen**.

Name	Anzahl
Anna	||||
Nikos	|||
Lisa	ⅢⅢ |

Name	Anzahl
Anna	4
Nikos	3
Lisa	6

Seite 14

Natürliche Zahlen veranschaulichen

Diagramme dienen der Veranschaulichung und dem Vergleich von Zahlen. Wichtige Diagramme sind das **Säulendiagramm**, das **Balkendiagramm** und das **Piktogramm**.

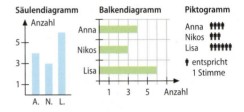

Seite 16

Natürliche Zahlen darstellen

In unserem Zahlensystem hängt der Wert einer **Ziffer** von ihrer Stellung ab.
Unser Zahlensystem ist ein **Dezimalsystem** (**Zehnersystem**), bei dem sich der Stellenwert von rechts nach links mit der Zahl 10 vervielfacht.

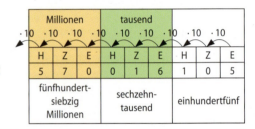

Seite 20

Natürliche Zahlen ordnen

Natürliche Zahlen kann man ihrer Größe nach **ordnen** und am **Zahlenstrahl in gleichen Abständen** aufreihen. Je größer die Zahl ist, desto weiter rechts liegt sie am Zahlenstrahl.

3 ist kleiner als 5; 5 ist kleiner als 10.

Seite 22

Natürliche Zahlen runden

Beim Runden auf einen Stellenwert betrachtet man den benachbarten kleineren Stellenwert genauer:
Bei den Ziffern 0, 1, 2, 3, 4 wird abgerundet, bei den Ziffern 5, 6, 7, 8, 9 wird aufgerundet.

Aufrunden (hier auf Zehner): 238 ≈ 240

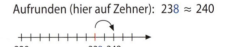

Abrunden (hier auf Hunderter): 238 ≈ 200

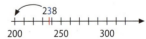

Seite 24

Natürliche Zahlen schätzen

Oft kann man eine Anzahl nicht genau ermitteln, sodass man **schätzen** muss. Dabei versucht man, durch einfache Überlegungen eine Zahl zu finden, die möglichst nahe am tatsächlichen Wert liegt. Eine hilfreiche **Methode** ist, das Ganze in einzelne gleiche Teile aufzuteilen und eines dieser Teile genau zu untersuchen.

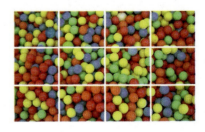

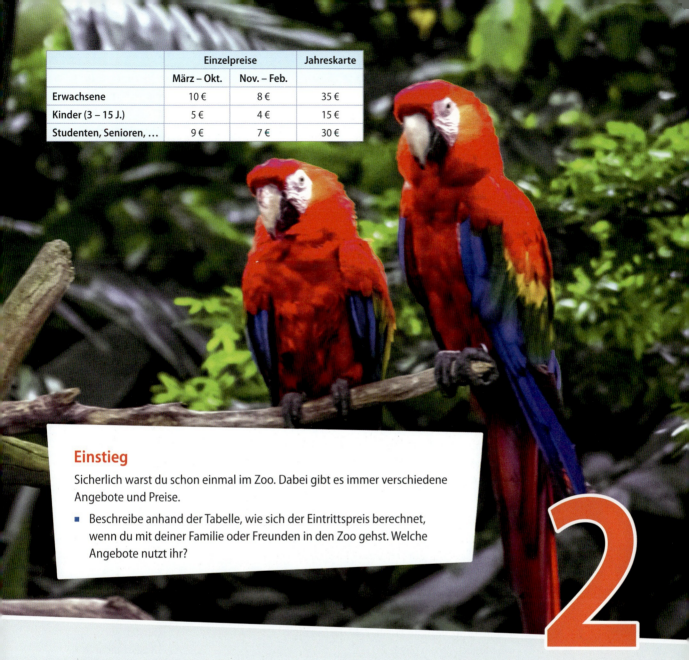

	Einzelpreise		Jahreskarte
	März – Okt.	Nov. – Feb.	
Erwachsene	10 €	8 €	35 €
Kinder (3 – 15 J.)	5 €	4 €	15 €
Studenten, Senioren, …	9 €	7 €	30 €

Einstieg

Sicherlich warst du schon einmal im Zoo. Dabei gibt es immer verschiedene Angebote und Preise.

- Beschreibe anhand der Tabelle, wie sich der Eintrittspreis berechnet, wenn du mit deiner Familie oder Freunden in den Zoo gehst. Welche Angebote nutzt ihr?

Rechnen mit natürlichen Zahlen

Ausblick

Am Ende dieses Kapitels hast du gelernt, …

- … die **Grundrechenarten** schriftlich auszuführen.
- … **Potenzen** zu erklären und mit ihnen zu rechnen.
- … **Rechengesetze** anzuwenden und sie für Rechenvorteile zu nutzen.

2 Startklar

Vorwissen

Grundlage des Rechnens: 1×1

Das „1×1" ist die Grundlage für die Multiplikation und Division von Zahlen. Kannst du noch alle Reihen?

Die Tabelle nebenan gibt einen Überblick über das sogenannte „kleine" 1×1, also die Multiplikationsreihen bis 10.

Das „kleine" 1×1 lässt sich um die Multiplikationsreihen von 11 bis 20 zum „großen" 1×1 fortsetzen.

·	1	2	3	4	5	6	7	8	9	10
1	1	2	3	4	5	6	7	8	9	10
2	2	4	6	8	10	12	14	16	18	20
3	3	6	9	12	15	18	21	24	27	30
4	4	8	12	16	20	24	28	32	36	40
5	5	10	15	20	25	30	35	40	45	50
6	6	12	18	24	30	36	42	48	54	60
7	7	14	21	28	35	42	49	56	63	70
8	8	16	24	32	40	48	56	64	72	80
9	9	18	27	36	45	54	63	72	81	90
10	10	20	30	40	50	60	70	80	90	100

Halbschriftliches Multiplizieren

Jede Ziffer einer Zahl hat einen bestimmten Stellenwert.

Beim **halbschriftlichen Multiplizieren** wird am besten die größere Zahl entsprechend ihrer Stellenwerte zerlegt und dann schrittweise multipliziert.
Für das Ergebnis werden alle Teilergebnisse addiert.

Beispiel: $4567 = 4000 + 500 + 60 + 7$
$ = 4T + 5H + 6Z + 7E$

$4567 \cdot 9 = ?$
$4000 \cdot 9 = 36\,000$
$500 \cdot 9 = 4500$
$60 \cdot 9 = 540$
$7 \cdot 9 = 63$
$4567 \cdot 9 = 41\,103$

Halbschriftliches Dividieren

Beim **halbschriftlichen Dividieren** zerlegen wir die vorderen Stellenwerte der ersten Zahl möglichst so, dass die zweite Zahl dort so oft wie möglich hinein passt.

Mit dem Rest, der dann noch übrig bleibt, verfahren wir stellenweise so weiter.

Wenn am Ende kein Rest mehr übrig ist, werden die Zwischenergebnisse der einzelnen Divisionen miteinander addiert.

Beispiel:
$4984 : 8 = ?$

$4900 : 8 = ?$

$4800 : 8 = 600$

$184 : 8 = ?$

$160 : 8 = 20$

$24 : 8 = ?$

$24 : 8 = 3$
$4984 : 8 = 623$

1 Betrachte die vordere Stelle:
8 passt nicht in 4.
Nimm die nächste Stelle hinzu.

2 Betrachte 49:
8 passt in 48
Es bleiben somit
$4984 - 4800 = 184$ übrig.

3 Betrachte 18:
8 passt in 16
Es bleiben somit
$184 - 160 = 24$ übrig.

4 Betrachte 24:
8 passt in 24

5 Teilergebnisse addieren

Rechnen mit natürlichen Zahlen

Vorwissentest

😊 Das kann ich!   😐 Das kann ich fast!   ☹ Das kann ich noch nicht!

Teste dich! Schau dir dazu zunächst die bereits bekannten Inhalte auf der linken Seite an. Bearbeite die Aufgaben und bewerte deine Lösungen. Die Ergebnisse findest du im Anhang.

1
a) Lerne das „kleine" 1×1 und lass dich von einem Freund oder einer Freundin kontrollieren.
b) Beschreibe, wie man die Ergebnisse zum „großen" 1×1 in der Tabelle findet.
c) Erstelle eine Tabelle zur Fortsetzung des „großen" 1×1 bis 15 in deinem Heft.

·	11	12	13	14	15
1	11	12	13	14	
2	22	24	26	28	
3	33	36			
…					
15					

2 Vervollständige die Rechenhäuser in deinem Heft.

a) 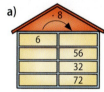   · 8 : 6, 56, 32, 72

b) 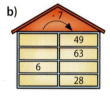   · 7 : 49, 63, 6, 28

c) 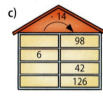   · 14 : 98, 6, 42, 126

d) 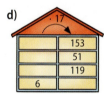   · 17 : 153, 51, 119, 6

3 Vervollständige die Rechnungen in deinem Heft.

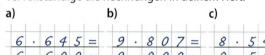

4 Multipliziere halbschriftlich.
a) 5 · 534   b) 7 · 902   c) 6 · 1473   d) 11 · 7350   e) 18 · 12567
   3 · 345   8 · 590   7 · 3242   15 · 5092   60 · 40687

5 Dividiere halbschriftlich.
a) 1320 : 8   b) 5445 : 9   c) 7776 : 12   d) 56601 : 9   e) 55957 : 11
   4788 : 7   4836 : 6   9120 : 15   13895 : 7   28404 : 18

Ich kann …	Aufgabe	Bewertung
das 1×1 aufzählen und berechnen.	1, 2	😊 😐 ☹
halbschriftlich multiplizieren und dividieren.	3, 4, 5	😊 😐 ☹

2 Entdecken

Die Bundesjugendspiele finden jedes Jahr an vielen deutschen Schulen statt. Sicherlich hast du auch schon mal an ihnen teilgenommen. Der deutsche Bundespräsident ist Schirmherr dieser Veranstaltung.

Die Schülerinnen und Schüler sollen in verschiedenen Bereichen möglichst gute Leistungen erzielen. Oftmals wird ein Dreikampf veranstaltet aus Laufen, Werfen und Weitsprung.

Für jede Leistung in einem Bereich gibt es eine bestimmte Punktzahl. Dabei wird nach Jungen und Mädchen unterschieden.

Je nachdem wie groß die Gesamtpunktzahl aus den drei Bereichen ist, gibt es verschiedene Urkunden.

Mädchen:

Alter	9	10	11
Siegerurkunde	550	625	700
Ehrenurkunde	725	825	900

Jungen:

Alter	9	10	11
Siegerurkunde	525	600	675
Ehrenurkunde	675	775	875

- Beschreibe, wie du aus den unten abgebildeten Listen die Punktzahlen bei den Bundesjugendspielen ermitteln kannst. Nutze dabei eigene Beispiele für die Leistung einer Schülerin und eines Schülers.

Auszug aus der Punkteliste für die Bundesjugendspiele für die Bereiche Laufen, Weitsprung und Schlagballwurf.

Mädchen:

50 m Lauf

11,5	11,4	11,3	11,2	11,1	11,0	10,9	10,8	10,7	10,6	10,5	10,4	10,3	10,2	10,1	10,0	9,9	9,8	9,7	9,6	9,5
92	98	103	109	115	121	127	133	139	147	152	159	166	172	179	187	194	201	209	217	225

9,4	9,3	9,2	9,1	9,0	8,9	8,8	8,7	8,6	8,5	8,4	8,3	8,2	8,1	8,0	7,9	7,8	7,7	7,6	7,5
233	241	249	258	267	276	285	294	304	314	324	334	344	355	366	377	389	401	413	426

Weitsprung

1,85	1,89	1,93	1,97	2,01	2,05	2,09	2,13	2,17	2,21	2,25	2,29	2,33	2,37	2,41	2,45	2,49	2,53	2,57	2,61	2,65
128	135	142	149	155	162	169	175	182	188	195	201	208	214	220	226	232	238	245	250	256

2,69	2,73	2,77	2,81	2,85	2,89	2,93	2,97	3,01	3,05	3,09	3,13	3,17	3,21	3,25	3,29	3,33	3,37	3,41	3,45	3,49
262	268	274	280	285	291	297	302	308	313	319	324	330	335	340	346	351	356	362	367	372

3,53	3,57	3,61	3,65	3,69	3,73	3,77	3,81	3,85	3,89	3,93	3,97	4,01	4,05	4,09	4,13	4,17	4,21	4,25	4,29	4,33
377	382	387	392	397	402	407	412	417	422	427	432	437	441	446	451	456	460	465	470	474

4,37	4,41	4,45	4,49	4,53	4,57	4,61	4,65	4,69	473	4,77	4,81	4,85	4,89	4,93	4,97	5,01	5,05	5,09	5,13	5,17
479	483	488	493	497	502	506	511	515	519	524	528	533	537	541	546	550	554	558	563	567

5,21	5,25	5,29	5,33	5,37	5,41	5,45	5,49	5,53	5,57	5,61	5,65	5,69	5,73	5,77	5,81	5,85
571	575	580	584	588	592	596	600	604	608	613	617	621	625	629	633	637

Schlagball 80 g

15,0	15,5	16,0	16,5	17,0	17,5	18,0	18,5	19,0	19,5	20,0	20,5	21,0	21,5	22,0	22,5	23,0	23,5	24,0	24,5	25,0
211	218	226	233	240	247	253	260	267	273	280	286	292	299	305	311	317	323	329	334	340

25,5	26,0	26,5	27,0	27,5	28,0	28,5	29,0	29,5	30,0	30,5	31,0	31,5	32,0	32,5	33,0	33,5	34,0	34,5	35,0	35,5
346	351	357	363	368	373	379	384	389	395	400	405	410	415	420	425	430	435	440	445	450

36,0	36,5	37,0	37,5	38,0	38,5	39,0	39,5	40,0	40,5	41,0	41,5	42,0	42,5	43,0	43,5	44,0	44,5	45,0	45,5	46,0
455	459	464	469	473	478	483	487	492	496	501	505	510	514	518	523	527	531	536	540	544

46,5	47,0	47,5	48,0	48,5	49,0	49,5	50,0	50,5	51,0	51,5	52,0	52,5	53,0	53,5	54,0	54,5	55,0	55,5	56,0	56,5
548	552	557	561	565	569	573	577	581	585	589	593	597	601	605	609	613	617			

57,0	57,5	58,0	58,5	59,0	59,5	60,0	60,5	61,0	61,5	62,0	62,5	63,0	63,5	64,0	64,5	65,0
620	624	628	632	636	639	643	647	651	654	658	662	665	669	673	676	680

Sportlich, sportlich ...

Rechnen mit natürlichen Zahlen

Theresa, 10

Das ist Theresa. Theresa ist 10 Jahre alt und sie ist bei den Bundesjugendspielen die 50 m in 9,8 s gelaufen und 2,90 m weit gesprungen.

- Bestimme, wie weit Theresa den Ball werfen muss, um
  1. eine Siegerurkunde
  2. eine Ehrenurkunde
  zu bekommen.

- Stell dir vor, Theresa wurde kurz vor den Bundesjugendspielen 11 Jahre alt. Bestimme die Werte für beide Urkunden beim Schlagballwurf neu.

Das ist Max. Max ist 10 Jahre alt und er ist bei den Bundesjugendspielen ebenfalls die 50 m in 9,8 s gelaufen und 2,90 m weit gesprungen.

- Mache Vorschläge für seine weiteren Ergebnisse, wenn er am Ende
  1. eine Siegerurkunde mit insgesamt 651 Punkten bekommen hat.
  2. eine Ehrenurkunde mit mehr als 800 Punkten bekommen möchte.

Max, 10

Medien & Werkzeuge

Im Internet findest du auch noch weitere, ganz ähnliche Tabellen zu verschiedenen Sportarten. Sie werden „Wettkampfkarten" genannt.
Suche die für dich passende Wettkampfkarte (z. B. Junge oder Mädchen) für den Bereich Schwimmen. Erläutere, was in der Tabelle dargestellt und zu finden ist. Erkläre, wie man sie nutzen kann.

Jungen:

50 m Lauf

11,5	11,4	11,3	11,2	11,1	11,0	10,9	10,8	10,7	10,6	10,5	10,4	10,3	10,2	10,1	10,0	9,9	9,8	9,7	9,6	9,5
67	73	78	84	89	95	101	107	113	119	125	131	138	144	151	158	165	172	179	187	194
9,4	9,3	9,2	9,1	9,0	8,9	8,8	8,7	8,6	8,5	8,4	8,3	8,2	8,1	8,0	7,9	7,8	7,7	7,6	7,5	
202	210	218	226	234	243	252	261	270	279	289	299	309	319	330	340	352	363	375	386	

Weitsprung

1,85	1,89	1,93	1,97	2,01	2,05	2,09	2,13	2,17	2,21	2,25	2,29	2,33	2,37	2,41	2,45	2,49	2,53	2,57	2,61	2,65
95	102	109	115	122	128	134	141	147	153	159	165	171	177	183	189	195	201	206	212	218
2,69	2,73	2,77	2,81	2,85	2,89	2,93	2,97	3,01	3,05	3,09	3,13	3,17	3,21	3,25	3,29	3,33	3,37	3,41	3,45	3,49
223	229	234	240	245	251	256	261	266	272	277	282	287	292	297	302	308	313	317	322	327
3,53	3,57	3,61	3,65	3,69	3,73	3,77	3,81	3,85	3,89	3,93	3,97	4,01	4,05	4,09	4,13	4,17	4,21	4,25	4,29	4,33
332	337	342	347	351	356	361	366	370	375	379	384	389	393	398	402	407	411	416	420	424
4,37	4,41	4,45	4,49	4,53	4,57	4,61	4,65	4,69	473	4,77	4,81	4,85	4,89	4,93	4,97	5,01	5,05	5,09	5,13	5,17
429	433	438	442	446	450	455	459	463	467	472	476	480	484	488	492	496	500	504	508	513
5,21	5,25	5,29	5,33	5,37	5,41	5,45	5,49	5,53	5,57	5,61	5,65	5,69	5,73	5,77	5,81	5,85				
517	521	524	528	532	536	540	544	548	552	556	560	563	567	571	575	579				

Schlagball 80 g

15,0	15,5	16,0	16,5	17,0	17,5	18,0	18,5	19,0	19,5	20,0	20,5	21,0	21,5	22,0	22,5	23,0	23,5	24,0	24,5	25,0
97	103	109	114	120	125	131	136	141	146	152	157	162	166	171	176	181	186	190	195	200
25,5	26,0	26,5	27,0	27,5	28,0	28,5	29,0	29,5	30,0	30,5	31,0	31,5	32,0	32,5	33,0	33,5	34,0	34,5	35,0	35,5
204	209	213	217	222	226	230	235	239	243	247	251	255	259	263	267	271	275	279	283	287
36,0	36,5	37,0	37,5	38,0	38,5	39,0	39,5	40,0	40,5	41,0	41,5	42,0	42,5	43,0	43,5	44,0	44,5	45,0	45,5	46,0
290	294	298	302	305	309	313	316	320	323	327	331	334	338	341	345	348	351	355	358	362
46,5	47,0	47,5	48,0	48,5	49,0	49,5	50,0	50,5	51,0	51,5	52,0	52,5	53,0	53,5	54,0	54,5	55,0	55,5	56,0	56,5
365	368	372	375	378	381	385	388	391	394	397	401	404	407	410	413	416	419	422	425	428
57,0	57,5	58,0	58,5	59,0	59,5	60,0	60,5	61,0	61,5	62,0	62,5	63,0	63,5	64,0	64,5	65,0				
431	434	437	440	443	446	449	452	455	458	461	464	467	469	472	475	478				

2 2.1 Zusammenhang zwischen Addieren und Subtrahieren

Entdecken

Die Addition und Subtraktion kennst du bereits aus der Grundschule.

- Beschreibe Zusammenhänge zwischen den beiden Rechenarten.
- Erkläre, wie man mehrere Zahlen geschickt addieren bzw. subtrahieren kann.

Verstehen

Du weißt bereits, dass die Rechenart, bei der Zahlen zusammengezählt (addiert) werden, **Addition** heißt. Die Umkehrrechnung zur Addition ist die **Subtraktion**, bei der man eine Zahl von einer anderen abzieht.

Merke

Addition und Subtraktion sind Umkehrungen voneinander: $133 \xrightarrow[-26]{+26} 159$

Begriffe bei der **Addition**:

$$\underbrace{\underbrace{56}_{\text{1. Summand}} + \underbrace{28}_{\text{2. Summand}}}_{\text{Summe}} = \underbrace{84}_{\text{Wert der Summe}}$$

Begriffe bei der **Subtraktion**:

$$\underbrace{\underbrace{11}_{\text{Minuend}} - \underbrace{4}_{\text{Subtrahend}}}_{\text{Differenz}} = \underbrace{7}_{\text{Wert der Differenz}}$$

Beispiele

I. **Zahlenpfeile** können helfen, die Addition und Subtraktion am Zahlenstrahl zu veranschaulichen.
   Veranschauliche mithilfe von Zahlenpfeilen.
   a) 17 + 27   **b)** 35 − 18

   Lösung:
   a) 17 + 27 = 44   **b)** 35 − 18 = 17

II. Schreibe als Rechenausdruck und berechne. Mache die Probe durch die Umkehrrechnung.
   a) die Summe von 416 und 85   **b)** die Differenz von 367 und 45

   Lösung:
   a) 416 + 85 = 501
   Probe: 501 − 85 = 416
   b) 367 − 45 = 322
   Probe: 322 + 45 = 367

Nachgefragt

- „Vermehre", „erhöhe", „vermindere": Nenne weitere Worte, die für Addieren oder Subtrahieren stehen, und ordne sie jeweils zu.
- Überprüfe die Aussagen. Nutze selbst gewählte Beispiele.
    1 „Die Summe zweier gerader Zahlen ist immer eine gerade Zahl."
    2 „Die Differenz zweier ungerader Zahlen ist immer eine ungerade Zahl."
    3 „Die Summe einer geraden und ungeraden Zahl ist stets ungerade."

Rechnen mit natürlichen Zahlen

Aufgaben

1 Berechne im Kopf. Ordne den Zahlen die jeweiligen Fachbegriffe aus dem Merkkasten zu.
a) 93 + 31
b) 132 + 48 + 13
c) 200 + 76 + 16
d) 25 + 53 + 47
e) 18 + 53 + 12
f) 1 + 54 + 25
g) 129 − 79
h) 122 − 42
i) 208 − 35

2 a) Welche Rechnung ist dargestellt? Bestimme das Ergebnis.

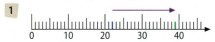 

b) Stelle die Rechnungen durch Zahlenpfeile am Zahlenstrahl dar.
[1] 36 − 14 [2] 140 + 230 [3] 28 + 22 [4] 420 − 370 [5] 86 − 54

Wähle eine geeignete Einteilung für den Zahlenstrahl.

3 Berechne. Mache die Probe durch die Umkehrrechnung.
a) 132 + 256
b) 171 + 229
c) 207 + 295
d) 846 + 333
e) 211 − 189
f) 1843 − 455
g) 9999 − 999
h) 9009 + 99
i) 10 101 + 11 111
j) 16 321 − 16 321
k) 10 000 − 9999
l) 828 + 282

Lösungen zu 3:
0; 1; 22; 388; 400; 502;
1110; 1179; 1388; 9000;
9108; 21 212

4 Schreibe als Aufgabe und berechne.
a) Die Summanden heißen 48 und 532.
b) Addiere 25, 69 und 35.
c) Der Minuend heißt 362, der Subtrahend 247.
d) Subtrahiere 385 von 836.
e) Erhöhe den Summanden zweihundertzweiundvierzig um dreihundertsechsundachtzig.
f) Subtrahiere eintausendelf von eintausendeinhunderteins.

5 Es soll jeweils eine rote und eine blaue Karte zusammen die Summe 1111 ergeben. Finde alle Möglichkeiten.

6 Übertrage die Trauben in dein Heft.
a) Berechne den Summenwert.
b) Bilde die Differenz.

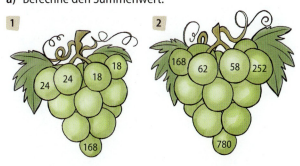 

Der Wert einer Traube ergibt sich aus der Summe bzw. Differenz (von links nach rechts) der beiden Trauben, die darüber liegen.

7 Übertrage das magische Quadrat in dein Heft und vervollständige es.

a)
b)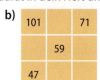
c)

26		
	25	23
22		

Bei einem magischen Quadrat ist der Summenwert der Zahlen in jeder Zeile, jeder Spalte und in den Diagonalen jeweils gleich groß.

2.2 Schriftliches Addieren von natürlichen Zahlen

Entdecken

Die Addition natürlicher Zahlen kennst du bereits.

- Beschreibe mögliche Vorgehensweisen, wie du Zahlen geschickt miteinander addieren kannst. Beschreibe, in welchen Fällen du welche Vorgehensweise verwenden würdest.

Verstehen

Du weißt bereits, dass man natürliche Zahlen **schriftlich addiert**, indem man sie stellengerecht untereinander schreibt, also Einer unter Einer, Zehner unter Zehner, Hunderter unter Hunderter usw. Dann werden zunächst die Ziffern in der Einerspalte addiert, dann die in der Zehnerspalte usw.

Merke

T	H	Z	E
3	3	7	4
+	7	8	0
+		9	2
	1	2	
4	2	4	6

Berechne: 3374 + 780 + 92 = ?
Einer: 4 + 0 + 2 = 6
Zehner: 7 + 8 + 9 = 24   Übertrag: 2
Hunderter: 3 + 7 + 2 = 12   Übertrag: 1
Tausender: 3 + 1   = 4

3374 + 780 + 92 = 4246

Wenn bei der Addition einer Spalte die Summe größer oder gleich 10 ist, dann schreibt man die vordere Ziffer als Übertrag in die nächste linke Spalte.

Beispiel

Rechne schriftlich.
a) 808 + 537 + 76
b) 2509 + 748 + 35
c) 550 928 + 478 472

Lösung:

a)

```
    8 0 8
+   5 3 7
+     7 6
    1 1 2
  1 4 2 1
```

b)
```
    2 5 0 9
+     7 4 8
+       3 5
        1 2
    3 2 9 2
```

c)
```
    5 5 0 9 2 8
+   4 7 8 4 7 2
    1 1   1 1 1
  1 0 2 9 4 0 0
```

Nachgefragt

- Sabine denkt sich eine Zahl. Sie addiert anschließend eine andere Zahl und erhält als Ergebnis trotzdem wieder die gedachte Zahl. Ist das möglich? Erkläre.
- Erkläre: Warum schreibt man beim Übertrag die Ziffer in die benachbarte linke Spalte?
- Begründe, ob die Aussage wahr oder falsch ist: „Wenn man drei Zahlen schriftlich addiert, kann der Übertrag nie größer als 2 sein."

Rechnen mit natürlichen Zahlen

1 Addiere schriftlich.
a) 691 + 533
b) 601 + 33 + 86
c) 274 + 81 + 573
d) 585 + 484 + 6
e) 143 + 633 + 596
f) 2509 + 608 + 907
g) 3567 + 587 + 341
h) 12 675 + 9845
i) 7856 + 1288 + 956
j) 3256 + 697 + 803
k) 24 565 + 35 261
l) 342 671 + 11 321
m) 895 + 356 + 67 + 701
n) 46 783 + 3469 + 9069
o) 9999 + 999 + 99 + 9

Aufgaben

Lösungen zu 1:
720; 928; 1075; 1224;
1372; 2019; 4024; 4495;
4756; 10 100; 11 106;
22 520; 59 321; 59 826;
353 992

2 Übertrage die Aufgaben in dein Heft und vervollständige sie dort.

a)
```
    5369
+   4750
+    981
+     34
```

b)
```
   894562
＋    1548
＋ 2660745
＋    3479
```

c)
```
  329408
＋  72334
＋ 122523
＋ 465626
```

d)
```
      894
＋    7586
＋  257849
＋   44887
```

e)
```
    2574
＋    7■■
＋    218
    3584
```

f)
```
   37499
＋   8487
＋   9999
```

g)
```
      46
＋   6745■
＋     823
   68328
```

h)
```
     256
＋   ■5■4
＋    533
    77■7■
```

3 Übertrage die Zahlenmauern in dein Heft und ergänze die fehlenden Werte. Der Wert eines Steins ergibt sich aus der Summe der darunter liegenden Steine.

a)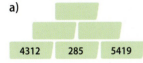
4312 285 5419

b)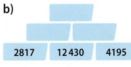
2817 12 430 4195

c)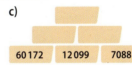
60 172 12 099 7088

4 Schreibe zuerst als Aufgabe und addiere dann schriftlich.
a) Addiere zweitausenddreihunderteinundzwanzig zu neunhundertdreizehn.
b) Bilde die Summe aus zwölftausendsiebenhundertvierundsiebzig und dreihundertvierunddreißigtausendsechsundzwanzig.
c) Wie viel muss man zu achthunderteinundneunzig addieren, um tausend zu erhalten?

5 Wie oft musst du 425 vom Startwert subtrahieren, um zum Zielwert zu gelangen?
a) 3268 ⟶ 293
b) 5768 ⟶ 1943
c) 6673 ⟶ 1573
d) 7650 ⟶ 850

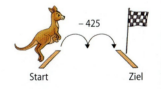

Alles klar?

6 Übertrage die Aufgaben in dein Heft und vervollständige sie dort.

a)
```
   23467
＋ 34204
＋  2958
```

b)
```
  235069
＋  12■11
＋ 102032
```

c)
```
     635
＋   62■4
＋    35■
    7■32
```

7 Begründe, welche Zahlen als Übertrag vorkommen können, wenn du …
a) zwei,
b) drei,
c) vier Summanden hast.

2.2 Schriftliches Addieren von natürlichen Zahlen

8 Vervollständige die Rechnungen im Heft. Es sind teils mehrere Lösungen möglich.

a)
```
    3 ■ 7 3
+   5 4 ■ 2
+   2 4 ■
───────────
    ■ 1 5 2
```

b)
```
    1 5 3 4
+     8 ■ 7
+   4 ■ 5 6
───────────
    6 4 4 ■
```

c)
```
    4 ■ 0 6
+   5 1 ■ 7
+   6 ■ 0 1
───────────
    1 ■ 2 1 ■
```

d)
```
      9 ■ 9 ■
+       4 ■ 8
+     ■ 3 6 1
─────────────
      1 5 5 6 ■
```

9 a) Silas, Nele und Lena haben unterschiedliche Ergebnisse. Finde die falschen Ergebnisse.
b) Erkläre, woran man die falschen Ergebnisse sofort erkennen kann.
c) Berechne die Summe richtig im Heft.

Silas:
```
    7 4 0 5
+     3 8 9
+       4 4
+   2 0 7 1
───────────
  1 0 5 1 9
```

Nele:
```
    7 4 0 5
+     3 8 9
+       4 4
+   2 0 7 1
───────────
    8 9 0 9
```

Lena:
```
    7 4 0 5
+     3 8 9
+       4 4
+   2 0 7 1
───────────
    9 9 0 9
```

10 Übertrage die Zahlenmauer in dein Heft. Schreibe dann dort auf jeden leeren Mauerstein den Summenwert der Zahlen, die auf den beiden Steinen direkt darunter stehen.

a)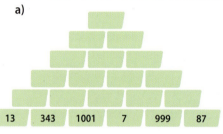
13   343   1001   7   999   87

b)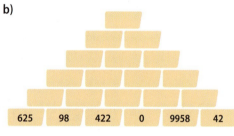
625   98   422   0   9958   42

11 Eine Jugendherberge in der Nähe von Köln ist für Jugendfreizeitfahrten und Klassenfahrten sehr beliebt, weil zahlreiche Freizeitmöglichkeiten in der Umgebung angeboten werden. Entnimm der Tabelle die Daten der Übernachtungen in unterschiedlichen Jahren.

Jahr	Frühling	Sommer	Herbst
2016	28 400	138 433	37 410
2017	17 731	150 019	34 987
2018	31 208	125 439	40 010

a) Bestimme das Jahr mit den **1** meisten, **2** wenigsten Übernachtungen.
b) In jedem Jahr sind höchstens 250 000 Übernachtungen möglich. Berechne, wie viele Übernachtungen in jedem Jahr noch möglich waren.
c) 2018 wird erstmals im Winter eine Übernachtung angeboten. Man erwartet die Hälfte der Übernachtungen eines durchschnittlichen Frühjahres. Gib an, mit wie vielen Übernachtungen gerechnet wird.

12 Bilde aus den Ziffern auf den Steinen jeweils die größte (kleinste) Zahl. Bilde anschließend die Summe der jeweils größten (kleinsten) Zahl aller vier Steine.

13 Wenn ich zehnmal so alt wäre wie jetzt und noch sieben Jahre älter, wäre ich genauso alt wie mein 61-jähriger Opa und meine 56-jährige Oma zusammen. Bestimme mein Alter.

Probiere systematisch.

14 Wähle von den abgebildeten Karten einige aus und addiere die darauf stehenden Zahlen. Versuche dabei, möglichst nahe an die Zahl 100, 1000 bzw. 10 000 heranzukommen, ohne sie jedoch zu überschreiten.

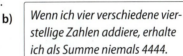

15 a) Eine Summe mit zwei Summanden hat den Wert 28 730. Der erste Summand ist 10 523. Was kannst du über den anderen Summanden alles sagen, ohne zu rechnen?

b) Bei einer Summe mit vier Summanden ist der erste Summand zweistellig, der zweite Summand dreistellig, der dritte Summand vierstellig und der vierte Summand fünfstellig.
  1 Kann der Wert der Summe achtstellig sein? Begründe.
  2 Bestimme die kleinste fünfstellige Zahl, die der Wert der Summe annehmen kann.

c) Ergänze die Aussage: „Alle vier Summanden einer Summe sind kleiner als 5000. Dann ist der Wert der Summe kleiner als …"

16 Richtig oder falsch? Begründe deine Antwort.

a) *Wenn ich drei verschiedene dreistellige Zahlen addiere, ist die Summe niemals größer als 3000.*

b)  *Wenn ich vier verschiedene vierstellige Zahlen addiere, erhalte ich als Summe niemals 4444.*

17

81	124	31	1000	204	2835
256	828	23	10	123	4345
121	3476	7	100	42	7000
64	344	37	1	303	5555
▨	1428	19	10	222	6435
400	66	5	100	15	3360

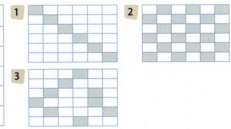

a) Berechne jeweils den Summenwert der Zahlen in der dritten Zeile, in der vierten Zeile und in der zweiten Spalte der Tabelle.

b) Berechne jeweils den Wert der Summe der in den Abbildungen **1**, **2** bzw. **3** farbig markierten Zahlen.

c) Alle Zahlen einer Spalte haben jeweils (mindestens) eine gemeinsame Eigenschaft. Gib diese Eigenschaft für jede einzelne Spalte an; vielleicht findest du sogar mehrere Eigenschaften. Ersetze ▨ so, dass die neue Zahl zur ersten Spalte „passt" und der Summenwert der Zahlen in der ersten Spalte dann größer als 1000 ist. Gib vier verschiedene Möglichkeiten an, ohne zu rechnen.

2.3 Schriftliches Subtrahieren von natürlichen Zahlen

Entdecken

	Sitzplätze	Stehplätze
1. Spieltag	23 450	5810
2. Spieltag	31 320	6970
3. Spieltag	44 700	9900
4. Spieltag	38 720	8760

Das Fußballstadion in Düsseldorf hat insgesamt 54 600 Plätze. Davon sind 9900 Stehplätze, der Rest Sitzplätze. Die Tabelle zeigt die Anzahl der verkauften Karten an den ersten vier Spieltagen der Saison.

- Berechne, wie viele Sitzplätze und Stehplätze an den einzelnen Spieltagen jeweils frei waren.

Verstehen

11 − 4 = 7
Minuend Subtrahend

Merke: „**M** vor **S**"

Wie bei der Addition schreibt man auch bei der **schriftlichen Subtraktion** die Zahlen stellengerecht untereinander: Einer unter Einer, Zehner unter Zehner, Hunderter unter Hunderter usw. Dabei stehen die Subtrahenden unter dem Minuenden.

Erklärvideo

Mediencode 61165-05

Merke

Es gibt verschiedene Rechenverfahren, um natürliche Zahlen zu subtrahieren.

Beispiel: 10 756 − 9837 = ?

Verfahren 1: „Ergänzen"

ZT	T	H	Z	E
1	0	7	5	6
	9	8	3	7
	1	1	1	
0	0	9	1	9

ergänze
Einer: 7 + 9 = 16   Übertrag: 1
Zehner: (1 + 3) + 1 = 5
Hunderter: 8 + 9 = 17   Übertrag: 1
Tausender: (1 + 9) + 0 = 10   Übertrag: 1
Zehntausender: 1 + 0 = 1

Übertrag
Die 0 wird als erste Ziffer nicht geschrieben.

Verfahren 2: „Borgen"

Kann man die Ziffer nicht subtrahieren, dann „**borgt**" man sich Einheiten vom nächsten Stellenwert des Minuenden und vermindert dessen Ziffer entsprechend.

ZT	T	H	Z	E
0	9	17	4	16
~~1~~	~~0~~	~~7~~	~~5~~	~~6~~
	9	8	3	7
0	0	9	1	9

borgen
Einer: 6 − 7 geht nicht → 16 − 7 = 9
Zehner: 4 − 3 = 1
Hunderter: 7 − 8 geht nicht → 17 − 8 = 9
Tausender: 9 − 9 = 0

Da keine Tausender vorhanden, muss man sich von den Zehntausendern einen borgen.

Die 0 wird als erste Ziffer nicht geschrieben.

Beispiel

Berechne: 8758 − 1924 − 656

Lösung:

Das Vorgehen geht sowohl beim „Borgen" als auch beim „Ergänzen".

Ergänzen

```
    8 7 5 8
  − 1 9 2 4      erst die Stellen
  −   6 5 6      zusammen zählen, dann
      1 1        „ergänzen"
    6 1 7 8
```

Borgen

```
      7 16 14 18
      8̷ 7̷ 5̷ 8̷
  − 1 9 2 4       erst die Stellen
  −   6 5 6       zusammen zählen, dann
                  „borgen"
    6 1 7 8
```

Rechnen mit natürlichen Zahlen

Nachgefragt

- Überprüfe: „Der Wert der Differenz bei einer Subtraktion ist immer kleiner als der Minuend."
- Begründe, ob die Aussage richtig oder falsch ist: „Die Differenz einer vierstelligen Zahl mit einer dreistelligen Zahl liegt immer zwischen 9 und 9000."

Aufgaben

1 Gib das Ergebnis an.

a) 4375
  − 908

b) 7889
  − 1253

c) 684 439
  − 20 972

d) 5 348 457
  − 648 523

2 Erkläre jeweils das Vorgehen. Begründe, dass beide Rechenwege gleichwertig sind.

Kasim
```
  3 8 2 5
− 2 4 2 7
− 1 1 8 4
    1 1
    2 1 4
```
7 + 4 = 11
15 − 11 = 4

Maren
```
  2 4 2 7
+ 1 1 8 4
    1 1
  3 6 1 1
```
```
  3 8 2 5
− 3 6 1 1
    2 1 4
```

3 Berechne schriftlich.

a) 5387
  − 1453
  − 665

b) 8403
  − 4168
  − 2075

c) 15 742
  − 3 681
  − 2 403

d) 84 300
  − 26 428
  − 5 705

e) 413 754
  − 205 807
  − 56 280

Lösungen zu 3:
904; 2160; 3269; 3680;
9658; 15 632; 16 008;
41 036; 52 167; 151 667

f) 7486
  − 2301
  − 1257
  − 3024

g) 9302
  − 1875
  − 2089
  − 1658

h) 54 183
  − 21 057
  − 14 343
  − 2 775

i) 89 798
  − 35 712
  − 12 446
  − 26 008

j) 737 481
  − 206 213
  − 114 428
  − 375 804

Alles Klar?

4 Übertrage in dein Heft und ergänze die fehlenden Ziffern.

a) 32 000
  − 10 050
  − 1 228
  ━━━━━
  ■ ■ ■ ■

b) 645 789
  − 31■ 245
  − 174 217
  ━━━━━
  ■ ■ 7 ■ ■ ■

c) 312■
  − 4■5
  − ■065
  ━━━━
   1596

5 Welche Ziffern können beim „Borgen" oder beim „Ergänzen" als Übertrag bei …
1 einem, **2** zwei, **3** drei Subtrahenden auftreten? Erkläre.

6 Übertrage die Aufgaben in dein Heft und vervollständige sie dort.

a) 789 015
  − 436■2■
  ━━━━━
  ■ ■ ■ 8 ■ 7

b) 4■74
  − 358■
  ━━━━
  ■9■5

c) 70■■0
  − 5■0 093
  ━━━━━
  ■60 677

d) 892 753
  − ■ ■ ■ ■ ■ ■
  ━━━━━
   400 904

2.3 Schriftliches Subtrahieren von natürlichen Zahlen

7 a) Berechne die Differenz aus der kleinsten fünfstelligen und der größten dreistelligen Zahl.
b) Subtrahiere die Zahlen 45 699 und 78 033 von der Zahl 234 691.
c) Berechne das Ergebnis, wenn der Minuend 14 517 ist und die Subtrahenden 2456, 3466 sowie 975 sind.
d) Subtrahiere die Zahl drei Millionen siebenundachtzigtausendneunhundertdreiundzwanzig von der Zahl drei Milliarden sechshundertdreiundfünfzigtausend.

8 Vervollständige die Rechnungen im Heft. Es sind teils mehrere Lösungen möglich.

a) 83■1
 − 98■
 ─────
   ■48

b)   4■89
 −   4■6
 −   230■
 ────────
     ■328

c) 1■359
 −   42■8
 −   1■06
 ────────
    661■

d)   9■87
 −   4■9
 −   4■82
 ────────
    454■

e) ■3491
 −   3■4
 −   73■
 ────────
    3■26■

9 Für ein Rockkonzert gibt es 45 200 Karten. Der Vorverkauf läuft über fünf Wochen.

Woche	1	2	3	4	5
Anzahl verkaufter Karten	6825	11 437	12 084	8114	5369

a) Berechne, wie viele Karten nach dem Vorverkauf noch übrig bleiben.
b) Das Konzert findet statt, wenn mehr als die Hälfte der Karten verkauft ist. Bestimme den Zeitpunkt, an dem Feststand, dass das Konzert stattfindet.
c) Ermittle, wie viele Karten bis zum Ende der 1. (2., 3., 4., 5.) Woche insgesamt verkauft wurden. Stelle diese Entwicklung in einem Säulendiagramm dar und beschreibe sie.

10 Übertrage die Zahlenmauern in dein Heft und berechne.

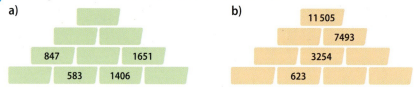

11 Bei welchen der folgenden Rechnungen kannst du die Reihenfolge der Zahlen beliebig vertauschen, bei welchen nicht? Formuliere eine Regel und teste sie an selbst gewählten Beispielen.

a) 1233 + 872
   1233 − 872

b) 321 + 256
   321 − 256

c) 765 + 345 + 342
   765 − 345 − 342

12 Im Heizöltank der Firma Schneider waren zu Beginn der Heizperiode 14 820 ℓ Öl. Während der Heizperiode wurde viermal nachgetankt:
1 5000 ℓ **2** 11 500 ℓ **3** 4550 ℓ **4** 7800 ℓ

a) Berechne, wie viele Liter Heizöl verbraucht wurden, wenn der Ölstandsanzeiger am Ende der Heizperiode noch 3575 Liter Inhalt anzeigt.
b) Herr Schneider rechnet für das nächste Jahr mit dem gleichen Verbrauch. Bestimme, welche Menge Öl er für die neue Heizperiode mindestens bestellen muss.
c) Nenne Gründe, warum die Planung von Herrn Schneider nicht stimmen muss.

Rechnen mit natürlichen Zahlen

13 Herr Möchtegern hat 4674 € auf dem Konto.
  a) Ermittle den Kontostand nach Durchführung aller Buchungen.
  b) Erkläre, ob Herr Möchtegern im Februar 15 890 € überweisen kann, wenn vorher noch 12 450 € auf seinem Konto gutgeschrieben werden.

Tag	Belastung (€)	Gutschrift (€)
15.01.	2350	6580
18.01.	3470	7582
22.01.		3490
25.01.	4598	
29.01.	5332	5220
30.01.	6782	

Belastung: Geld, das vom Kontostand abgezogen wird.
Gutschrift: Geld, das zum Kontostand hinzugezählt wird.

14 Übertrage ins Heft und löse das Kreuzzahlrätsel.

waagerecht →
1 28 374 + 361 248 + 91 129
2 12 548 + 5620 − 18 108
3 22 548 − 15 689 − 6016
4 65 942 − 45 987 − 14 167
5 11 222 + 3478 − 14 465
6 569 875 − 569 823
7 65 893 + 12 548 − 78 294
8 59 527 + 265 384

senkrecht ↓
1 329 657 + 135 626
6 14 141 + 91 919 − 105 489
10 15 421 − 7348
11 12 557 + 89 435 − 101 204
12 112 233 + 445 566 − 557 745
13 90 909 − 80 808 − 8749
14 987 654 − 123 456 − 855 684
15 888 999 − 777 666 − 111 284

15 Bilde aus den Ziffern 2, 3, 7 und 8 zwei vierstellige Zahlen, sodass jede dieser vier Ziffern in jeder der beiden Zahlen genau einmal vorkommt und dass …
  a) der Summenwert dieser beiden Zahlen die Einerziffer 9 hat.
  b) der Summenwert dieser beiden Zahlen die Hunderterziffer 1 hat.
  c) der Differenzwert dieser beiden Zahlen eine dreistellige Zahl ist.
  d) die Differenz am größten (kleinsten) wird.

Beispiel: 3782 und 2738

Spiel

Würfelbingo (ab 2 Spieler)

Spielmaterial
- 1 Spielkarte pro Spieler mit 3 × 3-Feldern, in die beliebige Zahlen zwischen 0 und 15 eingetragen werden. Jede Zahl darf nur einmal vorkommen.
- 3 Würfel

Beispiel:

9	12	15
4	1	8
11	7	5

Spielregeln
1 Es wird reihum mit allen drei Würfeln gewürfelt. Jeder Spieler macht aus den drei gewürfelten Zahlen eine Rechenaufgabe. Additions- und Subtraktions-Zeichen dürfen beliebig gesetzt werden. Gelingt es, ein Ergebnis der Karte zu erreichen, so wird dieses durchgestrichen.
2 Der Spieler, der als erstes alle drei Zahlen in einer Spalte, Zeile oder diagonal durchstreichen konnte, hat die Runde gewonnen.

- Spielt das Spiel mehrere Male durch. Gibt es Ergebnisse die besonders häufig bzw. selten vorkommen? Finde eine Begründung hierfür.

Mögliche Ergebnisse:
6 + 1 + 1 = 8
6 − 1 + 1 = 6
6 − 1 − 1 = 4

2.4 Zusammenhang zwischen Multiplizieren und Dividieren

Entdecken

In einer Zoohandlung gibt es Paletten mit Tiernahrung.

- Gib die Anzahl von Eimern einer Palette an.
- Ein Eimer wiegt 3 kg. Bestimme das Gewicht einer Palette.
- Die Zoohandlung hat insgesamt acht Paletten auf Vorrat. Berechne die zugehörige Anzahl von Eimern.
- Herr Maier schätzt, dass alle Eimer zusammen 500 kg wiegen. Beurteile seine Schätzung.

Verstehen

Du weißt bereits, dass du die wiederholte Addition als **Multiplikation** abkürzen kannst:
$12 + 12 + 12 + 12 = 4 \cdot 12$. Die Umkehrrechnung zur Multiplikation ist die **Division**.

Multiplikation ·
Division :

Merke

Multiplikation und Division sind **Umkehrungen** voneinander. $12 \xrightarrow[: 5]{\cdot 5} 60$

Begriffe bei der **Multiplikation**:

$\underbrace{\underline{56} \cdot \underline{7}}_{\text{Produkt}} = \underbrace{392}_{\text{Wert des Produkts}}$

1. Faktor   2. Faktor

Begriffe bei der **Division**:

$\underline{72} : \underline{8} = \underbrace{9}_{\text{Wert des Quotienten}}$

Dividend   Divisor   Quotient

Beispiele

I. Auch die Multiplikation und Division kann man mit **Zahlenpfeilen** am Zahlenstrahl veranschaulichen.

   Stelle am Zahlenstrahl dar: a) $5 \cdot 7$ b) $48 : 8$

   Lösung:
   $5 \cdot 7 = 35$ $48 : 8 = 6$

Die Multiplikation kann eine wiederholte Addition sein; die Division eine wiederholte Subtraktion.

II. Schreibe als Aufgabe und berechne. Mache die Probe durch die Umkehrrechnung.
   a) das Produkt aus 25 und 13   b) den Quotienten mit Dividend 96 und Divisor 12

   Lösung:
   a) $25 \cdot 13 = 325$ Probe: $325 : 13 = 25$ b) $96 : 12 = 8$ Probe: $8 \cdot 12 = 96$
   oder $325 : 25 = 13$

Nachgefragt

- „Vervielfache", „teile gerecht": Nenne weitere Worte, die für multiplizieren und dividieren stehen, und ordne sie jeweils zu.
- Begründe deine Antwort. Wie ändert sich der Wert …
  1. des Produkts, wenn ein Faktor verdoppelt und der andere halbiert wird?
  2. des Quotienten, wenn der Dividend verdoppelt und der Divisor halbiert wird?

Rechnen mit natürlichen Zahlen

Aufgaben

1 Im Kaufhaus Schenker sind Speichersticks für 8,00 € im Angebot. Lucy und Kirsten kaufen jeweils drei davon und zahlen an verschiedenen Kassen. Vergleiche die Kassenbons und erläutere die Rechnungen.

2 Ersetze die Summe durch ein Produkt. Notiere die Ergebnisse.
a) 12 + 12 + 12 + 12 + 12 + 12
b) 17 + 17 + 17 + 17 + 17 + 17 + 17
c) 321 + 321 + 321 + 321
d) 2 + 2 + 2 + 2 + 2 + 2 + 2 + 2 + 2 + 2

Lösungen zu 2:
1284; 20; 119; 72

3 Dividiere im Kopf.
a) durch 3: 18; 27; 39; 66; 81; 102; 120; 399; 1002; 1200; 0; 6606
b) durch 6: 36; 54; 66; 90; 108; 120; 132; 150; 198; 234; 636
c) durch 7: 49; 84; 217; 56; 560; 14; 140; 147; 777; 3549; 4200
d) durch 9: 18; 9000; 99; 108; 0; 36; 180; 171; 45; 720; 4545; 729

Lösungen zu 3c) und d):
0; 2; 2; 4; 5; 7; 8; 11;
12; 12; 19; 20; 20; 21;
31; 80; 80; 81; 111;
505; 507; 600; 1000

4 Rechne im Kopf.
a) 19 · 7
   18 · 6
   36 · 5
b) 2 · 47
   6 · 75
   8 · 12
c) 4 · 1 · 25
   8 · 4 · 125
   600 · 20 · 5
d) 0 · 225 · 4
   0 · 0 · 0
   10 · 0 · 124
e) 50 · 40 · 8
   12 · 12 · 4
   2 · 15 · 11

5 Übertrage in dein Heft und berechne die fehlenden Zahlen.

a)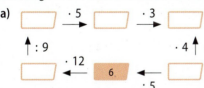

b)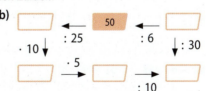

Weiterdenken

Die Multiplikation und Division mit der natürlichen Zahl 1 und der 0 kann man gesondert betrachten.
- Multiplikation und Division mit 1 an Beispielen:
  7 · 1 = 7   1 · 12 = 12   8 : 1 = 8   1 : 4 = $\frac{1}{4}$ → keine Lösung in $\mathbb{N}$

  $\frac{1}{4}$ = „ein Viertel"

- Multiplikation und Division mit 0 an Beispielen:
  7 · 0 = 0   0 · 12 = 0   8 : 0 = ?   0 : 35 = 0

Beachte: **Die Division durch 0 ist nicht erlaubt.**

6 a) Beschreibe Regeln zur Multiplikation und Division mit 1 und 0 in eigenen Worten.
b) Erkläre, weshalb die Division durch 0 nicht erlaubt ist. Nutze dazu die Abbildung.

2.5 Schriftliches Multiplizieren von natürlichen Zahlen

Entdecken

Die Klasse 5c erstellt eine Klassenzeitung. Diese umfasst 57 Seiten. Das Drucken einer Seite kostet 4 ct. Es sollen 60 Zeitungen gedruckt werden.

- Berechne, wie viele Seiten für alle Zeitungen zusammen gedruckt werden müssen.
- Berechne die Gesamtkosten für alle Zeitungen.
- Bestimme, wie teuer eine Zeitung mindestens sein muss.

Verstehen

Bei der schriftlichen Multiplikation wird das halbschriftliche Multiplizieren fortgesetzt und ziffernweise für den 2. Faktor benutzt.

Merke

Bei der **schriftlichen Multiplikation** wird der erste Faktor mit jeder einzelnen Ziffer des zweiten Faktors multipliziert. Dabei werden alle Teilprodukte **stellengerecht unter den zweiten Faktor** geschrieben und zum Schluss addiert.

Erklärvideo

Mediencode 61165-06

Berechne: 442 · 82 = ?

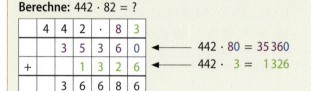

Merke dir die Überträge beim Multiplizieren im Kopf.

$2 \cdot 8 = 16$

$4 \cdot 8 = 32$; $32 + 1 = 33$

Beispiel

Berechne den Wert des Produkts.

a) 426 · 257   b) 549 · 203

Lösung:

a)

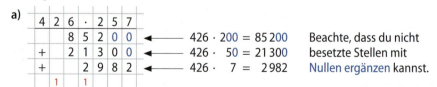

Beachte, dass du nicht besetzte Stellen mit Nullen ergänzen kannst.

b)

	5	4	9	·	2	0	3
		1	0	9	8	0	0
+				0	0	0	0
+				1	6	4	7
				1	1		
		1	1	1	4	4	7

Nullzeilen können auch weggelassen werden. Doch pass auf, dass du die Zahlen stellengerecht anordnest.

Rechnen mit natürlichen Zahlen

> **Nachgefragt**
> - Gib den Einerwert des Produkts von 3577 · 8226 an, ohne den gesamten Wert zu berechnen.
> - Schreibe die Zahl 144 auf möglichst viele Arten als Produkt zweier Faktoren.

Aufgaben

1 Berechne jeweils das Produkt aus den beiden Faktoren.

	1. Faktor	2. Faktor					
a)	48	15	20	37	48	84	90
b)	326	1	10	19	25	32	49
c)	203	23	50	306	909	1000	0

2 Rechne schriftlich.
a) 235 · 5
   256 · 38
   402 · 34
   337 · 99
b) 846 · 621
   702 · 459
   746 · 589
   503 · 399
c) 2076 · 7
   5345 · 201
   3495 · 732
   2085 · 1338
d) 39 953 · 6
   6495 · 6228
   34 054 · 872
   9490 · 4971

Lösungen zu 2a) und b):
1175; 9728; 13 668;
33 363; 200 697;
322 218; 439 394;
525 366

3 a) Berechne das Produkt aus 236 und 56.
b) Berechne das Produkt, wenn die Faktoren 188, 17 und 543 heißen.
c) Multipliziere die Zahl 896 mit 4526.
d) Berechne das Produkt von 934 mit 713.
e) Subtrahiere das Produkt von 11 und 203 vom Produkt aus 54 und 177.
f) Multipliziere die Summe aus 999 und 888 mit der Differenz aus 555 und 444.

4 Multipliziere jede der Zahlen 21, 314, 500 und 27 000 …
a) mit 10.   b) mit 1000.   c) mit 10 000.
Formuliere eine Regel für die Multiplikation mit den Stellenwerten (10, 100, 1000, …).

Alles klar?

5 a) Übertrage die Tabelle in dein Heft und berechne die fehlenden Werte.

1
·	72	205
365		
		0

2
·	702	151
1245		
		15 100

b) Erkläre, wie sich die Ergebnisse ändern, wenn man Zeilen und Spalten vertauscht.

6 Faktoren, die am Ende Nullen haben, sind leicht zu multiplizieren: Man kann die Zahlen zuerst ohne Endnullen malnehmen und an das Ergebnis dann die Endnullen anhängen.
Beispiel: 2500 · 700 = 25 · 7 · 10 000 = 1 750 000
a) Erkläre diese Regel anhand des Beispiels.
b) Berechne möglichst geschickt.

1 120 · 30
40 · 80
250 · 20

2 4500 · 500
3010 · 400
57 · 2000

3 1500 · 30 000
200 · 50 · 40 000
1500 · 40 · 100

Tipp: Berechne 25 · 7
und ergänze 4 Endnullen.

51

2.5 Schriftliches Multiplizieren von natürlichen Zahlen

7  *Wie ich 27 mal 19 berechne? Da rechne ich einfach 27 mal 20 und subtrahiere dann 27.*

a) Begründe das Vorgehen von Bella.
b) Berechne möglichst geschickt.
  1 39 · 458
  2 8732 · 81

8 a) Erkläre den Unterschied in den Rechnungen.
b) Begründe die Richtigkeit beider Rechenwege.

```
1   433 · 25           2   433 · 25
      2 1 6 5                8 6 6 0
    + 8 6 6 0              + 2 1 6 5
           1                       1
    1 0 8 2 5              1 0 8 2 5
```

9 a) Hier stimmt was nicht. Rechne die Aufgaben in deinem Heft nach und erkläre, welche Fehler gemacht wurden.

```
Tamara:                    Kai:
5061 · 1314                1314 · 5061
    6 5 7 0                    6 5 7 0
    7 8 8 4                    1 3 1 4
    1 3 1 4                    7 8 8 4
  1 5 7 6 8  f              7 3 7 1 5 4  f
```

b) Gib Tamara und Kai einen Tipp, wie sie ihren Fehler beim nächsten Mal vermeiden können.

10 Schreibe als Produkt und berechne.
a) Multipliziere 123 … 1 mit 456 2 mit sich selbst.
b) Berechne das Produkt aus 789 mit seinem … 1 Vorgänger 2 Nachfolger.

11 Bei der Zahlenmauer ergibt sich der Wert eines Steins aus dem Produkt der beiden darunter liegenden Steine.

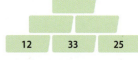

a) Übertrage die Zahlenmauer in dein Heft und berechne die fehlenden Zahlen.
b) Erkläre, wie sich die Zahl auf dem obersten Stein ändert, wenn statt der Zahl 12 die Zahl 24 (48, 6) steht und die beiden Zahlen beibehalten werden.
c) Erkläre, wie sich die Zahl auf dem obersten Stein ändert, wenn jede der drei Zahlen in der untersten Reihe verdoppelt (verdreifacht, vervierfacht) wird.

12 a) Bilde aus drei der vier abgebildeten Spielkarten eine dreistellige Zahl und multipliziere diese Zahl mit der Zahl auf der verbliebenen Karte. Gib das größte und das kleinste Ergebnis an, das du auf diese Weise erzielen kannst. Finde heraus, ob du das Ergebnis 3190 erhalten kannst.
b) Bilde aus den Spielkarten zwei zweistellige Zahlen und multipliziere sie miteinander. Gib das größte bzw. das kleinste Ergebnis an, das du auf diese Weise erreichen kannst. Erkläre, wie du hierbei vorgehst.

Rechnen mit natürlichen Zahlen

Vertiefung

Systematisches Abzählen

Beispiel: Maren hat zwei Mützen und drei Schals. Bestimme alle Möglichkeiten, die beiden Kleidungsstücke miteinander zu kombinieren.

Die Multiplikation kann auch helfen, wenn man die Anzahl verschiedener Kombinationen rechnerisch bestimmen möchte. Zur Veranschaulichung kann dabei ein **Baumdiagramm** dienen.

Baumdiagramm 1:    **Baumdiagramm 2:**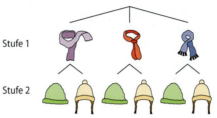

Stufe 1

Stufe 2

Das Baumdiagramm besteht aus verschiedenen Stufen, an denen es sich verzweigt. Jeder Ast, also jeder Weg durch das Baumdiagramm, gibt eine Kombinationsmöglichkeit an.

Die **Anzahl der Möglichkeiten** kann so bestimmt werden:
1. ablesen: Die Anzahl der Astenden bestimmen, im Beispiel siehst du, dass es 6 Enden gibt.
2. berechnen: Multiplikation der Möglichkeiten jeder Stufe („**Zählprinzip**"), im Beispiel: 2 · 3 bzw. 3 · 2 = 6 Möglichkeiten

1. Ali, Samira, Hassan und Merve sollen beim Schultheater nebeneinander auf einer Bank sitzen. Bestimme, wie viele verschiedene Sitzordnungen es gibt. Probiere unterschiedliche Möglichkeiten aus, zeichne ein Baumdiagramm und beschreibe seinen Aufbau.

2. Luisa steht vor ihrem Kleiderschrank und kann sich nicht entscheiden, was sie anziehen möchte. Zur Auswahl stehen vier verschiedene Hosen, sechs T-Shirts, fünf Pullover und drei Halstücher.
   Ermittle, auf wie viele Arten Luisa jeweils folgende Kleidungsstücke miteinander kombinieren kann.
   a) Hose und T-Shirt   b) Hose, Pullover und Halstuch   c) Hose, T-Shirt und Halstuch

3. Zum Geburtstag hat Hakim ein tolles neues Fahrrad bekommen. Natürlich braucht er auch ein gutes Schloss.
   a) Erkläre, warum es keine Zahlenschlösser mit nur einer verstellbaren Ziffer gibt.
   b) Hakim hat zwei Schlösser zur Auswahl: eines mit vier Ziffernrädern jeweils von 0 bis 5 und eines mit drei Ziffernrädern jeweils von 0 bis 9. Berate Hakim.

4. Eva möchte die Buchstaben ihres Namens in den Farben Rot, Blau und Grün schreiben (z. B. EVA; EVA; EVA).
   a) Bestimme die Anzahl der Möglichkeiten, wenn jeder Buchstabe eine andere Farbe haben soll. Beschreibe dein Vorgehen.
   b) Erkläre, auf wie viele Arten man die Buchstaben deines Namens in verschiedenen Farben schreiben kann.

2.6 Schriftliches Dividieren von natürlichen Zahlen

Entdecken

In einer Getränkefabrik werden pro Stunde 23 040 Flaschen abgefüllt. Für den Verkauf werden die Flaschen in Kisten zu je 6 Flaschen verpackt.
- Berechne, wie viele Kisten pro Stunde benötigt werden.

Im Getränkehandel werden verschiedene Kistengrößen verwendet.
- Berechne, wie viele Kisten man pro Stunde bei einer Kistengröße von 8 (20) Flaschen benötigt.
- Nenne weitere mögliche Unterteilungen für eine Stundenproduktion.

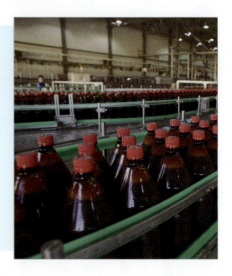

Verstehen

Bei der Division überlegst du, wie oft der Divisor in den Dividenden hineinpasst. Divisionsaufgaben, die man nicht im Kopf lösen kann, berechnet man schriftlich.

Merke

Bei der **schriftlichen Division** geht man schrittweise vor und fasst von links nach rechts jeweils so viele Ziffern zu einer Zahl zusammen, dass der Divisor in dieser Zahl enthalten ist.

```
6372 : 27 = 236
-54↓
  97
 -81↓
  162
 -162
    0
```

Betrachte H: 27 geht in 63 zweimal   notiere 2
              2 · 27 = 54, 63 − 54 = 9   Rest 9

Betrachte Z: 27 geht in 97 dreimal   notiere 3
              3 · 27 = 81, 97 − 81 = 16 Rest 16

Betrachte E: 27 geht in 162 sechsmal   notiere 6
              6 · 27 = 162, 162 − 162 = 0 Rest 0

Erklärvideo
Mediencode 61165-07

Beispiele

Berechne schriftlich und mache die Probe.   a) 13 820 : 307   b) 839 900 : 37

Lösung:

a)
```
13820 : 307 = 45 R 5
-1228
 1540
-1535
    5
```
Bleibt ein Rest R übrig, dann wird er hinzugefügt.

Probe: 45 · 307 = 307 · 45

3	0	7	·	4	5
	1	2	2	8	0
+		1	5	3	5
				1	
	1	3	8	1	5

Rest ergänzen: 13 815 + 5 = 13 820

b)
```
839900 : 37 = 22700
-74
  99
 -74
  259
 -259
    0
```
Endnullen gehören zum Ergebnis.
Endnullen anhängen

Probe:

2	2	7	0	0	·	3	7
		6	8	1	0	0	0
+		1	5	8	9	0	0
			1				
		8	3	9	9	0	0

Rechnen mit natürlichen Zahlen

> **Nachgefragt**
> - Die Division durch 1 geht immer. Gib das Ergebnis an.
> - Beschreibe, welche Zahlen bei der Division durch 3 den Rest 2 haben.

1 Berechne schriftlich und mache die Probe.
a) 53 064 : 6
525 : 21
1620 : 45
b) 12 730 : 5
5496 : 12
18 200 : 52
c) 35 235 : 45
15 820 : 24
52 170 : 222
d) 25 325 : 6
15 722 : 14
12 333 : 16

Aufgaben

Lösungen zu 1:
25; 36; 235; 350; 458;
659 Rest 4; 770 Rest 13;
783; 1123; 2546;
4220 Rest 5; 8844

2 Berechne. Erkläre anschließend, welche Aufgaben du auch direkt berechnen kannst.
a) 5535 : 123
b) 39 483 : 321
c) 116 150 : 505
d) 112 230 : 258
e) 2 420 592 : 478
f) 789 789 : 789
g) 253 400 : 2534
h) 24 500 : 350

3 Vereinfache die Division. Begründe die Vorgehensweise.
Beispiel: 10 800 : 120 = 1080 : 12 = 90
a) 93 600 : 1200
681 600 : 7100
b) 912 000 : 120
1 794 000 : 23 000
c) 813 200 : 190
4 620 000 : 55 000

4 Ermittle den fehlenden Faktor.

a)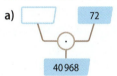
b)
c)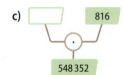

Alles klar?

5 Berechne schriftlich.
a) 178 984 : 13
178 984 : 26
b) 1 920 501 : 33
1 400 642 : 38
c) 2 355 206 : 58
1 526 536 : 76

6 Anja behauptet: „Bei der Division kann man Dividend und Divisor vertauschen."
Was meinst du? Begründe oder widerlege die Aussage.

7 a) Hier stimmt doch was nicht. Suche den Fehler und beschreibe ihn. Verbessere die Aufgabe anschließend in deinem Heft.

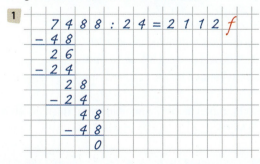
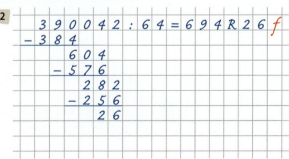

b) Formuliere einen Tipp, wie man diese Fehler vermeiden kann.

2.6 Schriftliches Dividieren von natürlichen Zahlen

8 Die Klassen 5b (23 Schüler) und 5c (25 Schüler) machen einen Ausflug in den Zoo. Der Bus kostet 400 €, der Eintritt im Zoo kostet für alle zusammen 216 €. Berechne, wie viel Geld man von jedem Schüler einsammeln soll.

9 Herr Völker hat an einer Tankstelle 45 Liter Super getankt und dafür 68,85 € bezahlt. Berechne, wie teuer ein Liter ist.

10 a) Setze nacheinander alle Zahlen von 100 bis 120 in den Platzhalter ■ ein. Beschreibe jeweils den Zusammenhang, nach wie vielen Zahlen man ein Ereignis ohne Rest erhält.

① ■ : 3   ② ■ : 4   ③ ■ : 5

b) Überprüfe den Zusammenhang für die Division durch 6 (8).

11 Ein Fußballspiel dauert 90 Minuten. Dem Torhüter Timo Hildebrand gelang es, in der Zeit vom 25. Mai bis zum 4. Oktober 2003 kein einziges Gegentor zu kassieren und sein Tor 884 Spielminuten in Folge „sauber" zu halten. Gib an, wie viele Spiele der Torhüter kein Gegentor kassiert hat.

12 Eine Schule hat 784 Schülerinnen und Schüler in der Sekundarstufe I, die in folgende 28 Klassen aufgeteilt sind: 5a, 5b, 5c, 5d; 6a, 6b, 6c, 6d, 6e; 7a, 7b, 7c, 7d, 7e; 8a, 8b, 8c, 8d, 8e; 9a, 9b, 9c, 9d, 9e; 10a, 10b, 10c, 10d

a) Berechne, wie viele Schülerinnen und Schüler in einer Klasse sind, wenn alle Klassen gleich groß sind. Erläutere deinen Rechenweg.

b) Wir gehen davon aus, dass nicht alle Klassen gleich groß sind, sondern die folgende Aufteilung haben:

In den 5. Klassen: 116 Schülerinnen und Schüler

In den 6. Klassen: 120 Schülerinnen und Schüler

In den 7. Klassen: 155 Schülerinnen und Schüler

In den 8. Klassen: 151 Schülerinnen und Schüler

In den 9. Klassen: 130 Schülerinnen und Schüler

In den 10. Klassen: 112 Schülerinnen und Schüler

① Berechne, wie viele Schüler bei gleicher Aufteilung in einer Jahrgangsstufe in der Klasse 5, der Klasse 7, der Klasse 9 und der Klasse 10 sind.

② Nenne drei weitere mögliche Verteilungen für die Schülerzahl auf die Klassen.

13 Erkläre, bei welchen der folgenden Rechnungen du die Reihenfolge der Zahlen beliebig vertauschen kannst. Formuliere einen Merksatz zu deiner Vermutung und überprüfe ihn an selbst gewählten Beispielen.

a) 728 : 13   b) 57 000 : 125   c) 32 976 : 458 : 2   d) 1136 : 1136
728 · 13   57 000 · 125   32 976 · 458 · 2   1136 · 1136

Rechnen mit natürlichen Zahlen

14 Der Schall legt in der Luft pro Sekunde etwa 340 m zurück.
a) Bestimme, wie weit ein Gewitter weg ist, wenn zwischen Blitz und Donner 3 s vergehen.
b) Ermittle, wie viel Zeit zwischen Blitz und Donner ungefähr vergeht, wenn das Gewitter 2 km entfernt ist.

15 Die Tabelle gibt für verschiedene Walarten die Tauchtiefe und die Zeit an, die sie benötigen, um in die Tiefe zu kommen.

Walart	Tiefe	Zeit
Furchenwal	200 m	3 min
Pottwal	3000 m	25 min
Entenwal	500 m	7 min

a) Bestimme, wie viel Meter der Pottwal pro Minute (pro Sekunde) ungefähr beim Auftauchen zurücklegt.
b) Ordne die Wale nach der Reihenfolge ihrer Tauchgeschwindigkeiten.
c) **Medien und Werkzeuge:** Informiere dich über die genannten Wale im Internet oder einem geeigneten Buch. Stelle weitere interessante Daten in Form einer Tabelle dar.

16 Welche Zahlen passen in die Symbole? Es kann mehr als eine Lösung geben.
a) 175 : △ = 14 R 7
△ : 62 = 12 R 9
b) 432 : △ = 23 R □
128 : △ = □ R 24
c) 216 = 34 · △ + □
149 = △ · △ + 5

Geschichte

Zahlenfolgen

Wenn man Zahlen der Reihe nach aufgrund einer Gesetzmäßigkeit anordnet, erhält man eine Zahlenfolge. Zahlenfolgen werden oft bei sogenannten Intelligenztests oder Auswahlverfahren eingesetzt, um das mathematische Denken zu ermitteln. Beispiele:

1
4   7   10   13   17   …
 +3   +3   +3   +3   +3

Mit 4 beginnend erhält man jede weitere Zahl, indem 3 addiert wird.

2
10   12   11   13   12   …
 +2   −1   +2   −1   +2

Angefangen mit 10 werden für die nächsten Zahlen abwechselnd 2 hinzugezählt und 1 abgezogen.

- Bestimme die nächsten fünf Zahlen der Zahlenfolge. Beschreibe jeweils die Gesetzmäßigkeit, mit der du die Zahlen bestimmt hast.
  a) 1; 5; 9; 13; 17; …
  b) 12; 24; 48; 96; …
  c) 77; 85; 93; 101; 109; …
  d) 254; 247; 240; 233; …
  e) 59 049; 19 683; 6561; 2187; 729; …
  f) 4; 24; 12; 72; 36; …

Berühmt ist die sogenannte **Fibonacci-Folge**, bei der sich jede neue Zahl als Summe der beiden Vorgängerzahlen ergibt.
- Setze die Fibonacci-Folge um weitere fünf Zahlen fort: 1; 1; 2; 3; 5; 8; 13; …
- Finde heraus, was die Fibonacci-Folge mit Kaninchen zu tun hat.

Leonardo von Pisa (ca. 1170–1250), genannt Fibonacci

Ein weiteres berühmtes Beispiel ist die **Dreiecksfolge**.
- Beschreibe, wie eine Zahl aus ihrem Vorgänger entsteht.
- Zeichne die Dreiecksfolge um die nächsten drei Dreiecke fort und bestimme die zugehörigen Zahlen.

1   3   6   10

2.7 Potenzieren von natürlichen Zahlen

Entdecken

Du, Paula, wenn ich 1 Cent zehnmal hintereinander verdopple, habe ich insgesamt mehr als 10 €.

Und, Martin, wenn ich 1 Cent siebenmal verdreifache, habe ich sogar mehr als doppelt so viel wie du.

- Überprüfe die Aussagen von Martin und Paula.
- Finde ähnliche Aussagen, wenn man mehrfach vervierfacht, verfünffacht, …

Verstehen

So wie eine Multiplikation die Addition lauter gleicher Summanden ersetzen kann, gibt es auch eine Kurzschreibweise für ein **Produkt aus lauter gleichen Faktoren**.

Merke

5 gleiche Faktoren	Potenz	Wert
$2 \cdot 2 \cdot 2 \cdot 2 \cdot 2$ =	2^5 =	32

$$\underset{\text{Basis}}{2}\overset{\text{Exponent}}{^5} \text{ Potenz}$$

Diese Schreibweise nennt man Potenz.
Eine Potenz besteht aus einer Grundzahl (Basis) und einer Hochzahl (Exponent).
Sprechweise: „2 hoch 5"

Es wird vereinbart: $1^0 = 1$; $2^0 = 1$; $3^0 = 1$; $4^0 = 1$; …
$1^1 = 1$; $2^1 = 2$; $3^1 = 3$; $4^1 = 4$; …

Erklärvideo

Mediencode 61165-08

Beispiele

I. a) Schreibe als Potenz und berechne den Wert.
   1 $7 \cdot 7 \cdot 7$ **2** $3 \cdot 3 \cdot 3 \cdot 3$ **3** $12 \cdot 12$

b) Schreibe als Produkt und berechne den Wert.
   1 2^4 **2** 3^2 **3** 9^3

Lösung:
a) **1** $7 \cdot 7 \cdot 7 = 7^3 = 343$ **2** $3 \cdot 3 \cdot 3 \cdot 3 = 3^4 = 81$ **3** $12 \cdot 12 = 12^2 = 144$
b) **1** $2^4 = 2 \cdot 2 \cdot 2 \cdot 2 = 16$ **2** $3^2 = 3 \cdot 3 = 9$ **3** $9^3 = 9 \cdot 9 \cdot 9 = 729$

II. Schreibe die Zahl als Potenz mit einem Exponenten größer als 1.
   a) 100 000   b) 625

Lösung:
a) $100\,000 = 10 \cdot 10 \cdot 10 \cdot 10 \cdot 10 = 10^5$
b) $625 = 25 \cdot 25 = 25^2$ oder $625 = 5 \cdot 5 \cdot 5 \cdot 5 = 5^4$

Nachgefragt

- Erkläre den Unterschied zwischen $2 \cdot 5$ und 2^5.
- Raven behauptet: $1^{10} = 10$. Gib das richtige Ergebnis an und erkläre, welchen Fehler Raven gemacht haben kann.

Rechnen mit natürlichen Zahlen

Aufgaben

1 Schreibe als Potenz und berechne.
a) $2 \cdot 2 \cdot 2 \cdot 2 \cdot 2 \cdot 2 \cdot 2 \cdot 2$
b) $4 \cdot 4 \cdot 4 \cdot 4 \cdot 4$
c) $10 \cdot 10 \cdot 10 \cdot 10 \cdot 10 \cdot 10 \cdot 10$
d) $5 \cdot 5 \cdot 5 \cdot 5 \cdot 5 \cdot 5 \cdot 5$

2 Schreibe als Produkt und berechne.
a) $2^5;\ 5^3;\ 8^4;\ 9^1;\ 7^5;\ 1^{10}$
b) $4^3;\ 5^5;\ 2^4;\ 3^6;\ 2^{10};\ 3^{10}$
c) $2^3;\ 12^2;\ 15^2;\ 20^3;\ 10^5;\ 15^5$
d) $18^2;\ 95^2;\ 112^2;\ 250^2;\ 100^3;\ 158^3$

3 Vergleiche und ersetze ■ durch <, > oder =.
a) $3^2\ ■\ 2^3$
b) $3^4\ ■\ 9^2$
c) $10^2\ ■\ 2^7$
d) $1^7\ ■\ 7^1$
e) $4^2\ ■\ 2^4$
f) $5^4\ ■\ 25^2$
g) $5^0 - 1^8\ ■\ 0$
h) $2^8\ ■\ 4^4$
i) $7 \cdot 7 \cdot 7\ ■\ 7^3$
j) $8 \cdot 8^0\ ■\ 64$
k) $10^3 - 10^0\ ■\ 9^3$
l) $10^1 - 10^0\ ■\ 9^1$

Lösungen zu 2:
1; 8; 9; 16; 32; 64; 125; 144; 225; 324; 729; 1024; 3125; 4096; 8000; 9025; 12 544; 16 807; 59 049; 62 500; 100 000; 759 375; 1 000 000; 3 944 312

Alles klar?

4 Schreibe jeweils die Potenz als Produkt und berechne dann das Ergebnis.
a) 18^2
b) 9^3
c) 3^4
d) 2^5
e) 1^{19}
f) 400^2
g) 111^2
h) 5^3
i) 7^4
j) 4^5
k) 10^6
l) 2^{10}

5 $2^4 = 16 = 4^2$. Darfst du auch bei anderen Potenzen den Exponenten und die Basis tauschen, ohne dass sich das Ergebnis ändert? Probiere aus und erkläre.

6 Hier stimmt doch was nicht! Überprüfe und erkläre.
$10^6 = 100^5 = 1000^4 = 10\,000^3 = 100\,000^2 = 1\,000\,000$

7 Übertrage die Tabelle in dein Heft und stelle aus ihr „richtige" Aufgaben zusammen, z. B. $17^2 = 289$. Markiere zusammengehörende Felder in deinem Heft mit der gleichen Farbe. Welches Feld bleibt ohne Markierung? Bestimme die Zahlen, die du in die Felder mit ♥ bzw. ♦ eintragen musst.

Basis			Exponent			Wert der Potenz		
1	♥	2	3	4	1	2187	1024	289
6	10	17	4	2478	2	500	625	100000
4	5	500	♦	5	10	216	256	1

8 Schreibe jeweils jede der fünf Zahlen als Potenz mit möglichst kleiner Basis.
a) 36; 64; 100; 900; 10 000
b) 27; 125; 169; 1600; 1 000 000

9 Die Anzahl der Bakterien einer Kultur verdreifacht sich jede Stunde.
a) Zu Beginn ist eine Bakterie vorhanden. Übertrage die Tabelle in dein Heft und vervollständige sie. Stelle die Ergebnisse in einem geeigneten Diagramm dar. Runde sinnvoll.

Stunden	0	1	2	3	4	5	6
Anzahl der Bakterien	1	3					

b) Bestimme den Zeitraum bis es mehr als 50 000 Bakterien gibt.

Eine Bakterie besteht aus nur einer Zelle und kann Krankheiten, Zersetzung, … hervorrufen.
S. 218

2.7 Potenzieren von natürlichen Zahlen

> **Weiterdenken**
>
> In unserem Zahlsystem haben **Zehnerpotenzen**, also Potenzen mit der Basis 10, eine besondere Bedeutung.
> Man verwendet sie, um große Zahlen übersichtlich anzugeben.
> **Beispiel:** $10\,000 = 10^4$; $50\,000 = 5 \cdot 10\,000 = 5 \cdot 10^4$; $25\,000 = 25 \cdot 10^3$

10 a) Beschreibe mit eigenen Worten, wie man Zahlen als Zehnerpotenzen angeben kann.
b) Vergleiche: ① $6 \cdot 10^6$ mit $600 \cdot 10^4$ ② $1 \cdot 10^3$ mit 10^3

11

Name	Milliarden			Millionen			Tausend					
Stellenwert	HMrd	ZMrd	Mrd	HMio	ZMio	Mio	HT	ZT	T	H	Z	E
Zehnerpotenz										10^2	10^1	10^0
Wert der Zehnerpotenz										100	10	1

a) Übertrage die Stellenwerttafel in dein Heft und ergänze die fehlenden Stellen.
b) Welchen Wert hat die 6. (8., 11.) Stelle in Potenzschreibweise?

12 a) Schreibe als Zehnerpotenz mit einer möglichst kleinen natürlichen Zahl als Faktor davor.
① 700 000   ② 12 000   ③ 67 000 000   ④ 507 000 000 000
⑤ 1 230 000   ⑥ 3 810 000   ⑦ 5 440 000   ⑧ 60 080 000

b) Schreibe jeweils als Zahl ohne Zehnerpotenz.
① $125 \cdot 10^3$ ② $41 \cdot 10^5$ ③ $21 \cdot 10^8$ ④ $178 \cdot 10^1$
⑤ $487 \cdot 10^4$ ⑥ $301 \cdot 10^7$ ⑦ $49 \cdot 10^{10}$ ⑧ $31 \cdot 10^1 \cdot 10^3$

13 Schreibe jeweils mithilfe von Zehnerpotenzen:
Entfernung Erde – Sonne 150 Mio. km; Entfernung Pluto – Sonne 6 Mrd. km;
Entfernung Erde – Sirius 83 Billion km; Entfernung Merkur – Sonne 58 000 000 km;
Weg des Lichts in 1 Sekunde 300 000 km; Erdbevölkerung 7 600 000 000.

14 Im Folgenden sind Zahlen mit Zehnerpotenzen angegeben. Gib sie jeweils ohne Zehnerpotenz an und schreibe sie auch in Wortform.
a) $7 \cdot 10^8$ b) $9 \cdot 10^6$ c) $25 \cdot 10^3$ d) $63 \cdot 10^5$
e) $125 \cdot 10^6$ f) $41 \cdot 10^9$ g) $11 \cdot 10^4$ h) $35 \cdot 10^2$

Bei einem Kettenbrief sollte natürlich jede Person einen solchen Brief nur einmal erhalten.

15 Hast du schon einmal einen „Kettenbrief" bekommen? Dabei erhält man einen Brief, schreibt ihn ab und verschickt ihn an weitere Freunde.
Theresa verteilt den Brief weiter.
a) Gib an, wie viele Briefe nach 2, 3, 4, … 8 Schritten unterwegs sind.
b) Nach wie vielen Schritten sind erstmals mehr als 100 000 Briefe im Umlauf?

Liebe Theresa,

dieses ist ein Brief für gute Freunde. Schreibe den Brief vier Mal ab und schicke ihn dann an vier Freunde weiter.

*Herzliche Grüße
von deiner Freundin
  Mia*

Rechnen mit natürlichen Zahlen

Methoden

Argumentieren und Begründen

Wenn man eine natürliche Zahl mit sich selbst multipliziert, nennt man das eine besondere Potenz. Potenzen mit dem Exponenten 2 nennt man **Quadratzahlen**.

1. Erkläre, woher der Name Quadratzahl kommt. Setze dazu die Reihe der Quadrate um mindestens zwei Schritte fort.

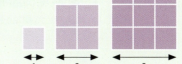

2. Übertrage die Tabelle in dein Heft und bestimme alle Quadratzahlen mit der Basis von 1 bis 20.

Potenz	1^2	2^2	3^2	4^2	...	19^2	20^2
Quadratzahl	1				...		

Wenn du jemanden von deinem Lösungsweg bei einer Aufgabe überzeugen willst oder wenn du etwas begründen sollst, musst du Argumente anführen. Doch wie geht man vor, um etwas zu begründen? Eine Argumentation besteht oft aus mehreren Schritten. Im Folgenden werden dir Beispiele dafür gezeigt.

Behauptung: Die ungeraden natürlichen Zahlen mit Ausnahme der 1 lassen sich stets als Differenz zweier Quadratzahlen schreiben.

| 1. Die Behauptung an Beispielen überprüfen | $7 = 16 - 9$; $9 = 25 - 16$; $11 = 36 - 25$ |

| 2. Genauere Untersuchung der Behauptung | Bilde die Differenz zweier aufeinanderfolgender Quadratzahlen: |

1	4	9	16	25	36	...
	3	5	7	9	11	...

| 3. Argumente herausarbeiten und Beziehungen herstellen | Die Differenz zweier benachbarter Quadratzahlen nimmt bei jedem Schritt um 2 zu. Da die erste Differenz die ungerade Zahl 3 ist, erhält man auf diese Weise auch alle weiteren ungeraden Zahlen. |

So, und nun bist du dran. Versuche, nach den angeführten Schritten vorzugehen.

3. Berechne den Wert der Potenz mit der Basis 2 und dem Exponenten 1 (2, 3, ..., 10). Begründe, warum sich die letzte Ziffer im Ergebnis regelmäßig wiederholt.

4. In der Subtraktionsmauer sind die ersten Werte der Potenzen mit Basis 2 aufsteigend angeordnet.
Übertrage die Mauer in dein Heft und und setze sie fort. In jeder Reihe wird die Differenz der darüber liegenden Zahlen eingetragen. Begründe, dass du in jeder Reihe dieselben Zahlen erhältst.

2.8 Rechenvorteile und Rechengesetze bei natürlichen Zahlen

Entdecken

Muss ich bei $2 + 5^3$ erst die Addition berechnen und dann potenzieren oder umgekehrt? Vielleicht ist es auch egal?

Rechne ich bei $17 \cdot (14 + 5)$ nicht der Reihenfolge nach? Wie sieht es bei den anderen Rechenarten aus?

Sven versucht, Rechenregeln zu entdecken. Kannst du ihm helfen?
- Nenne Rechenregeln die du bereits kennst.
- Kannst du oben Rechenregeln erkennen? Finde weitere Beispiele und prüfe.

Verstehen

Du hast in der Grundschule schon Regeln und Gesetze kennengelernt, die für das Rechnen mit natürlichen Zahlen gelten. Allgemein rechnen wir von **links nach rechts**.

Erklärvideo

Mediencode 61165-09

Merke

Für das Rechnen mit natürlichen Zahlen gelten „Vorfahrtsregeln". Der folgende Merksatz soll dir helfen sie zu behalten.

Die Klammer sagt: „Zuerst komm ich", Potenz vor Punkt und Punkt vor Strich, und was man noch nicht rechnen kann, das hängt man unverändert an.

Klammer zuerst
Potenz vor Punkt
Punkt vor Strich

Beim alleinigen **Addieren** und **Multiplizieren** dürfen alle natürlichen Zahlen a und b beliebig vertauscht oder durch Klammern **verbunden** werden.

Bezeichnung	Beispiel
Vertauschungsgesetz (**Kommutativgesetz**): $a + b = b + a$; $a \cdot b = b \cdot a$	$5 + 4 = 9 = 4 + 5$ $5 \cdot 4 = 20 = 4 \cdot 5$
Verbindungsgesetz (**Assoziativgesetz**): $(a + b) + c = a + (b + c)$; $(a \cdot b) \cdot c = a \cdot (b \cdot c)$	$(5 + 4) + 3 = 5 + (4 + 3)$ $(5 \cdot 4) \cdot 3 = 5 \cdot (4 \cdot 3)$

Beispiele

Berechne. Nenne die Regel, die du beachten musst.

a) $17 + 3 \cdot 4$ **b)** $17 + 3^2 \cdot 4$ **c)** $(160 - 8 \cdot 16) : 4 + 62$

Lösung:

a) $17 + 3 \cdot 4$
    ↓ „Punkt vor Strich"
$= 17 + 12 = 29$

b) $17 + 3^2 \cdot 4$
    ↓ „Potenz vor Punkt vor Strich"
$= 17 + 9 \cdot 4$
$= 17 + 36$
$= 53$

c) $(160 - 8 \cdot 16) : 4 + 62$
    ↓ Klammer zuerst, in der Klammer: **Punkt vor Strich**
$= (160 - 128) : 4 + 62$
    ↓ Klammer zuerst
$= 32 : 4 + 62$
    ↓ Punkt vor Strich
$= 8 + 62 = 70$

Rechnen mit natürlichen Zahlen

Nachgefragt

- Überprüfe, ob die Klammern bei der Rechnung (50 · 2) − 2 · (3 + 5) überflüssig sind. Nenne die verwendeten Rechenregeln.
- Martin behauptet: „Das Kommutativgesetz gilt doch für die Addition und Multiplikation. Also ist 3 · 5 + 4 dasselbe wie 3 · 4 + 5." Was meinst du? Begründe.

Aufgaben

1 Berechne möglichst geschickt. Nenne bei jedem Schritt die verwendeten Regeln und Gesetze.

a) 20 · 11 · 5
b) 347 + (223 + 121)
c) 4 · 5 + 5 · 6
d) (3 · (17 + 2) + 4) · 7
e) 25 · (4 · 6)
f) 500 · 9 · 2 + 98
g) 17 · 3 − 51
h) [(251 − 4^2) + 5] : 15
i) (47 + 16) + 94
j) (19 − 17) + (33 − 21)
k) 8 · 4 − 2 · 3
l) $11^2 + 12^2 : (5^2 − 3^2)$
m) 13 + 34 + 87
n) 1855 + 64 + 15 · 3
o) 17 + 3^3 : 9
p) $(5^3 − 8)^2 − 448 : 2^6$

Lösungen zu 1:
0; 14; 16; 20; 26; 50; 130; 134; 157; 427; 600; 691; 1100; 1964; 9098; 13 682

2 Setze ein Klammernpaar, wo es notwendig ist, damit das Ergebnis stimmt.

a) 12 + 8 · 4 = 80
   12 + 8 · 4 = 44
   12 · 8 + 4 = 144

b) 175 − 17 · 9 = 22
   175 − 17 · 9 = 1422
   175 − 9 · 17 = 2822

c) 14 + 3 · 3 − 2 = 21
   14 + 3 · 3 − 2 = 49
   14 + 3 · 3 − 2 = 17

3 a) Ordne die Aufgaben den Rechenbäumen zu. Berechne die fehlenden Werte.

1 (11 · 4) + 17
2 11 · (17 + 4)
3 17 + (11 · 4)
4 (17 + 4) · 11

b) Zeichne zu folgenden Aufgaben einen Rechenbaum. Berechne anschließend den Wert und nenne die Regeln, die du beachten musst.

1 8 · 12 − 7
2 12 · (8 − 7)
3 8 · (12 − 7)
4 8 + 7 · 12
5 $(12 − 8)^2 + 3 · 4$
6 24 + 18 : 3 − (3 · 3)
7 $2^2 + 3^3 · (5 − 4)$
8 (15 + 1) · (18 − 12)
9 $(5^2 − 4^2) : (3^2 − 6)$

4 Welche Beschreibung passt zu welcher Aufgabe? Ordne zu und berechne dann.

A 11 · 4 + 17
B 11 · (4 + 17)
C 4 + 11 · 17
D (17 + 11) · 4

1 Addiere 4 zum Produkt aus 11 und 17.
2 Addiere 17 zum Produkt aus 11 und 4.
3 Multipliziere die Summe aus 17 und 11 mit 4.
4 Multipliziere die Summe aus 4 und 17 mit 11.

2.8 Rechenvorteile und Rechengesetze bei natürlichen Zahlen

Alles klar?

5 a) Rechne geschickt.
  1 86 + 27 + 14
  2 33 + 19 + 17 + 11
  3 831 + 77 + 69 + 23
  4 2 · 83 · 50
  5 30 · 4 · 25 · 5
  6 125 · 5 · 70 · 8

b) Berechne das Ergebnis.
  1 (63 − 7) · 3 − 11 · 8
  2 12 · 9 + 7 · (29 + 12)
  3 (47 + 53) · (27 + 33)
  4 100 + 7 · (17 + 3 · 11)
  5 3 · (63 − 57) − (61 − 58) · 4
  6 5 · 35 + (46 + 3 + 51) · 11

6 „Eigentlich ist die Regel „Potenz vor Punkt" doch überflüssig. Eine Potenz ist doch auch eine Punktrechnung." Erkläre die Aussage. Begründe, dass die Regel nützlich ist.

7 Schreibe zu jedem Rechenbaum eine Aufgabe und löse.

a) 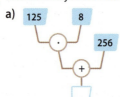 b) 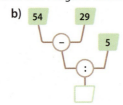 c)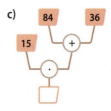

8 Zeichne jeweils einen zugehörigen Rechenbaum und löse anschließend.
  a) 17 · (14 + 36)
  b) (486 − 366) : 6
  c) (82 + 62) : 12
  d) 279 : (75 − 66)
  e) (2 · 22) · (12 + 63)
  f) (25 + 17) · (388 − 177)

9 Schreibe zunächst als Aufgabe und berechne anschließend.
  a) Multipliziere die Summe aus 164 und 23 mit der Zahl 17.
  b) Dividiere die Differenz aus 567 und 325 durch 11.
  c) Subtrahiere das Produkt aus 6 und 4 vom 5-Fachen von 127.

10 Bilde aus allen Kärtchen eine Aufgabe mit möglichst großem (kleinem) Wert.

a)  b)

11 Beschreibe die Aufgabe in Worten und berechne anschließend.
  Beispiel: (5 + 3) · 8: „Multipliziere die Summe aus 5 und 3 mit 8." (5 + 3) · 8 = 64
  a) (96 − 15) · 4
  b) (135 : 5) · 3
  c) (12 + 18) · (18 − 12)
  d) 45 : 3 · (2 + 3)
  96 − 15 · 4
  135 : (5 · 3)
  (12 + 18) · 18 − 12
  45 : (3 · 2 + 3)

12 Wo steckt der Fehler? Beschreibe ihn und verbessere.
  a) 12 − 3 · 2 = 9 · 2 = 18 *f*
  b) 182 : 7 + 13 = 182 : 13 + 7 = 21 *f*
  c) 12 · (2 + 14) = 12 · 2 + 14 = 38 *f*
  d) (18 − 7) · 2 + 9 = 11 · 11 = 121 *f*

Rechnen mit natürlichen Zahlen

> **Weiterdenken**
>
> Wird eine Summe (Differenz) mit einer natürlichen Zahl multipliziert, ist es oft vorteilhaft, diese Zahl auf die einzelnen Teile der Summe (Differenz) zu verteilen („ausmultiplizieren"). Umgekehrt kann es vorteilhaft sein, Klammern zu setzen („ausklammern"). Es gilt für alle natürlichen Zahlen a, b, c:
>
> **Verteilungsgesetz oder Distributivgesetz:** $a \cdot (b + c) = a \cdot b + a \cdot c$
>
> Beispiel:
>
> ausmultiplizieren
> $5 \cdot (8 + 3) = 5 \cdot 8 + 5 \cdot 3$
> ausklammern
>
> Beachte: $(8 - 3) \cdot 5 = 8 \cdot 5 - 3 \cdot 5$
> ebenso: $5 \cdot (8 - 3) = 5 \cdot 8 - 5 \cdot 3$

13 Erkläre das Vorgehen mithilfe des Distributivgesetzes.
  a) $6 \cdot (10 + 3) = 6 \cdot 10 + 6 \cdot 3 = 60 + 18 = 78$
  $(8 + 12) \cdot 9 = 8 \cdot 9 + 12 \cdot 9 = 72 + 108 = 180$
  b) $11 \cdot 9 - 11 \cdot 4 = 11 \cdot (9 - 4) = 11 \cdot 5 = 55$
  $15 \cdot 7 - 9 \cdot 7 = (15 - 9) \cdot 7 = 6 \cdot 7 = 42$

14 Beschreibe, wie in den Aufgaben ein Rechenvorteil genutzt wurde.

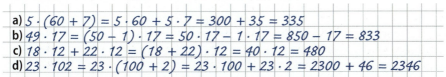

15 a) Berechne. Wende das Distributivgesetz an.
  1 $(90 - 4) \cdot 5$ **2** $7 \cdot 14 + 7 \cdot 16$ **3** $(120 - 54) \cdot 6$
  4 $3 \cdot (9 + 40)$ **5** $31 \cdot 6 - 21 \cdot 6$ **6** $49 \cdot 11 + 51 \cdot 11$
  7 $15 \cdot 8 - 8 \cdot 6$ **8** $8 \cdot 10 + 8 \cdot 12 + 8 \cdot 13$ **9** $(121 - 66) \cdot 11$

Lösungen zu 15 a):
60; 72; 147; 210; 280; 396; 430; 605; 1100

b) Berechne. Erkläre den Vorteil durch das Distributivgesetz.

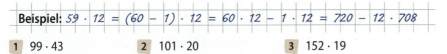

  1 $99 \cdot 43$ **2** $101 \cdot 20$ **3** $152 \cdot 19$

16 Das Distributivgesetz kann in einer Richtung auch für die Division angewandt werden.
  Beispiele: **1** $(15 + 9) : 3 = 15 : 3 + 9 : 3 = 5 + 3 = 8$
  2 $(27 - 9) : 9 = 27 : 9 - 9 : 9 = 3 - 1 = 2$
  a) Berechne. $(44 + 16) : 4$ $(56 + 96) : 8$ $(56 - 14) : 7$ $(153 - 66) : 3$
  b) Begründe, weshalb sich $24 : (3 + 4)$ nicht mit dem Distributivgesetz berechnen lässt.

17 a) Setze für gleiche Symbole dieselbe natürliche Zahl ein. Klappt das mit allen Rechnungen?
  1 $\square : \square + \square = 8$ **2** $\bigcirc - \bigcirc : \bigcirc = 8$
  3 $\diamond : (\diamond - \diamond) = 8$ **4** $(\triangle - \triangle) : \triangle + \triangle = 8$
  b) Bilde aus den Zahlen 1, 2, 3, 4 in dieser Reihenfolge möglichst viele verschiedene Rechenausdrücke, deren Wert eine natürliche Zahl ist. Du darfst +, −, ·, : mehrfach verwenden und auch Klammern setzen.

2 Trainingsrunde: Differenziert

Die folgenden Aufgaben behandeln alle Themen, die du in diesem Kapitel kennengelernt hast. Auf dieser Seite sind die Aufgaben in zwei Spalten unterteilt. Die **grünen** Aufgaben auf der linken Seite sind etwas einfacher als die **blauen** auf der rechten Seite. Entscheide bei jeder Aufgabe selbst, welche Seite du dir zutraust!

1 Übertrage ins Heft und berechne schriftlich.

a) 453 + 477

b) 70 002 + 380 + 134

c) 67 984 − 4 321

d) 7 897 − 2 301 − 324

a) 6 812 + 964 + 2 412

b) 92 788 + 994 819

c) 10 356 − 8 428

d) 124 045 − 103 425 − 14 372

2 Berechne alle möglichen Produkte aus jeweils zwei der Faktoren.

a) 23, 15, 4

b) 12, 11, 75

a) 203, 65, 710

b) 105, 42, 95

3 Ergänze im Heft die fehlenden Zahlen.

a) ▪87 · 51 = 9▪▪▪ / ▪▪ / ▪▪▪▪▪

b) 72▪ · ▪8 = ▪▪45▪ / ▪832 / ▪▪▪▪▪

a) 5▪ · ▪8 = ▪1▪▪ / ▪2▪ / ▪544

b) ▪26▪ · ▪2 = ▪▪▪8▪ / ▪▪▪8 / 93▪▪▪

4 Rechne schriftlich. Mache die Probe.

a) 62 256 : 12   62 256 : 24
b) 159 072 : 16   159 072 : 32
c) 54 420 : 30   54 420 : 60

a) 11 914 : 37   11 914 : 74
b) 826 500 : 19   826 500 : 57
c) 2 355 148 : 116   2 355 148 : 58

5 Berechne den Wert des Quotienten.

a) Der Dividend lautet 221 025, der Divisor 105.
b) Der Divisor lautet 98, der Dividend 294 784.

a) Der Divisor lautet 412, der Dividend 241 844.
b) Der Dividend lautet 429 450, der Divisor 210.

6 Berechne. Nenne die Rechenregeln, die du anwendest.

a) 98 − (44 + 37)   b) (235 − 198) + 0
c) (314 + 5^3) − (718 − 14 · 22)

a) [2467 − (1532 + 99)] − 836
b) 35 · 12 + [12^3 − (2317 − 45^2)]

Trainingsrunde: Kreuz und Quer

Rechnen mit natürlichen Zahlen

1 Familie Maus möchte einen Computer kaufen, der bei Barzahlung 2299 € kostet. Die Verkäuferin macht der Familie folgendes Angebot: „Bei einer Anzahlung von 100 € können Sie das Gerät in 18 Monatsraten von je 135 € abzahlen." Berechne, wie viel die Familie bei Barzahlung sparen könnte.

2 Ein Stadion besteht aus 36 Sitzblöcken mit jeweils 1285 Sitzplätzen. Eine Eintrittskarte kostet 18 €. Berechne die Einnahmen bei ausverkauftem Stadion.

3 138 Schülerinnen und Schüler besuchen den Vogelpark in Detmold. Für den Eintritt muss die Schule 345 € bezahlen. Für die Fahrt werden drei Busse bestellt; das Busunternehmen verlangt pro Bus 130 €. Untersuche, ob es ausreicht, wenn pro Person 5 € eingesammelt werden.

4 a) Ordne die Aufgaben den Rechenbäumen richtig zu und berechne in deinem Heft.

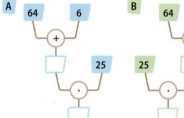

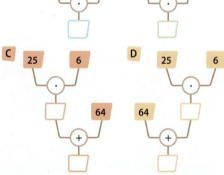

b) Zeichne zu folgenden Aufgaben einen Rechenbaum und berechne.
  1 $8 \cdot 12 - 7$ 2 $12 \cdot (8 - 7)$
  3 $8 \cdot (12 - 7)$ 4 $8 + 7 \cdot 12$

5 Die Tabelle zeigt die Besucherzahlen an der Zeche Zollverein in Essen 2017 und 2018.

Besucher	2017	2018
Januar	74 419	74 328
Februar	137 581	82 677
März	161 016	152 872
April	162 224	314 328
Mai	372 392	192 370
Juni	214 376	281 329
Juli	319 845	283 448
August	411 467	345 274
September	194 223	204 666
Oktober	166 435	181 992
November	74 039	99 246
Dezember	59 914	60 639

a) Runde die Zahlen auf Zehntausender und veranschauliche die Besucherzahlen in einem Balkendiagramm.
b) Bestimme, in welchen Monaten es zwischen den beiden Jahren die größten Unterschiede gab.
c) Bestimme die Gesamtzahl der Besucher in jedem Jahr.
d) Die Besucherzahlen schwanken von Monat zu Monat. Nenne Ursachen dafür.

6 Vervollständige die Rechnungen im Heft.
  a) 1■35
      +49■9
      + 87■
      ■152

  b) 78 648
      − 21■9
      − 8■56
      ■ 57■

  c) 158 · ■5
      31■■
      7■0
      ■■■■

  d) ■46 · 15
      ■■■■
      7■■
      ■■■■

7 Schreibe die Aufgabe in Worten und berechne dann.
  a) $(354 + 253) \cdot 24$
  b) $(9231 - 7359) : (2003 - 1967)$
  c) $98 \cdot (242 - 156) + 17$
  d) $(7^2 - 6^2)^3$

8 Erstelle einen Rechenbaum und berechne.
  a) $(12 + 21) \cdot (124 - 87)$
  b) $12 \cdot 3 + 18 \cdot 9$

2 Trainingsrunde: Kreuz und quer

9 Erstelle zunächst eine Aufgabe und berechne anschließend.
a) Addiere zum Produkt aus 16 und 74 den Summanden 2534.
b) Berechne die Potenz mit dem Exponenten 5 und der Basis 2 und addiere das Ergebnis zur Differenz aus dem Subtrahenden 364 und dem Minuenden 2614.
c) Multipliziere die Summe aus 835 und 529 mit der Differenz aus 453 und 83.
d) Quadriere den Quotienten mit dem Divisor 65 und dem Dividenden 520.

10

1 · 1	1 · 9 + 2
11 · 11	12 · 9 + 3
111 · 111	123 · 9 + 4
1111 · 1111	1234 · 9 + 5
…	…

a) Übertrage die Rechenreihen in dein Heft und berechne. Beschreibe deine Beobachtung und überprüfe sie, indem du die Reihen fortsetzt.
b) Forsche ebenfalls nach besonderen Rechenreihen wie 111 · 11 und stelle sie vor.

11 Begründe: Welche Klammern sind überflüssig? Berechne anschließend.
a) $[(6 · 7) + 15] · 4$
b) $(14 - 3 · 4) + (12 · 3)$
c) $12 - [4 - (2 · 3)] + [(5 · 4) · 3]$
d) $[15 + (18 - 3)^2] · 5$
e) $[((18 - 6) : 3) + 5] · (27 : 9)$
f) $([34 + ((13 · 5^2) : 5)]^2)$

12 Berechne möglichst geschickt. Nenne die Regeln und Gesetze, nach denen du vorgehst.
a) 754 + 148 + 246 b) $14^3 + 12^2$
   (125 · 27) · 8   135 · 7^3
   745 − (256 − 145)   20 + 10^2 − 45 · 2
   15 134 : 23 98^2 : (3^3 + 1)
c) 12 + (1974 − 888) · 17
   634 + (423 + 13)^2
   [(1235 + 63) − (36 + 87)] : 5
   [((117 : 9)^3 − (4 · 11)^2) · 2] : 6

13 Die Tabelle zeigt die bekanntesten Pinguinarten auf der Welt.

Art	Kaiser-pinguin	Königs-pinguin	Zwerg-pinguin
Brutpaare	195 417	1 246 546	387 745

Art	Brillenpinguin	Galápagos-pinguin	Magellan-Pinguin
Brutpaare	92 312	612	1 315 984

a) Überschlage erst und rechne dann genau, wie viele erwachsene Pinguine es von diesen Arten insgesamt gibt.
b) Stelle die Anzahl der Pinguine in einem Diagramm dar. Runde dazu sinnvoll.
c) Die Zahlangaben sind sehr genau. Beschreibe, was du davon hältst. Erläutere, wie man die Anzahl der Pinguine deiner Meinung nach bestimmen kann.

14 Stelle aus den Zahlenkisten richtige Aufgaben zusammen. Erkläre, wie du dabei geschickt vorgehst.

Denke an die Probe!

8424	40 200	0
492	9876	9504
70 000		621

Dividend

:

3350	9	9876
24	23	350
123		1 000 000

Divisor

=

	351	0	12
	4	27	1
		200	1056

Quotientenwert

15 Bestimme jeweils das Ergebnis der Rechnung, indem du nacheinander die Zahlen 1, 2, 3, … für den Platzhalter Einsetzt.

① $2 \cdot \blacksquare + 15 = 27$ ② $153 - 3 \cdot \blacksquare = 119$
③ $(3^{\blacksquare} - 4) \cdot 5 = 115$ ④ $2^{\blacksquare} + 58 = 90$
⑤ $(17 + 4 \cdot \blacksquare) \cdot 6 = 222$ ⑥ $127 - (33 - 4 \cdot \blacksquare) = 118$

16 a) Erbil hat sich eine natürliche Zahl ausgedacht, hat dann diese Zahl durch 8 dividiert, hat hierauf zum Ergebnis 8 addiert und hat das neue Ergebnis mit 8 multipliziert und schließlich als Endergebnis 88 erhalten.
Finde heraus, welche Zahl sich Erbil ausgedacht hat.

b) Güllü hat sich eine natürliche Zahl ausgedacht, sie hat dann diese Zahl durch 6 dividiert, zum Ergebnis danach 6 addiert und sie hat das neue Ergebnis quadriert. Dann hat sie zu diesem Ergebnis 9 addiert und als Endergebnis 90 erhalten. Finde heraus, welche Zahl sich Güllü ausgedacht hat.

17 Herr Schrauber möchte ein Schuhregal bauen.
Im Baumarkt besorgt er sich die einzelnen Teile.

MK a) *Medien und Werkzeuge:*
Berechne, wie teuer das Regal wird. Berechne auf verschiedene Arten. Präsentiere deine Berechnungen in der Klasse.

b) Bestimme die Ausmaße des Regals (Breite, Tiefe, Höhe).

Anzahl	Material	Maße	Preis
2	Bretter Buche	180 × 2 × 16 cm	12,49 €
16	Alu-Rohre	50 × 1,2 cm	1,99 €
4	M6 Gewindestangen	53,5 cm lang	2,99 €
4	M6 Hutmuttern		0,20 €
4	M6 Scheiben		0,10 €
2	Stuhlwinkel	60 × 60 mm	3,49 €
4	Holzschrauben	3,5 × 30 mm	0,20 €
1	Packung Filzgleiter		0,99 €

18 Gegeben sind die Zahlen 1, 3, 4 und 5. Bilde jeweils Aufgaben so, dass du als Ergebnis eine Zahl von 10 bis 20 erhältst. Jede Zahl darf pro Aufgabe nur einmal vorkommen.
Beispiel: $(5 - 3 - 1)^4 = …; (3^4 - 1) : 5 = …$

19 Oma Erna hat die an ihrem Fahrradschloss eingestellte vierstellige Zahl vergessen. Ihr Enkel Erich eilt ihr zu Hilfe. Er weiß noch, dass die Zahl ein Vielfaches von 4 ist und dass an zweiter Stelle die Ziffer 5 und an letzter Stelle die Ziffer 8 steht. An allen Rädern stehen die Ziffern 0–9 zu Verfügung.

Im schlimmsten Fall muss ich $10 \cdot 10 = 100$ Möglichkeiten ausprobieren, bis das Schloss offen ist.

Was meinst du zu Erichs Überlegung? Erläutere.

20

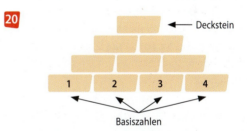

Wähle vier Zahlen mit gleichem Abstand, z. B. 1, 3, 5, 7 oder 2, 3, 4, 5 oder 2, 5, 8, 11. Berechne mit diesen die Zahlenmauer zur Addition.
Setze nun dieselben vier Zahlen in anderer Reihenfolge als Basiszahlen ein und berechne wieder. Tue dies einige Male. Versuche dann, folgende Forscheraufträge zu lösen:

a) Gib an, welche Zahlen als Decksteine vorkommen. Beschreibe einen Zusammenhang zu den Basiszahlen.
b) Bestimme, welche Kombination der Basiszahlen den größten (kleinsten) Deckstein ergibt.
c) Begründe, welche Kombination den Deckstein nicht verändert.
d) Beschreibe Beziehungen zwischen den Zahlen verschiedener Stockwerke.

2 Am Ziel

Aufgaben zur Einzelarbeit

😊 Das kann ich!   😐 Das kann ich fast!   ☹ Das kann ich noch nicht!

1. **Teste dich!** Bearbeite dazu die folgenden Aufgaben und bewerte die Lösungen mit einem Smiley.
2. Hinweise zum Nacharbeiten findest du auf der folgenden Seite, die Lösungen findest du im Anhang.

1 Berechne schriftlich.
    a) 452 + 45 + 773   b) 4526 + 786 + 6296
    c) 12 345 + 352 + 1453   d) 13 251 + 234 + 7398
    e) 24 + 25 361 + 3517   f) 13 + 261 234 + 2361

2 Vervollständige die Rechnungen.
    a)   ■52   b)   ■311   c)   9■39
         + 8■8   + 3■4   + 99■3
         +   1■   + 4■15   + ■899
         1304   701■   ■292■

3 Berechne schriftlich.
    a) 463 − 362   b) 9372 − 1562
    c) 9271 − 7826 − 99   d) 1274 − 999 − 188
    e) 2835 − 834 − 728   f) 19 145 − 7824 − 8234
    g) 163 844 − 13 452 − 764 − 26 127 − 70 622

4 Berechne.
    a) 23 · 22   b) 743 · 64   c) 527 · 742
    d) 1532 · 146   e) 234 · 37 · 82   f) 492 · 234
    g) 4852 · 4 · 61   h) 234 · 5435   i) 22 742 · 18

5 Berechne und mache die Probe.
    a) 8820 : 12   b) 5184 : 24
    c) 9720 : 45   d) 24 215 : 18
    e) 456 750 : 125   f) 478 632 : 56
    g) 35 555 : 555   h) 166 160 : 620

6 Ermittle den fehlenden Faktor.

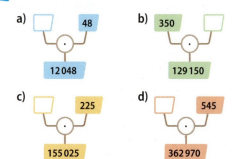

7 In der Jugendherberge „Hilders" kostet eine Übernachtung mit Frühstück 12 €. Wie hoch sind die gesamten Übernachtungskosten, wenn die Klasse 5d (28 Schüler) vom 12. bis 15. Mai fährt?

8 In einem Fahrstuhl hängt das abgebildete Schild:

DELTA LIFT
Maximale Tragfähigkeit
12 Personen oder
1020 kg

Gib an, mit welchem Gewicht pro Person gerechnet wird.

9 Übertrage die Rechenbäume in dein Heft und berechne.

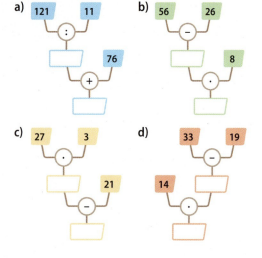

10 Berechne.
    a) 2^3; 3^5; 8^2 b) 12^3; 17^2; 19^2 c) 2^{10}; 14^1; 11^0

11 Schreibe als Potenz.
    a) 3 · 3 · 3 · 3 · 3   b) 17 · 17 · 17 · 17
    c) 25 · 25 · 25   d) 4 · 4 · 4 · 4 · 4 · 4 · 4

Rechnen mit natürlichen Zahlen

12 Berechne möglichst geschickt. Nenne die Rechengesetze, die du anwendest.
a) 17 + 48 + 23
b) 46 + (177 + 54) + 23
c) (25 · 7) · 4
d) 4 · 9 · 17 · 125
e) 12 + 88 · 113 − 13
f) 17 · (2 · 10 − 10) : 5
g) (5 · (123 − 48) + 2) · 3
h) $125 \cdot (5^2 - 4^2)^2$

13 Berechne mithilfe des Distributivgesetzes.
a) 15 · 23 + 15 · 17
b) (9 + 8) · 6
c) 8 · (8 + 40)
d) 45 · 3 − 15 · 3
e) 17 · 120 + 83 · 120
f) 6 · 9 + 6 · 10 + 6 · 11

14 Erstelle eine Aufgabe und berechne.
a) Dividiere die Summe aus 346 und 686 durch die Differenz von 804 und 792.
b) Multipliziere die Differenz aus Subtrahend 635 und Minuend 935 mit der 3. Potenz von 8.

15 Beschreibe die Aufgaben jeweils in Worten und berechne anschließend.
a) (17 + 4) · 8
17 + 4 · 8
b) 96 : 4 · 2
96 : (4 · 2)
c) (9 + 5) · (9 − 5)
9 + 5 · 9 − 5
d) (12 − 8) : (4 − 2)
12 − 8 : 4 − 2

16 Anna, Petra, Felix und Lea fahren am Samstag nach Essen. Dabei wollen sie den Dom, die Rathaus Galerie, den Kennedyplatz und den Limbeckerplatz besuchen. Danach wollen sie noch in das Stadion. Gib an wie viele verschiedene Reihenfolgen für eine Besichtigung möglich sind.

Aufgaben für Lernpartner

1. Bearbeite diese Aufgaben zuerst alleine.
2. Suche dir einen Partner und erkläre ihm deine Lösungen. Höre aufmerksam und gewissenhaft zu, wenn dein Partner dir seine Lösungen erklärt.
3. Korrigiere gegebenenfalls deine Antworten und benutze dazu eine andere Farbe.

Sind folgende Behauptungen **richtig** oder **falsch**? Begründe.

A Jede Multiplikation kann in eine Addition umgewandelt werden.

B Bei der schriftlichen Addition werden alle Summanden linksbündig unter den höchsten Stellenwert angeordnet.

C Bei der Multiplikation darf der 2. Faktor niemals größer sein als der 1. Faktor.

D Aus den Buchstaben A, N, N und A kann man 4 · 3 · 2 · 1 = 24 unterschiedliche „Wörter" bilden.

E 9^3 ist dasselbe wie 3^9.

F Wenn in einer Rechnung nur eine Grundrechenart vorkommt, dann lassen sich Klammern beliebig versetzen und die Reihenfolge der Zahlen vertauschen.

G Kevin behauptet: „Wenn ich mehrere Klammern habe, dann arbeite ich von innen nach außen."

H Das Ausklammern bei einer Rechnung lässt sich durch Ausmultiplizieren rückgängig machen.

Ich kann …	Aufgabe	Hilfe	Bewertung
schriftlich addieren und subtrahieren.	1, 2, 3, 14, A, B	S. 40, 44	☺ 😐 ☹
schriftlich multiplizieren und dividieren.	4, 5, 6, 7, 8, 14, 16, C, D	S. 50, 54	☺ 😐 ☹
Potenzen aufstellen und berechnen.	10, 11, E	S. 58	☺ 😐 ☹
Rechenvorteile nutzen und Rechengesetze anwenden.	9, 12, 13, 15, F, G, H	S. 62, 65	☺ 😐 ☹

2 Auf einen Blick

Seite 40

Schriftliche Addition

1. Schreibe Ziffern stellengerecht untereinander.
2. Addiere zuerst Einer, dann Zehner, …
3. Schreibe den **Übertrag** in die nächste linke Spalte und addiere ihn zu den vorhandenen Ziffern.

```
    3 3 7 4
  +   7 8 0
  +     9 2
      1 2
    4 2 4 6
```

Seite 44

Schriftliche Subtraktion (Ergänzen)

1. Schreibe Ziffern stellengerecht untereinander.
2. Ergänze die Summe der Ziffern der Subtrahenden zur Ziffer des Minuenden, beginnend mit den Einern, dann den Zehnern, …
3. Benötigt man einen Minuenden größer als 10, so macht man einen **Übertrag**.

Beispiel „Ergänzen"
```
    1 0 7 5 6
  -     9 8 3 7
        1 1  1
    0 0 9 1 9
```

Beispiel „Borgen"
```
        0 9 17 4 16
        1̷ 0̷ 7̷ 5̷ 6
      -     9 8 3 7
        0 0 9 1 9
```

Seite 50

Schriftliche Multiplikation

1. Multipliziere die Ziffern des 2. Faktors stellenweise mit dem 1. Faktor. Beginne mit der höchsten Stelle.
2. Schreibe alle Teilprodukte stellengerecht unter den 2. Faktor.
3. Addiere zum Schluss alle Teilprodukte.

```
    4 5 6 · 2 5 7
        9 1 2 0 0
  +     2 2 8 0 0
  +         3 1 9 2
                1
    1 1 7 1 9 2
```

Seite 54

Schriftliche Division

1. Fasse vom Dividenden von links so viele Ziffern zusammen, dass der Divisor in ihnen enthalten ist.
2. Bestimme, wie oft der Divisor vollständig in den Teildividenden passt. Schreibe dann das Ergebnis stellengerecht unter die Teilrechnung. Notiere die Differenz.
3. Hänge den nächsten Stellenwert des Dividenden an den Rest an. Beginne wieder bei Schritt 2.

```
  6372 : 27 = 236
  -54↓
   97
  -81↓
   162
  -162
     0
```

27 geht in 63 zweimal   notiere 2
$2 \cdot 27 = 54$, $63 - 54 = 9$

27 geht in 97 dreimal   notiere 3
$3 \cdot 27 = 81$, $97 - 81 = 16$

27 geht in 162 sechsmal   notiere 6
$6 \cdot 27 = 162$, $162 - 162 = 0$

Seite 62, 65

Rechengesetze

Vereinbarungen zum Rechnen:
1. Es wird von links nach rechts gerechnet.
2. **Reihenfolge:** Klammern zuerst, dann Potenzen und schließlich Punkt- vor Strichrechnung.

Vertauschungsgesetz (**Kommutativgesetz**)
Addition: $a + b = b + a$
Multiplikation $a \cdot b = b \cdot a$

Verbindungsgesetz (**Assoziativgesetz**)
Addition: $(a + b) + c = a + (b + c)$
Multiplikation $(a \cdot b) \cdot c = a \cdot (b \cdot c)$

Verteilungsgesetz (**Distributivgesetz**)
$a \cdot (b + c) = a \cdot b + a \cdot c$

Einstieg
- Beschreibe, wo auf dem Foto gerade Linien (Strecken) vorhanden sind und wo gekrümmte. Schätze ihre Längen. Beschreibe dein Vorgehen.
- Finde Strecken, die parallel bzw. senkrecht zueinander verlaufen.
- Beschreibe Symmetrien auf dem Bild.
- Nenne Beispiele aus deiner Umwelt für parallele und senkrechte Strecken.

3 Geometrische Grundbegriffe

Ausblick
Am Ende dieses Kapitels hast du gelernt, ...
- ... **geometrische Grundbegriffe** wie Punkt, Strecke, Halbgerade und Gerade sachgerecht zu verwenden bzw. die **Formen** zu zeichnen.
- ... **symmetrische Figuren** zu erkennen und zu erzeugen.
- ... ein **Koordinatensystem** zu erstellen und zu nutzen.
- ... **verschiedene Vierecke** zu benennen und ihre Eigenschaften zu nutzen.

3 Startklar

Vorwissen

Längen messen

Die **Länge** zwischen zwei Punkten können wir messen. Dazu verwenden wir je nach Länge verschiedene Messgeräte.

Beispiel für Längenmessung beim Weitsprung mit einem **Maßband**:

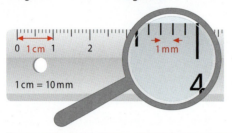

Muster bei Figuren erkennen

Bekannte **Figuren** in der Ebene:

Dreieck — Quadrat — Rechteck — Kreis

Als **Muster** bezeichnet man in der Mathematik eine regelmäßige Anordnung von stets gleichen Grundfiguren. Dabei kann die Regelmäßigkeit beschrieben werden.

Beispiel für ein Muster:

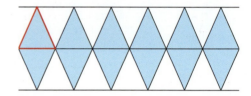

Beschreibungsmöglichkeit:
Die Grundform ist ein Dreieck mit zwei gleich langen Seiten. Das Muster entsteht durch …
1. die Spiegelung des Dreiecks an der Seite, die kürzer ist als die anderen beiden Seiten.
2. einer Verschiebung, so dass Dreiecksecke auf Dreiecksecke trifft.

Bei einer **Spiegelung** eines Gegenstandes an einer Spiegelachse, ist das Spiegelbild …
- gleich weit von der Spiegelachse entfernt wie das Original.
- genauso groß wie das Original.
- symmetrisch zur Spiegelachse gegenüber dem Original.
- Das Spiegelbild hat dieselbe Gestalt wie das Original.

Beispiel für eine Achsenspiegelung:

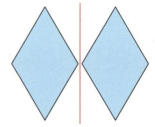

Schnittpunkte bestimmen

Figuren oder andere Objekte können so zueinander liegen, dass sie
- keinen,
- genau einen oder
- mehrere Schnittpunkte haben.

Beispiel:

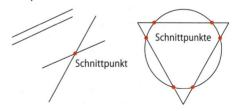

Geometrische Grundbegriffe

Vorwissentest

Teste dich! Schau dir dazu zunächst die bereits bekannten Inhalte auf der linken Seite an. Bearbeite die Aufgaben und bewerte deine Lösungen.
Die Ergebnisse findest du im Anhang.

1 a) Übertrage die Punkte P, A, U und L in dein Heft. Verbinde die vier Punkte zum Viereck PAUL.
b) Miss die Seitenlängen des Vierecks PAUL.
c) Bestimme die Entfernungen einander gegenüberliegender Punkte.

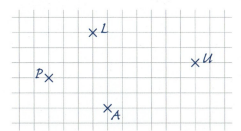

2 a) Übertrage die Punkte A und B in dein Heft. Stecke anschließend einen Zirkel in B ein und zeichne einen Kreis, der durch A geht.
b) Stecke den Zirkel in A ein und zeichne einen Kreis, der durch B geht. Bestimme die Anzahl der Schnittpunkte der beiden Kreise.

3 Übertrage die Figur in dein Heft und spiegele sie an der roten Linie.

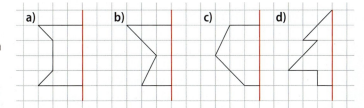

4 Benenne die verwendeten geometrischen Figuren in der Abbildung. Übertrage die Zeichnung in dein Heft und setze das Muster fort.

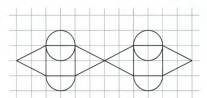

5 Zeichne einen Kreis und ein Dreieck mit der angegebenen Anzahl an Schnittpunkten. Finde verschiedene Möglichkeiten.
a) 0   b) 1   c) 2   d) 3   e) mehr als 3

Ich kann …	Aufgabe	Bewertung
Strecken zeichnen und ihre Länge messen; mit dem Zirkel umgehen.	1, 2	☺ 😐 ☹
Figuren benennen und Muster fortsetzen.	3, 4	☺ 😐 ☹
Schnittpunkte bestimmen.	5	☺ 😐 ☹

3 Entdecken

Mia baut sich einen speziellen Winkelmesser aus einem Stück Papier.

Beim Bau des Winkelmessers geht Mia wie folgt vor:

① Sie faltet das Blatt einmal beliebig.

Dann wird entlang der Faltlinie ein weiteres Mal so gefaltet, dass ein Teil dieser Faltlinie auf dem anderen Teil zum Liegen kommt.

Fertig ist der Winkelmesser.

②

Die Spitze der Faltung ergibt einen Winkelmesser.

- Beschreibe, welche Winkel du damit messen kannst.
- Untersuche mit dem Winkelmesser Gegenstände in deiner Umgebung.
- Kennst du den Winkel, den du gefaltet hast? Erkläre, warum sich bei der Faltung dieser Winkel ergibt.

Falten und messen
Geometrische Grundbegriffe

Du kannst den Winkelmesser noch für weitere Entdeckungen nutzen. Führe dazu einen zweiten Faltvorgang durch:

Öffne vom Winkelmesser die letzte Faltung wieder. Führe noch eine weitere Faltung entlang der Faltlinie aus.

Öffne das Blatt wieder. Du erhältst ein Faltmuster, das etwa wie folgt aussieht:

- Beschreibe die Lage der Faltlinien zueinander.
- Erkläre, welche Art „Messinstrument" du auf diese Weise gefaltet hast. Probiere aus, wie du es nutzen kannst.

Medien & Werkzeuge

Vollkreiswinkelmesser

Betrachte die Abbildung eines historischen Winkelmessers. Es ist ein sogenannter Vollkreiswinkelmesser.

- Informiere dich im Internet über den Vollkreiswinkelmesser.
- Erkläre in einem kurzen Text, wie der Winkelmesser …
  1. eingesetzt werden kann.
  2. funktioniert.

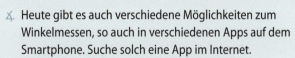

- Beschreibe, an welchen Stellen du in deinem Geodreieck
  1. den gefalteten 2. den historischen Winkelmesser wiederfindest.

- Heute gibt es auch verschiedene Möglichkeiten zum Winkelmessen, so auch in verschiedenen Apps auf dem Smartphone. Suche solch eine App im Internet.
  1. Finde Gemeinsamkeiten und Unterschiede im Vergleich zum historischen Winkelmesser.
  2. Miss verschiedene Winkel mit einem Instrument deiner Wahl und beschreibe, worauf man dabei achten muss.

3.1 Strecken und Geraden

Entdecken

Beim wiederholten Falten eines Blatt Papieres, wie beim **Entdecken** auf Seite 77, erhältst du Schnittpunkte der Faltlinien auf dem Papier und durchgehende Faltlinien.

- Erkläre, wovon es abhängt, wie weit die Schnittpunkte auseinander liegen.
- Verlängere die Faltlinien über das Blatt hinaus. Beschreibe ihren Verlauf.

Verstehen

In vielen Situationen betrachtet man geradlinige Verbindungen zwischen zwei Punkten oder Orten. In der Geometrie unterscheidet man dabei verschiedene Arten solcher geradlinigen Verbindungslinien, je nachdem, ob die Linien über die Punkte hinausgehen oder nicht.

Merke

Punkte werden in der Geometrie mit Großbuchstaben A, B, C, … bezeichnet.
Die kürzeste Verbindung zwischen zwei Punkten A und B nennt man **Strecke** $\overline{AB}$. Die **Länge** der Strecke bezeichnet man mit $|\overline{AB}|$. Hier: $|\overline{AB}| = 2$ cm

Verlängert man eine Strecke $\overline{AB}$ geradlinig über beide Endpunkte hinaus, so erhält man die **Gerade AB = g**.
Eine Gerade besitzt keinen Anfangs- und keinen Endpunkt. Sie ist unendlich lang.

Verlängert man eine Strecke $\overline{AB}$ über nur einen Punkt der Strecke hinaus, so erhält man eine **Halbgerade** $\overrightarrow{AB}$ oder $\overrightarrow{BA}$, auch **Strahl** genannt. Sie ist auch unendlich lang.

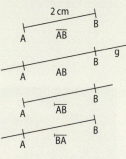

Geraden werden oft mit Kleinbuchstaben a, b, g, h, … bezeichnet.

Beispiele

I. Bestimme die Länge der Strecke $\overline{AB}$.

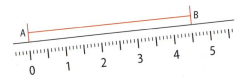

Lösung:
Die Länge der Strecke $\overline{AB}$ beträgt 45 mm.

II. Zeichne die Gerade PQ, die **Halbgerade** durch Q und R mit Anfangspunkt Q sowie die **Strecke** $\overline{RP}$ ein.

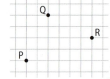

Lösung:

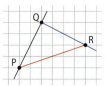

Nachgefragt

- Erkläre, ob man die Länge einer Geraden (Halbgeraden, Strecke) messen kann.
- Peter behauptet: „Wenn der Endpunkt der ersten Strecke zugleich der Anfangspunkt einer zweiten Strecke ist, erhält man wieder eine Strecke." Hat Peter Recht? Begründe.

Geometrische Grundbegriffe

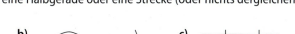
Aufgaben

1 Beschreibe den Unterschied zwischen einer Strecke, einer Halbgeraden und einer Geraden in eigenen Worten und stelle die Begriffe an Beispielen deinen Mitschülerinnen und Mitschülern vor.

2 Entscheide, ob eine Gerade, eine Halbgerade oder eine Strecke (oder nichts dergleichen) vorliegt.

Man kann immer nur einen Ausschnitt einer Geraden oder Halbgeraden zeichnen.

a)  b) 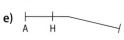 c)

d)   e) f)

g) h) i)

3 Schätze zunächst die Längen der Strecken, miss dann nach und berechne die Differenz. Übertrage dazu die Tabelle ins Heft und vervollständige sie.

Länge der Strecke	geschätzt	gemessen	Differenz
$|\overline{AB}|$	20 mm	19 mm	1 mm
$|\overline{CD}|$			

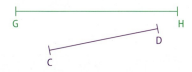 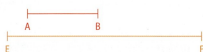

4 a) Übertrage die fünf Punkte L, U, C, A, S in dein Heft und zeichne dann dort farbig ein:
  1. $\overline{LU}$; $\overline{AL}$; $\overline{SC}$; $\overline{UA}$; $\overline{SL}$
  2. Zeichne eine Halbgerade durch C mit Anfangspunkt L.

b) Miss die Längen der eingezeichneten Strecken aus a).

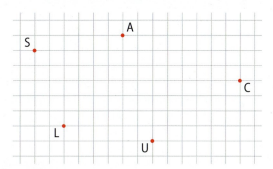

5 Zeichne die Strecken mit den angegebenen Längen in dein Heft.

	a)	b)	c)	d)	e)	f)
Strecke	$\overline{AB}$	$\overline{EF}$	$\overline{JK}$	$\overline{MN}$	$\overline{OP}$	$\overline{QR}$
Länge	4 cm	35 mm	32 mm	82 mm	6 cm	132 mm

6 Wie viele Strecken (Halbgeraden, Geraden) findest du jeweils? Benenne und beschreibe sie.

a) 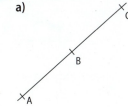 b) 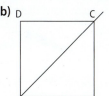 c) 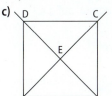 d)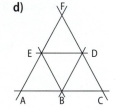

3.2 Orthogonal und parallel

Entdecken

Beim **Entdecken** auf Seite 76 hast du einen besonderen Winkelmesser gebaut.

- Begründe, dass der gefaltete Winkel ein besonderer Winkel ist. Entfalte dazu das Faltblatt.
- Begründe, weshalb bei der Fortsetzung der Faltung auf Seite 77 ein solches Messinstrument im Gegensatz zum Winkelmesser unpraktisch ist.

Verstehen

Durch die Faltvorgänge hast du besondere Lagen der Faltlinien zueinander erhalten.

Erklärvideo
Mediencode 61165-10

Sprachliche Übung: S. 218

> **Merke**
>
> Zwei Geraden g und h, die du wie bei dem Winkelmesser gefaltet hast, liegen **senkrecht** zueinander, man sagt auch **orthogonal** zueinander. Man schreibt: $g \perp h$.
> Den Winkel zwischen zwei zueinander orthogonalen Geraden nennt man einen rechten Winkel (Zeichen: ∟).
>
> Zwei Geraden g und k, die du durch die Fortsetzung der Faltung erhalten hast und die eine gemeinsame senkrecht verlaufende Gerade h haben, liegen **parallel zueinander**. Parallele Geraden schneiden sich nie. Man schreibt: $g \parallel k$.

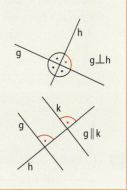

Beispiele

Hilfslinien am Geodreieck:
parallele Hilfslinien
orthogonale Hilfslinie

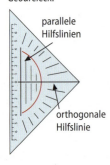

I. Untersuche, die Lagen der Geraden g, h und i zueinander.

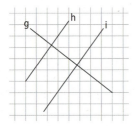

Lösungsmöglichkeit:
$g \perp h$, $g \perp i$, somit $h \parallel i$

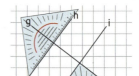

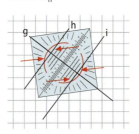

II. Zeichne eine Gerade h, die a) orthogonal b) parallel zu einer Geraden g ist.

Lösung:

a) h steht orthogonal auf g

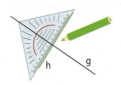

b) h verläuft parallel zu g

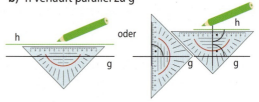

oder

Geometrische Grundbegriffe

> **Nachgefragt**
> - Beschreibe mit eigenen Worten, wie du die Hilfslinien am Geodreieck für das Zeichnen von orthogonalen und parallelen Geraden wie in Beispiel II nutzen kannst.
> - Zwei Geraden g und h schneiden eine Gerade i jeweils im rechten Winkel. Begründe, ob sich g und h in einem Punkt schneiden.

Aufgaben

1 Überprüfe mit dem Geodreieck, welche Geraden orthogonal bzw. parallel zueinander sind. Erläutere dein Vorgehen.

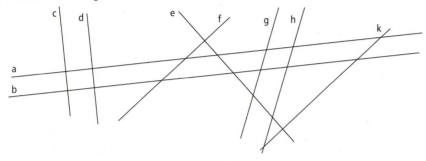

2 Sieh dich in deiner Umgebung genauer um. Erstelle eine Liste von zueinander parallelen bzw. zueinander orthogonalen Strecken.

3 a) Zeichne eine Gerade d und eine Gerade e, die orthogonal zu d liegt. Wie viele Möglichkeiten findest du für e? Beschreibe die Lage aller solcher Geraden e, die orthogonal auf d liegen.
 b) Zeichne drei Geraden, die zu einer gegebenen Geraden g parallel liegen. Finde Gemeinsamkeiten und beschreibe sie.
 c) Beschreibe, wie du die Parallelität zweier Geraden bestimmen kannst, die weit auseinander liegen.

4 a) Übertrage die Punkte A, B, C, P und Q in dein Heft und zeichne die Gerade g durch P und Q.
 b) Zeichne durch jeden der Punkte A, B und C eine Parallele zu g.
 c) Zeichne durch jeden Punkt jeweils eine Gerade, die senkrecht auf g steht.

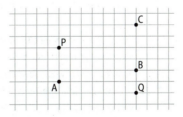

Alles klar?

5 Einige der Großbuchstaben A, B, C, … unserer Druckschrift enthalten zueinander senkrechte und parallele Strecken. Übertrage die Tabelle in dein Heft und vervollständige sie.

parallel ∥	E, …
senkrecht ⊥	E, …
weder noch	A, …

6 Überprüfe für die Geraden a, b und c:
 1 Wenn a∥b und b⊥c, dann ist auch a⊥c.
 2 Wenn a⊥c und a⊥b, dann ist auch c∥b.

3.2 Orthogonal und parallel

7 Zeichne die Figur auf Karopapier. Setze das Muster fort; zwischen den einzelnen Strecken befinden sich jeweils rechte Winkel. Wie liegen die Strecken in der „zweiten Runde" zu den Strecken in der „ersten Runde"? Begründe.

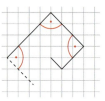

8 a) Zeichne die Figur mithilfe des Geodreiecks auf ein weißes Blatt.

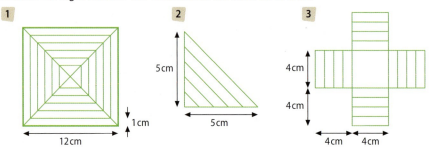

b) Zeichne eigene Figuren, die ebenso aufgebaut sind.

9

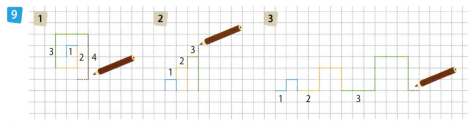

a) Übertrage die Figuren in dein Heft und setze sie entsprechend fort.
b) Bestimme jeweils die Länge des 4. (6., 8.) Abschnitts. Beschreibe, wie lang die Figur in einem beliebigen Abschnitt ist.
c) Ermittle die Gesamtlänge der Figur nach insgesamt 4 (6, 8) Abschnitten.

10 Medien und Werkzeuge: Ein Schreiner verwendet einen sogenannten Anschlagwinkel zum Einzeichnen von parallelen und senkrecht verlaufenden Linien.
a) Beschreibe, wie man ein solches Werkzeug verwenden kann und erkläre seinen Nutzen.
b) Vergleiche den Anschlagwinkel mit dem Geodreieck.

11 a) Übertrage die Figur in dein Heft und ergänze die fehlende Hälfte. Finde zueinander orthogonale und parallele Strecken der Figur.

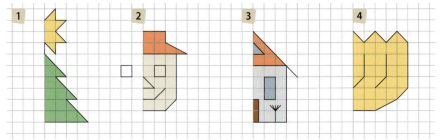

b) Entwirf selbst eine Figur, zeichne eine Hälfte davon ins Heft und bitte einen Partner oder Partnerin, sie zu ergänzen. Finde parallele und orthogonale Strecken.

Geometrische Grundbegriffe

12 Übertrage die Figur in doppelter Größe in dein Heft und verbinde gegenüberliegende Eckpunkte miteinander. Finde rechte Winkel in der Figur.

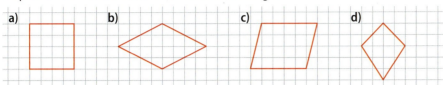

13 Entscheide zunächst ohne Geodreieck, ob die rot eingezeichneten Linien parallel zueinander liegen. Überprüfe anschließend deine Vermutungen.

a)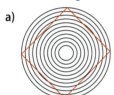

c)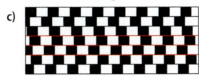

b)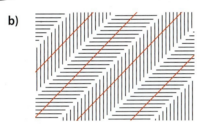

d)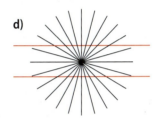

> **Umgang mit Sprache**

Alles im Lot

Im Alltag werden oftmals die Begriffe „lotrecht", „vertikal", „horizontal", „waagrecht" und „senkrecht" verwendet, um Lagen von Strecken zu beschreiben.

Ein Lot ist ein Gewicht, das an einer Schnur nach unten hängt und zum Erdmittelpunkt zeigt. Es wird zum Beispiel von Maurern verwendet.
Ein Fahnenmast steht lotrecht (oder vertikal), wenn sein unteres Ende genau zum Erdmittelpunkt zeigt.

Linien, die auf einer lotrechten Geraden senkrecht stehen, heißen waagrecht (oder horizontal). Die Wasserwaage ist ein praktisches Gerät, um solche Linien herzustellen.

Senkrecht bezeichnet immer die Lage einer Linie bezüglich einer anderen Linie. Damit können senkrechte Linien auch lotrecht sein, müssen es aber nicht.

- Beschreibe Gemeinsamkeiten und Unterschiede der Begriffe aus dem Text mit eigenen Worten.
- Erkläre, wozu man eine Wasserwaage verwendet. Erkläre ihren Aufbau und die Funktionsweise.
- Suche Beispiele aus dem Alltag, im Internet oder aus Büchern, in denen die Begriffe „lotrecht", „vertikal", „waagrecht" und „senkrecht" verwendet werden. Überprüfe sie auf ihre Richtigkeit.

3.3 Abstand

Entdecken

Sabrina sieht ihre Freundin Svetlana auf der anderen Straßenseite stehen und möchte zu ihr hinüber.

- Welchen Weg sollte Sabrina nehmen? Begründe. Beachte die Länge des Weges und die Verkehrssicherheit.

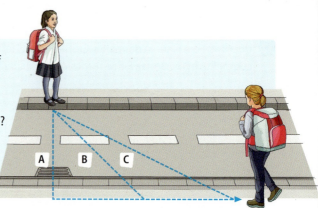

Verstehen

Es gibt verschiedene Strecken zwischen einem Punkt und einer Geraden. Die Strecken haben unterschiedliche Längen. Von besonderer Bedeutung ist die kürzeste von diesen Strecken.

> **Merke**
>
> Die **kürzeste Entfernung** zwischen einem Punkt P und einer Geraden g ist diejenige Strecke $\overline{PF}$, die von dem Punkt P aus **senkrecht** zu der Geraden g führt. Die Länge $|\overline{PF}|$ dieser Strecke bezeichnet man als **Abstand** des Punktes P von einer Geraden g.
> Schreibweise: $|\overline{PF}| = d(P; g)$
> Sprechweise: „Abstand des Punktes P von der Geraden g"
>
>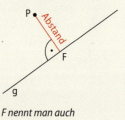
>
> F nennt man auch **Lotfußpunkt**.

Erklärvideo

Mediencode 61165-11

„d" wie **d**istance (engl.)

Beispiele

I. Bestimme den Abstand des Punktes P von der Geraden g. Beschreibe dein Vorgehen.

Lösung:

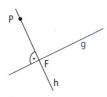 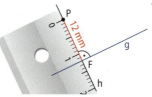

Parallele Geraden haben an jeder Stelle den gleichen Abstand zueinander.

1 Zeichne durch P die Senkrechte h zu g. F ist der Schnittpunkt von g und h.

2 Miss die Länge von $\overline{PF}$.

Der Abstand des Punktes P vom Schnittpunkt F beträgt 12 mm: $|\overline{PF}| = 12$ mm.

II. Zeichne zwei parallele Geraden a und b im Abstand 1 cm.

*Tipp:
Du kannst auch die parallelen Hilfslinien am Geodreieck nutzen (S. 80).*

Lösungsmöglichkeit:
Bildfolge:

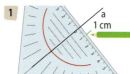 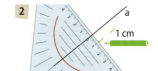 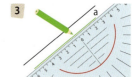

Geometrische Grundbegriffe

Nachgefragt

- Begründe: Parallele Geraden haben überall den gleichen Abstand.
- Ein Punkt hat zu einer Geraden g den Abstand 4 cm und zu einer Geraden h den Abstand 3 cm. Erkläre, welche Aussagen sich zum Abstand von g und h machen lassen.

Aufgaben

1 Welche Strecke bezeichnet den Abstand des Punktes P von g? Begründe.

a) 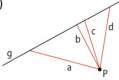 b) 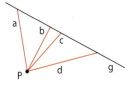 c)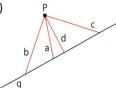

2 Übertrage die Geraden g und h sowie die Punkte P, Q, R und S in dein Heft. Bestimme die Abstände dieser Punkte von g (von h). Gehe vor wie in Beispiel I.

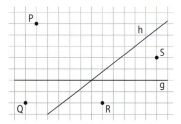

3 Zeichne zwei zueinander parallele Geraden mit folgendem Abstand. Gehe vor wie in Beispiel II.
a) 3 cm   b) 45 mm   c) 3 cm 4 mm   d) 8 cm 5 mm

4 a) Zeichne eine Gerade g, die nicht parallel zu den Linien des Karogitters verläuft. Zeichne dann jeweils alle Geraden, die von g den Abstand **1** 12 mm, **2** 25 mm haben.
b) Bestimme die Abstände der gezeichneten Geraden **1** und **2** aus a) zueinander.

5 Der Elfmeterpunkt beim Fußball ist der Punkt, von dem aus Strafstöße nach einem Foulspiel im Strafraum ausgeführt werden.
a) Wenn der Ball bei einem Strafstoß in die linke untere Ecke des Tores fliegt, ist das dann trotzdem noch ein „Elfmeter"? Begründe durch eine Zeichnung.
b) Wie kannst du auf dem Pausenhof einen Strafstoßpunkt markieren, wenn du nur die Breite des Tores kennst? Beschreibe dein Vorgehen.

Ein Fußballtor ist 7 m 32 cm breit.

6 a) Zeichne zwei parallele Geraden g und h im Abstand von 38 mm in dein Heft.
b) Zeichne eine Gerade a ein, die zu g und h den gleichen Abstand hat.
c) Markiere eine Gerade b, die zu g den Abstand 2 cm und zu h den Abstand 1 cm 8 mm hat.

7 Übertrage die Geraden g und h in dein Heft. Zeichne zu g und h jeweils parallele Geraden im Abstand 5 mm, 1 cm und 1 cm 5 mm. Markiere die Lage alle Punkte, die zu g und h den Abstand 5 mm (1 cm; 1,5 mm) haben.

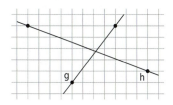

3.4 Achsensymmetrie

Entdecken

Viele Verkehrsschilder sind sehr regelmäßig aufgebaut.

- Finde heraus, auf was die Schilder hinweisen.
- Versuche, einen Spiegel so auf jedes Verkehrszeichen zu stellen, dass du mit dem Spiegelbild wieder das ganze Zeichen sehen kannst.

Verstehen

Viele Gegenstände und Figuren kann man so spiegeln, dass die halbe Figur mit ihrem Spiegelbild wieder die Ausgangsfigur ergibt. Man kann eine solche Figur auch aufeinander falten.

Merke

Eine Figur heißt **achsensymmetrisch**, wenn man sie so falten kann, dass beide Hälften genau aufeinander fallen. Die Faltgerade heißt Symmetrieachse (Spiegelachse).

Eigenschaften einer achsensymmetrischen Figur:
1. Die Verbindungsstrecke eines Punktes A mit seinem **Bildpunkt A'** steht **orthogonal** zur Symmetrieachse.
2. Punkt A und Bildpunkt A' haben **denselben Abstand** zur Symmetrieachse.
3. Liegt ein Punkt auf der Symmetrieachse, dann ist er gleichzeitig sein eigener Bildpunkt.

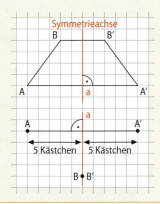

Erklärvideo

Mediencode 61165-12

Statt Bildpunkt sagt man auch oft „Spiegelpunkt" oder „Symmetriepunkt".

Beispiele

I. Untersuche die Verkehrszeichen auf Achsensymmetrie. Zeichne die Symmetrieachse(n) ein.

a) b) c)

Lösung:

a) b) c)

achsensymmetrisch — achsensymmetrisch — die Figuren sind achsensymmetrisch, die Färbung **nicht**

Beachte: Eine Figur kann auch mehr als eine Symmetrieachse besitzen.

Ausgangsfigur:

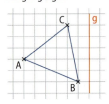

Achte auf die richtige Lage des Geodreiecks.

II. Spiegele das Dreieck ABC aus der Randspalte an der Geraden g. Beschreibe dein Vorgehen.

Lösung:
1. Zeichne zu jedem Punkt den Bildpunkt ein.
2. Verbinde die Bildpunkte.

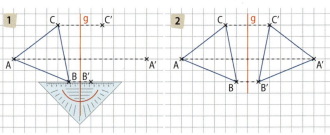

86

Geometrische Grundbegriffe

Nachgefragt

- Nenne alle Ziffern, die achsensymmetrisch sind.
- Du spiegelst eine Figur zweimal hintereinander an derselben Symmetrieachse. Beschreibe, was passiert.

Aufgaben

1 Untersuche die Figuren auf Achsensymmetrie und beschreibe die Lage der Symmetrieachsen. Gib an, welche Figuren mehrere Symmetrieachsen haben.

a)

b)

2 Schneide achsensymmetrische Blumen (Blätter, Muster) aus einem Blatt Papier, indem du es einmal (zweimal, dreimal) faltest. Klebe anschließend das auseinander gefaltete Papier in dein Heft und zeichne mit Bleistift Symmetrieachsen ein.

Beispiele:

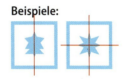

3 **Medien und Werkzeuge:** Suche im Internet nach Logos von Sportvereinen. Erstelle eine Tabelle der Vereine, die ein achsensymmetrisches Logo haben.

4
a) Überprüfe, welche Großbuchstaben der Druckschrift achsensymmetrisch sind. Erstelle eine Liste mit Großbuchstaben, die zwei Symmetrieachsen haben.
b) Finde Wörter, die man achsensymmetrisch schreiben kann.

OTTO O
          M
HEIDI A

5 Adlige Familien im Mittelalter besaßen oft Familienwappen, die in vielen Fällen achsensymmetrisch waren.
a) **Medien und Werkzeuge:** Suche in Büchern oder im Internet nach solchen Wappen.
b) Übertrage achsensymmetrische Wappen ins Heft und zeichne die Symmetrieachsen ein.
c) Erfinde dein eigenes achsensymmetrisches Familienwappen und stelle es in der Klasse vor.

6 Übertrage die Figuren in dein Heft und ergänze sie zu achsensymmetrischen Figuren.

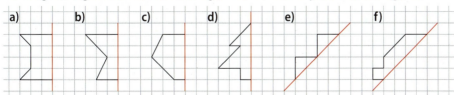

Erklärvideo

Mediencode 61165-13

3.4 Achsensymmetrie

Alles klar?

7 Übertrage die Figur ins Heft und ergänze zu einer achsensymmetrischen Figur.

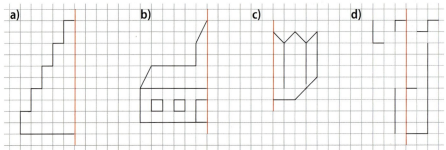

Eine Zeichnung kann helfen.

8 Überlege, wie viele Symmetrieachsen du in einem Quadrat finden kannst.

9 Übertrage die Figuren in dein Heft und spiegele sie an der Geraden.

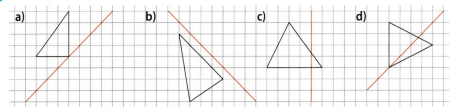

10 Überprüfe, ob die Gerade die Symmetrieachse der Figur ist. Sofern dies der Fall ist, gib zu jedem Punkt seinen Symmetriepunkt an.

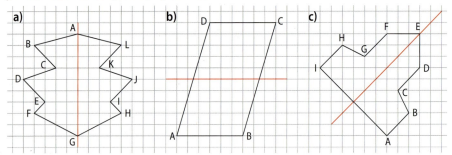

11 a) Zeichne ein Quadrat mit der Seitenlänge 4 cm auf ein unliniertes Blatt. Zeichne eine Gerade so in das Quadrat, dass sie die obere Seite des Quadrats in der Mitte schneidet und durch die rechte untere Ecke geht. Spiegele das Quadrat an dieser Geraden.
b) Führe die Aufgabe an einem Rechteck mit den Seitenlängen 5 cm und 3 cm durch.

12 Übertrage die Figuren in dein Heft. Ergänze möglichst wenig Karos, sodass eine achsensymmetrische Figur mit einer (zwei) Symmetrieachsen entsteht.

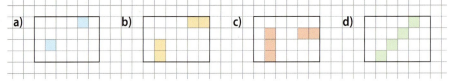

13 Jedes dieser drei Bilder scheint achsensymmetrisch zu sein. Benenne Bereiche, die die Achsensymmetrie stören.

14 Ordne die zusammengefalteten Blätter den aus ihnen herausgeschnittenen Papierstückchen zu und erfinde dann selbst mindestens vier ähnliche Muster.

 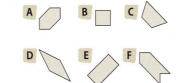

15 Beschreibe jeweils, wie du ein rechteckiges Stück Papier zusammenfalten und dann schneiden musst, damit nach dem Auseinanderfalten die folgenden Figuren entstehen. Stelle das Muster anschließend selbst her.

16 Übertrage die Figuren auf ein unliniertes Blatt Papier und vervollständige sie mithilfe eines Geodreiecks zu einer Figur, die symmetrisch zu der bzw. zu den roten Geraden ist. Wähle eine geeignete Größe der Figur.

a)   b)   c)   d)

Medien & Werkzeuge

Original oder Fälschung?
- Einige dieser Bilder sind verändert worden. Erkläre, welche das wohl sind.
- Beschreibe, wie diese Bilder vermutlich entstanden sind.
- Kannst du solche Bilder selbst herstellen? Probiere es am Computer aus.

3.5 Punktsymmetrie

Entdecken

- Beschreibe, wie man die Windräder jeweils drehen muss, damit sie mit sich selbst zur Deckung kommen.

Verstehen

Figuren können durch eine geeignete Drehung wieder mit sich selbst zur Deckung kommen. Eine Drehung um zwei rechte Winkel, also um insgesamt 180°, nennt man **Halbdrehung**.

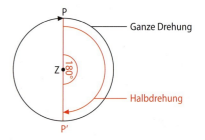

Merke

Figuren, die bei einer Halbdrehung um einen Punkt Z wieder mit sich selbst zur Deckung kommen, nennt man **punktsymmetrisch**. Den Punkt Z nennt man Symmetriezentrum.

Eigenschaften einer Punktspiegelung:

- Punkte, die punktsymmetrisch zu einem Symmetriezentrum Z sind, liegen auf einer Geraden durch Z.
- Das Symmetriezentrum Z halbiert die Strecke zwischen zwei zueinander punktsymmetrisch liegenden Punkten.
- Das Symmetriezentrum ist zu sich selbst punktsymmetrisch.

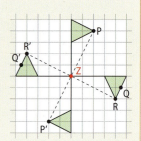

P und P', R und R', Q und Q' liegen punktsymmetrisch zueinander.

Erklärvideo
Mediencode 61165-14

Beispiele

I. Untersuche auf Punktsymmetrie.

Lösung:

a)   b)   c)

a)   b)  c)

punktsymmetrisch   punktsymmetrisch   **nicht** punktsymmetrisch

Erklärvideo
Mediencode 61165-15

Beachte:
Eine Punktsymmetrische Figur hat nur ein Symmetriezentrum.

II. Spiegele die nebenstehende Figur am Punkt Z. Beschreibe dein Vorgehen.

Lösung:
1. Zeichne zu jedem Punkt seinen Bildpunkt durch Z.
2. Verbinde die Bildpunkte miteinander.

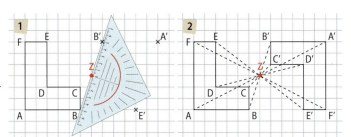

Ausgangsfigur:

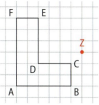

Achte auf die Lage des Geodreiecks.

Nachgefragt

- Überprüfe, ob ein Quadrat punktsymmetrisch ist. Begründe deine Antwort.
- Peter behauptet, dass zwei parallel zueinander liegende Geraden immer punktsymmetrisch zueinander sind. Überprüfe seine Aussage.

Aufgaben

1 Untersuche auf Punktsymmetrie. Beschreibe die Lage des Symmetriezentrums.

2 Untersuche, welche Spielkarten eines Skatspiels punktsymmetrisch sind.

3 Gib zunächst an, welche der acht Flaggen achsensymmetrisch, welche punktsymmetrisch und welche sowohl achsen- wie auch punktsymmetrisch sind. Finde dann bei jedem der acht Länder, dessen Flagge …
 a) achsensymmetrisch ist, heraus, in welchem Erdteil es liegt.
 b) punktsymmetrisch ist, den Namen seiner Hauptstadt heraus.
 c) sowohl achsen- wie auch punktsymmetrisch ist, heraus, welche Sprache man in dem Land spricht.

Botswana  Burundi   Guyana   Honduras

Trinidad u. Tobago Schweiz Puerto Rico   Vietnam

4 Übertrage die Figur dreimal in dein Heft und färbe dann jeweils drei weitere Kästchen so, dass die neue Figur …
 a) punktsymmetrisch, aber nicht achsensymmetrisch ist.
 b) achsensymmetrisch, aber nicht punktsymmetrisch ist.
 c) punktsymmetrisch und achsensymmetrisch ist.

Gib jeweils – falls möglich – mehrere Lösungen an.

3.5 Punktsymmetrie

5 a) Finde punktsymmetrische Ziffern, Zahlen, Buchstaben und Wörter.
  b) Finde punktsymmetrische Figuren aus dem Alltag; bringe Abbildungen mit oder zeichne diese Figuren.

Alles klar?

6 a) Übertrage den Stern in doppelter Größe in dein Heft und finde heraus, welche Arten von Symmetrie er aufweist. Trage mögliche Symmetrieachsen bzw. das Symmetriezentrum des Sterns ein.
  b) Begründe: Zueinander senkrechte Geraden liegen stets punktsymmetrisch zueinander.

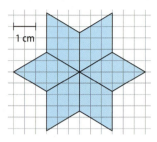

7 Übertrage die Figur in dein Heft und spiegele sie jeweils am Punkt Z.

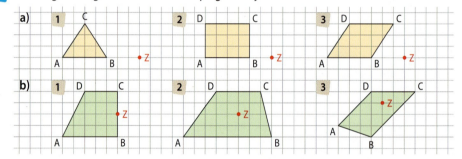

8 Das linke Quadrat ist aus dem rechten Quadrat …
  a) durch Punktspiegelung entstanden.
  b) durch Achsenspiegelung entstanden.
  Übertrage jeweils die Figur in dein Heft und zeichne die Symmetrieachse bzw. das Symmetriezentrum ein. Beschrifte das Bildquadrat jeweils mit den richtigen Bildpunkten.

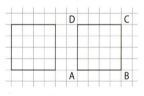

9 Sind die Aussagen wahr oder falsch? Begründe.
  a) Ein Paar zueinander paralleler Geraden ist stets achsensymmetrisch.
  b) Ein Paar einander schneidender Geraden ist stets achsensymmetrisch.
  c) Ein Paar einander schneidender Geraden ist stets punktsymmetrisch.

10 Übertrage die drei Fischblasen-Figuren vergrößert in dein Heft und gib an, welche von ihnen punktsymmetrisch sind.

a) 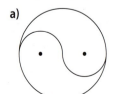 b) 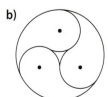 c)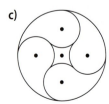

Geometrische Grundbegriffe

11 Übertrage das nebenstehende Sechseck viermal in dein Heft. Finde dann heraus und zeichne ein, wie man dieses Sechseck durch Punktspiegelung auf verschiedene Arten erzeugen kann, indem man es in zwei Figuren unterteilt. Trage jeweils auch das Symmetriezentrum Z ein. Beschreibe dein Vorgehen.

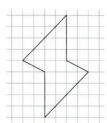

12 Die Ausgangsfigur in der Randspalte wird am Punkt Z gespiegelt. Finde heraus, welche der folgenden Figuren bei dieser Punktspiegelung entstehen können.

Ausgangsfigur:
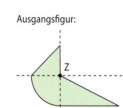

1 2 3 4
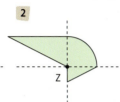 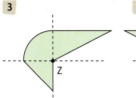 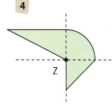

13 Dreieck A′B′C′ ist durch eine Punktspiegelung aus Dreieck ABC hervorgegangen.
 a) Übertrage die beiden Dreiecke in dein Heft. Zeichne das Symmetriezentrum Z ein. Beschreibe dein Vorgehen zum Finden des Symmetriezentrums.
 b) Das Dreieck A′B′C′ kann auch durch eine zweimalige Achsenspiegelung des Dreiecks ABC entstanden sein. Überlege, wie die Achsen liegen müssen und vergleiche deine Ideen mit deinem Nachbarn oder deiner Nachbarin.
 c) Untersuche, wie man das Dreieck ABC durch Punktspiegelung (Achsenspiegelung) wieder auf sich selbst abbilden kann. Zeichne dazu das Dreieck ABC erneut und führe die Spiegelung durch.

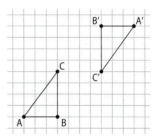

14 Das Dreieck ABC wurde zunächst durch eine Punktspiegelung auf das Dreieck A′B′C′ abgebildet. Dieses Dreieck wurde anschließend einer Achsenspiegelung unterzogen. Übertrage die Dreiecke in dein Heft. Finde das Symmetriezentrum Z und die Symmetrieachse a.

a)
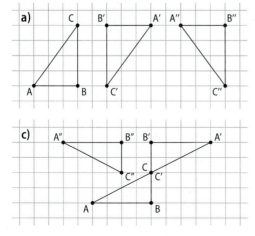

b)
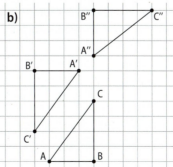

c)

3 3.6 Koordinatensystem

Entdecken

In vielen Parkanlagen gibt es Irrgärten zur Unterhaltung der Besucher.

- Beschreibe durch Angabe der Schritte und der Himmelsrichtung, wie du vom **Eingang** des Irrgartens an das **Ziel** gelangst. Der Abstand zwischen zwei Punkten beträgt jeweils einen Schritt.

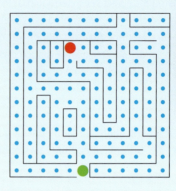

Verstehen

In der Mathematik benutzt man Zahlenpaare, um die Lage von Punkten eindeutig zu beschreiben. Von einem vereinbarten Ausgangspunkt geben die Zahlenpaare an, um wie viele Einheiten man nach rechts und nach oben gehen muss.

Merke

Zur Angabe der Lage von Punkten verwendet man das **Koordinatensystem**. Dazu zeichnet man zwei zueinander senkrechte Halbgeraden, die **Koordinatenachsen**: Die Rechtsachse nennt man x-Achse, und die Hochachse heißt y-Achse. Der Anfangspunkt beider Achsen heißt **Ursprung O**. Mithilfe der beiden Achsen kann man die Lage eines Punktes P (x-Koordinate | y-Koordinate) durch ein Zahlenpaar (Koordinaten) eindeutig angeben.

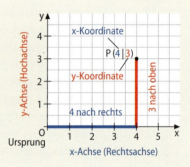

Koordinaten werden immer vom Ursprung O (0|0) aus angegeben.
P (4|3) bedeutet: Der Punkt P besitzt die Koordinaten 4 und 3.

Erklärvideo

Mediencode 61165-16

Merke:
„Erst rechts (x-Koordinate), dann hoch (y-Koordinate)"

Beispiel

a) Gib die Koordinaten von Q an.
b) Geh von Q aus 3 Einheiten nach rechts und 1 Einheit nach oben. Bestimme die Koordinaten des neuen Punktes R.

Beim Zeichnen im Heft gilt normalerweise: 1 Einheit ≙ 1 cm

Lösung:
a) Um zum Punkt Q zu gelangen, muss man sich vom Ursprung aus 2 Einheiten nach rechts und dann 1 Einheit nach oben bewegen. Q besitzt die x-Koordinate 2 und die y-Koordinate 1: Q (2|1).
b) Man startet in Q, also im Punkt (2|1). Geht man 3 Einheiten nach rechts, erhält man die x-Koordinate 5. Geht man 1 Einheit nach oben, erhält man die y-Koordinate 2. Also: R (5|2).

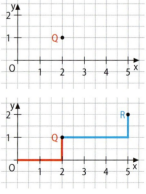

Geometrische Grundbegriffe

> **Nachgefragt**
> - Beschreibe die Lage aller Punkte im Koordinatensystem mit gleichen x- bzw. y-Koordinaten.
> - Beschreibe die Lage aller Punkte im Koordinatensystem, die sowohl dieselbe x-Koordinate als auch dieselbe y-Koordinate haben.

Aufgaben

1 Lies die Koordinaten der abgebildeten Punkte ab.

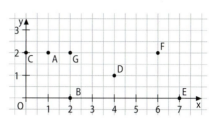

2
a) Zeichne das Viereck ABCD mit A(1|6), B(6|2), C(8|5) und D(5|8) in ein Koordinatensystem.
b) Verschiebe das Viereck um drei Einheiten nach rechts und vier Einheiten nach oben und zeichne es erneut. Gib die Koordinaten der neuen Eckpunkte an.
c) Erkläre, wie man ohne Zeichnung die Koordinaten in Teil b) ermitteln kann.

Tipp für die Größe des Koordinatensystems:

3
a) Übertrage das Koordinatensystem mit den angegebenen Punkten ins Heft. Bestimme die Koordinaten aller Punkte.
b) Zeichne die Gerade AH ein. Nenne den Punkt, der auf AH liegt.
c) Bestimme den Abstand von …
  1 Punkt C zur Geraden AH.
  2 Punkt D zur Geraden AH.

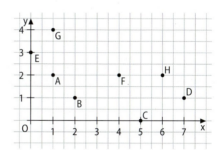

Lösungen zu 3 a):
(6|2); (0|3); (5|0);
(1|2); (1|4); (2|1);
(4|2); (7|1)

4 Malen nach Zahlen: Trage die Punkte jeweils in ein Koordinatensystem ein und verbinde sie der Reihe nach zu einer Figur. Beschreibe, welche Figur du erhältst.
a) A(0|5) → B(3|7) → C(5|7) → D(8|9) → E(8|7)
   F(10|7) → G(12|4) → H(14|7) → I(14|0) → J(12|3)
   K(9|0) → L(4|0) → M(1|2) → N(4|3) → O(1|3) → A
b) N(2|0) → O(2|6) → P(6|10) → Q(10|6) → R(10|0)
   W(6|0) → X(6|4) → Y(4|4) → Z(4|0) → N
   extra: S(9|2) → T(9|4) → U(7|4) → V(7|2) → S

Überlege zuerst, wie groß das Koordinatensystem jeweils sein muss. Wähle dann die Einheiten der Koordinatenachsen.

Alles klar?

5 G(0|3) → O(2|2) → L(3|0) → D(4|2) → S(6|3) → T(4|4) → A(3|6) → R(2|4) → G
a) Zeichne in ein Koordinatensystem jeweils die gegebenen Punkte ein und verbinde sie dann in der angegeben Reihenfolge zu einem Streckenzug.
Benenne die Figur, die sich ergibt.
b) Überprüfe, ob die selbe Figur entsteht, wenn du die x- und y-Koordinaten bei jedem der Punkte vertauschst.
Bsp.: G(0|3) ⟶ G'(3|0)

3.6 Koordinatensystem

6 Trage die Punkte A(1|1), B(3|1), C(3|2), D(5|2) und E(5|3) in ein Koordinatensystem ein und verbinde sie der Reihe nach. Gib die Koordinaten der nächsten vier Punkte an.

7 Zeichne die Figur ABCDE mit A(1|3), B(2|1), C(4|2), D(4|4) und E(2|5) in ein Koordinatensystem. Führe anschließend eine Punktspiegelung durch und gib die Koordinaten der Bildpunkte an wenn das Symmetriezentrum …
 a) D ist.   b) F(5|3) ist.   c) G(2|4) ist.

8 Zeichne ein Koordinatensystem. Übertrage die Punkte und die Gerade g durch die Punkte A und B, wie in der Abbildung dargestellt. Zeichne eine Parallele zur Geraden g durch C. Gib die Koordinaten von drei weiteren Punkten an, die auf der Parallelen liegen.
 a) A(2|2); B(6|6); C(9|1)
 b) A(3|4); B(11|4); C(7|7)
 c) A(4|6); B(8|10); C(10|5)   d) A(2|3); B(10|7); C(9|2)

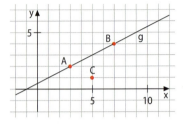

9 Zeichne ein Koordinatensystem und verbinde die Punkte A(12|0) und B(0|8) geradlinig. Errichte zur Strecke $\overline{AB}$ eine orthogonale Gerade jeweils durch den Punkt C(3|6), D(6|4) bzw. E(9|2). Überprüfe, welche der Punkte auf einer der orthogonalen Geraden liegen: P(1|3), U(2|6), L(5|1), R(4|1), I(5|9), Z(6|8), M(8|7), S(9|7).

10 Medien und Werkzeuge: Das abgebildete Schild gibt die Lage eines Hydranten an. Wozu dient ein Hydrant? Wie lässt sich die Lage des Hydranten ablesen?
 a) Informiere dich bei der Feuerwehr, im Internet, … und überprüfe die Angaben in deiner Umgebung.
 b) Suche im Internet nach weiteren „Hinweisschildern zu Straßeneinbauten".
 c) Zeichne ein Schild ab und lass dir von deinem Sitznachbarn beschreiben, was er mithilfe deines Schildes wie finden kann.
 d) Beurteile den Aufbau und Nutzen solcher Schilder. Schreibe dazu einen kurzen Text.

11 Lies in nebenstehender Zeichnung die Koordinaten der Gitterpunkte V, E, R bzw. A ab und übertrage alle vier Punkte in dein Heft. Zeichne dann dort die Geraden VR und EA und lies die Koordinaten ihres Schnittpunkts S ab. Gib an, welche besondere Lage die Geraden VA und ER zueinander haben.

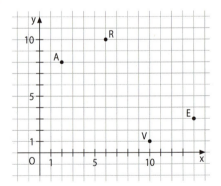

12 Gegeben sind die vier Punkte O(0|0), L(8|0), A(7|5) und F(2|5). Zeichne das Viereck OLAF in ein Koordinatensystem ein. Trage dann alle Gitterpunkte im Inneren des Vierecks OLAF ein, deren x-Koordinate 4 oder deren y-Koordinate 1 ist. Zu ihnen gehört z. B. auch der Punkt B(4|1).

13 a) Gib die Koordinaten der Eckpunkte des Bootes an.
b) Entwirf selbst Figuren, die man in einem Koordinatensystem anhand von Punkten nachzeichnen kann.
Lass die Figuren von einem Partner zeichnen.

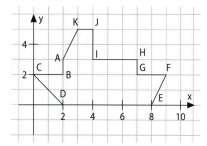

14 a) Übertrage ins Heft. Zeichne die x-Achse und die y-Achse vom Koordinatensystem ein.
b) Gib für alle Punkte die Koordinaten an.

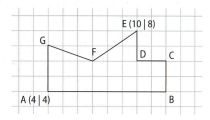

15 Die Straßen des Stadtteils QUADRO bilden das links abgebildete Quadratgitter. Beim Punkt U(1|4) ist eine U-Bahnstation, beim Punkt G(5|1) liegt das David-Hilbert-Gymnasium.

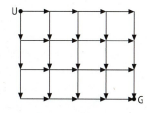

a) Bestimme, wie viele verschiedene Wege vom Punkt U zum Punkt G möglich sind, wenn die angegebenen Richtungen eingehalten werden.
b) Sarah überlegt, ob sie ihren Eisstand besser an der Kreuzung E(2|2) oder an der Kreuzung I(3|3) aufstellen soll. Hilf ihr bei ihrer Entscheidung, indem du ermittelst, wie viele verschiedene Wege von U nach G über den Punkt E und wie viele über den Punkt I verlaufen.

16 Zeichne die Punkte L(1|1), A(3|1), R(3|3) und S(1|3) in ein Koordinatensystem.
a) Spiegle das Viereck LARS an der Geraden durch T(4|4) und V(4|0). Gib die Koordinaten der Spiegelpunkte an.
b) Spiegle das Viereck LARS am Punkt T. Gib die Koordinaten der Spiegelpunkte an.
c) Bestimme die Spiegelgerade, die das Spiegelbild aus a) auf das Spiegelbild von b) abbildet. Gib dazu die Koordinaten zweier Punkte an, die auf dieser Geraden liegen.

17 **1** A(2|1), B(3|3), C(1|4) **2** A(1|3), B(4|2), C(2|6)
A'(7|6), B'(5|5), C'(4|7)   A'(3|1), B'(2|4), C'(6|2)

a) Zeichne das Dreieck ABC und sein Spiegelbild A'B'C' in dein Heft. Finde heraus, wo die Symmetrieachse verlaufen muss. Begründe deine Entscheidung.
b) Formuliert eine Strategie, wie man vorgehen sollte, um die passende Symmetrieachse zu finden. Erstellt dazu einen Tippzettel.

18 Überlege zunächst und zeichne dann. Beschreibe die Lage aller Punkte, die …
a) 2 cm von einer Geraden g entfernt sind, die durch die Punkte A(2|2) und B(2|5) verläuft.
b) vom Punkt A genau 2 cm entfernt sind.

3.7 Verschiebung

Entdecken

- Beschreibe den Vorgang des Malers. Erläutere, welche Bedeutung der Klebestreifen und die Markierungen für ihn haben.
- Entwirf mit einer Papierschablone ein ähnliches Bandornament.

Verstehen

Neben der Achsensymmetrie und der Punktsymmetrie kennst du aus der Grundschule mit der Verschiebung noch eine weitere Symmetrieart.

> **Merke**
>
> Beim Verschieben von Figuren wird der Weg der Eckpunkte durch **Verschiebungspfeile** gekennzeichnet.
>
>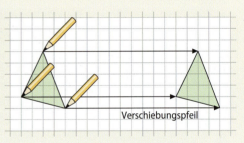
>
> Ist zu einer Figur auch nur ein Verschiebungspfeil gegeben, lässt sich eine Figur parallel verschieben.
>
> Anweisung: 3 Kästchen nach rechts, 4 nach oben
>
>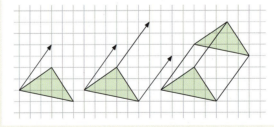

Beispiel

Beschreibe, wie weit die jeweils zusammengehörigen Punkte verschoben wurden.

Lösung:
Im Viereck ABCD wurde jeder Punkt jeweils 7 Kästchen nach rechts und 2 Kästchen nach oben verschoben.

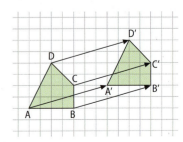

Geometrische Grundbegriffe

Nachgefragt

- Begründe: Man benötigt bei einer Verschiebung nur einen Verschiebungspfeil.

Aufgaben

1 Zeichne ab und verschiebe die Figur entsprechend. Gib eine Anweisung und die Koordinaten der Eckpunkte der verschobenen Figur an.

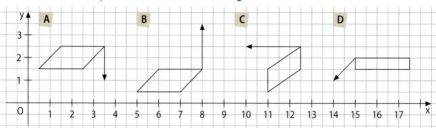

2 a) Gib die Anweisung der Verschiebung an.
b) Übertrage die Figuren in dein Heft und verschiebe jede Figur um 3 Kästchen nach rechts und 2 Kästchen nach oben.
c) Verschiebe jede Figur um 2 Kästchen nach rechts, so dass ein Muster entsteht.

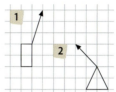

3 Zeichne ein Dreieck ABC mit A(1|1), B(3|1) und C(2|3). Verschiebe es vier Kästchen nach rechts und drei Kästchen nach oben. Trage zwischen den Eckpunkten die Verschiebungspfeile ein. Lies die Koordinaten des verschobenen Dreiecks ab.

4

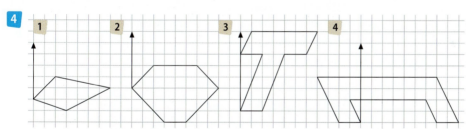

a) Übertrage die Figuren in dein Heft und führe die Verschiebung aus.
b) Beschreibe jeweils den optischen Eindruck, den du durch die Verschiebung erhälst.

5 Gib jeweils Figuren an, die durch eine Verschiebung entstanden sein können. Gib die zugehörige Anweisung der Verschiebung an.

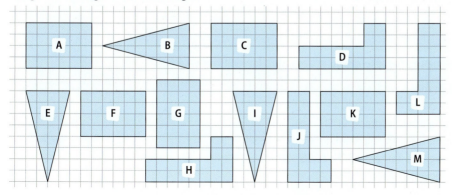

3.8 Vierecke in der Ebene

Entdecken

- Falte jeweils ein DIN-A4 Blatt zweimal in der Mitte, sodass ein kleines Rechteck entsteht. Schneide von einem solchen Rechteck jeweils wie in den Beispielen entlang der gestrichelten Linie einen Teil weg. Entfalte das Blatt und beschreibe die entstandene Figur. Benenne Eigenschaften.

Vorbereitung:

a) 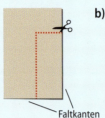 b)  c)  d)

Verstehen

Du kennst bereits verschiedene Vierecke. **Besondere Vierecke** können anhand ihrer Seitenlängen und der Lage ihrer Seiten voneinander unterschieden werden.

Merke

Bezeichnungen am Viereck: Eckpunkte und Seiten gegen den Uhrzeigersinn.

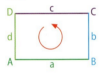

Ein **Quadrat** ist ein Viereck, in dem die vier Seiten gleich lang sind und angrenzende Seiten orthogonal zueinander stehen.

Ein **Rechteck** ist ein Viereck, in dem die gegenüberliegenden Seiten jeweils gleich lang sind und parallel zueinander liegen. Angrenzende Seiten stehen orthogonal zueinander.

Eine **Raute** ist ein Viereck, in dem jeweils gegenüberliegende Seiten parallel zueinander und alle vier Seiten gleich lang sind.

Ein **Parallelogramm** ist ein Viereck, in dem die jeweils gegenüberliegenden Seiten parallel (und auch gleich lang) zueinander sind.

Ein **Trapez** ist ein Viereck, bei dem ein Paar gegenüberliegender Seiten parallel zueinander ist.

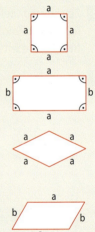

Beispiel

Benenne Vierecke, die du in der abgebildeten Figur erkennst.

Lösung:
mögliche Quadrate: BJIH; JDFI
mögliches Rechteck: BDFH
mögliche Parallelogramme: CEFB; HDEG
mögliche Rauten: ABKH; ACEG
mögliche Trapeze: HDEF; ABDH

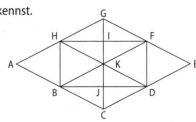

Geometrische Grundbegriffe

> **Nachgefragt**
> - Benenne gemeinsame Eigenschaften von Raute und Quadrat.
> - Begründe: Ein Quadrat ist auch ein Rechteck.
> - Erkläre, ob jedes Rechteck auch ein Parallelogramm ist.

Aufgaben

1 Überprüfe, ob es sich bei der Figur um ein besonderes Viereck handelt und benenne es.

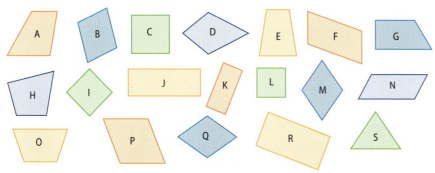

2 Suche Gegenstände in deiner Umgebung, in denen du folgende besondere Vierecke erkennst:
   a) Rechteck   **b)** Quadrat   **c)** Parallelogramm   **d)** Raute   **e)** Trapez

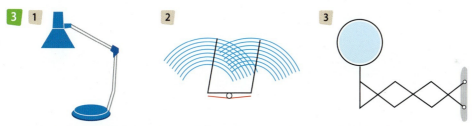

Beschreibe, welche besonderen Vierecke du in den Gegenständen erkennst.

4 Benenne besondere Vierecke, die du in der abgebildeten Figur erkennst.

  a)   **b)**   **c)**

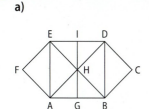 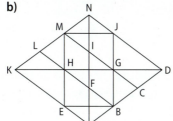 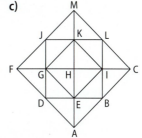

5 Gib an, auf welche besondere Vierecke die Aussage zutrifft. Das Viereck hat …
  a) genau zwei parallele Seiten.   **b)** vier gleich lange Seiten.
  c) genau ein Paar gleich langer Seiten.   **d)** zwei Paar gleich langer Seiten.
  e) vier rechte Winkel.   **f)** vier rechte Winkel und vier gleichlange Seiten.

3.8 Vierecke in der Ebene

Alles klar?

6 Zeichne die Vierecke mit den angegebenen Eckpunkten in ein Koordinatensystem (Einheit: 1 Kästchen). Benenne das Viereck, das du erhälst.
- **a)** A(6|1); B(11|2); C(12|7); D(7|6)
- **b)** E(6|3); F(10|1); G(13|7); H(9|9)
- **c)** I(1|2); J(8|2); K(10|6); L(3|6)
- **d)** M(1|1); N(5|1); O(5|4); P(1|4)
- **e)** Q(0|1); R(3|2); S(3|5); T(0|6)
- **f)** U(0|3); V(3|1); W(5|2); X(2|4)

7 Begründe: Jedes Rechteck ist zugleich auch ein Trapez.

Findest du mehrere Möglichkeiten?

8 Finde in dem Muster möglichst viele besondere Vierecke und benenne sie.
Beispiele:
Die braune Figur ist ein …
Die braune Figur und die grüne Figur bilden zusammen ein …

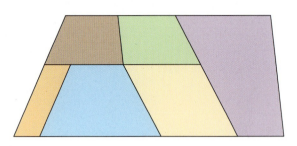

9 Übertrage ins Heft und ergänze zu einem Parallelogramm.

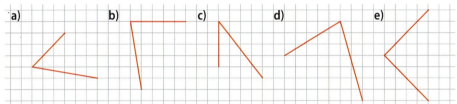

Weiterdenken

Die Verbindungsstrecke gegenüberliegender Eckpunkte in einem Viereck nennt man **Diagonale**.

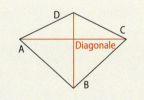

10 Wie verhalten sich die Diagonalen zueinander in den unterschiedlichen Vierecken? Übertrage die Tabelle ins Heft, ergänze die Spalte der Vierecke und kreuze die richtigen Eigenschaften an. Finde jeweils eine Begründung für die Eigenschaft.

	Die Diagonalen …		
	sind gleich lang.	halbieren sich.	stehen senkrecht zueinander.
Quadrat			
Rechteck			
Raute			
…			

11 Beschreibe jeweils dein Vorgehen beim Zeichnen.
a) Zeichne ein Quadrat, dessen Diagonalen 50 mm lang sind.
b) Zeichne ein Parallelogramm, dessen Diagonalen 5 cm und 7 cm lang sind.
c) Zeichne eine Raute, deren Diagonalen 6 cm und 8 cm lang sind.

Tipp: Beginne mit den Diagonalen.

12 Zeichne die Punkte A, B und C in ein Koordinatensystem (Einheit 1 cm) und ergänze …
① zu einem Parallelogramm. ② zu einem Trapez.
Gib die Koordinaten des fehlenden Eckpunktes D an.
a) A(8|1); B(10|1); C(12|5) b) A(1|2); B(3|0); C(7|2)

Findest du mehrere Möglichkeiten?

13 a) Zeichne ein Rechteck mit den Seitenlängen 5 cm und 8 cm. Verbinde die Mittelpunkte der Seiten der Reihe nach. Beschreibe das entstandene Viereck.
b) Überprüfe, welche Vierecke in a) entstehen, wenn du als Ausgangsfigur ein Quadrat (ein Parallelogramm) zeichnest.

*Der Mittelpunkt M einer Strecke halbiert die Strecke.
Beispiel:*

14 a) Zeichne das Viereck ABCD mit A(6|1), B(10|3), C(8|8) und D(0|8) in ein geeignetes Koordinatensystem. Markiere die Mittelpunkte der Seiten und benenne sie mit E, F, G, H. Benenne das Viereck, das durch diese Mittelpunkte gebildet wird.
b) Wiederhole die Teilaufgabe a) mit dem Viereck ABCD, das die folgenden Koordinaten hat: A(1|2), B(11|2), C(11|6) und D(1|6). Was stellst du fest? Gib an, welches Viereck dabei entsteht.
c) Formuliere eine Vermutung und überprüfe sie an weiteren Vierecken. Du kannst sie auch von deiner Nachbarin oder deinem Nachbarn überprüfen lassen.

15 Zeichne die Punkte in ein Koordinatensystem und bestimme die Koordinaten der fehlenden Eckpunkte des Vierecks.

Viereck	a) Quadrat	b) Rechteck	c) Raute	d) Parallelogramm
Koordinaten	A(3|4); B(7|4)	A(1|3); B(8|3); C(8|7)	A(2|3); C(8|3); D(5|5)	A(5|6); C(11|3); D(9|9)

Beachte den Umlaufsinn zur Bezeichnung der Eckpunkte (S. 100).

16 Von einem Viereck ist der Punkt A(5|6) bekannt. Darüber hinaus soll die Länge der Strecke $\overline{AB}$ gleich 2 cm sein. Begründe jeweils, dass es mehrere Lösungen gibt.
a) Zeichne das Viereck so, dass ein passendes Quadrat entsteht.
b) Zeichne das Viereck so, dass ein passendes Rechteck entsteht.
c) Zeichne das Viereck so, dass ein passendes Parallelogramm entsteht.

17 Untersuche Dreiecke: Zeichne ein Koordinatensystem und trage darin das Dreieck ABC mit A(1|4), B(3|2) und C(4|5) ein. Führe die folgenden Spiegelungen hintereinander aus und beschreibe die Auswirkung der Spiegelungen auf die Gesamtfigur.
a) Spiegle das Dreieck …
 ① zunächst an der Geraden g durch die Punkte D(0|10) und E(10|0),
 ② danach an der Parallelen zu g durch F(9|3).
b) Spiegle das Dreieck …
 ① zunächst an der Geraden h, die parallel zur y-Achse durch den Punkt G(2|0) verläuft,
 ② danach an der Orthogonalen zu h durch den Punkt H(2|5).

3 Trainingsrunde: Differenziert

Die folgenden Aufgaben behandeln alle Themen, die du in diesem Kapitel kennengelernt hast. Auf dieser Seite sind die Aufgaben in zwei Spalten unterteilt. Die **grünen** Aufgaben auf der linken Seite sind etwas einfacher als die **blauen** auf der rechten Seite. Entscheide bei jeder Aufgabe selbst, welche Seite du dir zutraust!

1 Zeichne zwei Geraden g und h, die sich in einem Punkt Z schneiden.
a) Beschreibe die Lage aller Punkte, die von der Geraden g den Abstand 2 cm haben.
b) Beschreibe die Lage aller Punkte, die von der Geraden h den Abstand 3 cm haben.
c) Bestimme die Anzahl der Punkte, die beide Bedingungen erfüllen.

Zeichne zwei parallele Geraden g und h mit dem Abstand 2 cm.
a) Beschreibe die Lage aller Punkte, die von g und h den gleichen Abstand haben.
b) Beschreibe die Lage aller Punkte, die von g den Abstand 3 cm und von h den Abstand 5 cm haben.
c) Gibt es Punkte, die von h den Abstand 4 cm haben und von g den Abstand 1 cm? Begründe.

2 Übertrage jeweils die Figur in dein Heft und vervollständige sie zu einer achsensymmetrischen Figur.

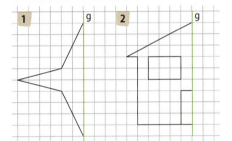

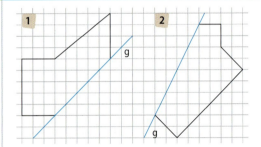

3 Zeichne das Viereck ABCD mit A(2|3), B(5|3), C(7|4), D(4|4) in ein Koordinatensystem und gib die Koordinaten der Bildpunkte an, wenn du …
a) eine Punktspiegelung an C durchführst.
b) eine Achsenspiegelung an der Geraden durch P(7|0) und Q(7|6) vornimmst.

Zeichne die Figur ALFRED mit A(1|2), L(5|2), F(7|4), R(5|6), E(1|6) und D(2|4) in ein Koordinatensystem und gib die Koordinaten der Bildpunkte an, wenn du …
a) eine Punktspiegelung an F durchführst.
b) eine Achsenspiegelung an der Geraden FR vornimmst.

4

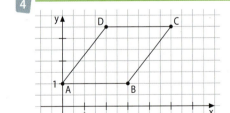

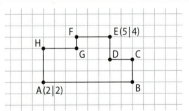

a) Bestimme die Koordinaten aller Eckpunkte des Parallelogramms ABCD.
b) Gib die Koordinaten der Punkte an, deren x-Koordinate den Wert 2 hat und die innerhalb von ABCD liegen.

a) Trage die x- und die y-Achse ein. Bestimme dann die Koordinaten der restlichen Punkte.
b) Beschreibe die Lage aller Punkte, deren Koordinaten den Summenwert **1** 6, **2** 9, **3** 12 haben.

Trainingsrunde: Kreuz und Quer

Geometrische Grundbegriffe

1

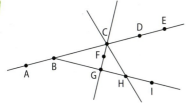

a) Gib je drei Strecken, Strahlen und Geraden an, die du in der Zeichnung findest.
b) Miss die Länge der Strecken $\overline{AC}$, $\overline{BI}$, $\overline{CH}$ und $\overline{CE}$.
c) Gib für die Gerade durch die Punkte A und C verschiedene Bezeichnungen an.

2 a) Zeichne ein mathematisches Schneckenhaus. Übertrage dazu die Figur in dein Heft und setze das Muster weiter fort.

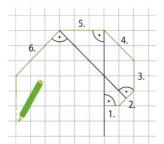

b) Bestimme die Strecken in dem Schneckenhaus, die **1** parallel, **2** orthogonal zueinander sind.

3 Übertrage jede Abbildung in dein Heft. Färbe hierauf zusätzlich jeweils möglichst wenige der kleinen weißen Quadrate so, dass …
1 eine achsensymmetrische Figur,
2 eine punktsymmetrische Figur entsteht.
Trage jeweils deren Symmetrieachsen bzw. Symmetriezentren ein.

a)   b)

c)   d)

4 Zeichne das Dreieck ABC mit A(2|2), B(5|1) und C(2|6) in ein Koordinatensystem. Die Symmetrieachse geht durch die Punkte P(7|0) und Q(7|8). Führe eine Achsenspiegelung aus und gib die Koordinaten der Bildpunkte an.

5 Zeichne die achsensymmetrische Figur in dein Heft und ergänze sie dann dort zu einer punktsymmetrischen Figur mit Zentrum Z.

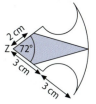

6 Gib die Koordinaten der markierten Punkte an.

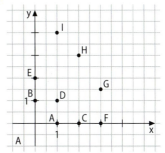

7

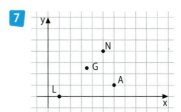

a) Übertrage die Zeichnung in dein Heft. Zeichne einen Punkt D so ein, dass ein Parallelogramm LAND entsteht.
b) Der Punkt A hat die Koordinaten A(6|1).
1 Beschrifte die Einheiten auf den Koordinatenachsen.
2 Gib die Koordinaten von L, N, D und G an.
c) Zeichne eine Gerade durch G, die orthogonal (parallel) zu $\overline{LA}$ verläuft. Bestimme den Abstand von G zu $\overline{LA}$.

8 Veranschauliche durch eine Zeichnung und beschreibe jeweils, wo alle Punkte liegen, …
a) deren y-Koordinate 0 ist.
b) deren x-Koordinate 2 und deren y-Koordinate größer als 4 ist.
c) deren x-Koordinate mindestens 3 ist.

9 Trage die acht Punkte P(1|0), Q(0|1), R(3|5), S(0|6), T(7|4), U(7|6), V(7|8) und W(3|8) in ein Koordinatensystem ein. Zeichne die Geraden PT, QU, RV und SW und stelle mithilfe des Geodreiecks fest, welche Geraden parallel zueinander sind.

3 Trainingsrunde: Kreuz und quer

10 a) Übertrage ins Heft und ergänze zu einer punktsymmetrischen Figur.
b) Verschiebe jede Figur nach dem abgebildeten Verschiebungspfeil. Beschreibe die Verschiebung.

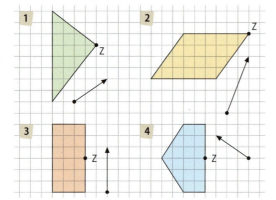

11 Welches besonderes Viereck bin ich?

a) **WANTED** Meine vier Seiten sind gleich lang und meine Diagonalen stehen orthogonal zueinander.

b) **WANTED** Je zwei meiner Seiten sind parallel. Meine beiden Diagonalen sind gleich lang.

c) **WANTED** Ich besitze vier Symmetrieachsen.

d) **WANTED** Ich habe nur zwei zueinander parallele Seiten.

12 a) Zeichne eine Raute, die kein Quadrat ist.
b) Zeichne ein Parallelogramm, das kein Rechteck ist.
c) Zeichne ein Rechteck, das kein Quadrat ist.

13 Von einem Viereck ABCD ist der Punkt A (5|6) bekannt. Darüber hinaus gilt: $\overline{AB}$ = 2 cm. Zeichne das Viereck so, dass ein passendes Quadrat (Rechteck, Parallelogramm) entsteht.

14 Übertrage die Figuren in dein Heft und ergänze sie an der gegebenen Symmetrieachse zu einer achsensymmetrischen Figur.

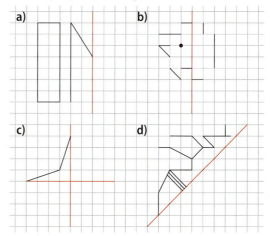

15 Vierecke werden oft in Wappen oder Logos verwendet.
a) Beschreibe die verwendeten Vierecke. Kennst du auch die Sportvereine? Nenne sie.

MK b) Medien und Werkzeuge: Gehe selbst auf Entdeckungsreise (Internet, Bücher, usw.) und suche weitere Vereine, die Vierecke in ihren Wappen verwenden und beschreibe sie.

16 Zeichne die Punkte P (2|8) und Q (7|3) in ein Koordinatensystem ein.
a) Zeichne die Gerade g durch P und Q ein und gib die Schnittpunkte dieser Geraden mit den Koordinatenachsen an.
b) Zeichne durch den Punkt R (6|8) die zu g orthogonale Gerade ein.
  1 Gib die Koordinaten des Schnittpunktes S der beiden Geraden an.
  2 Miss den Abstand d (R; g).
c) Zeichne durch den Punkt R die zu g parallele Gerade.
d) Zeichne durch den Punkt Q die zu g orthogonale Gerade ein.
f) Was für ein Viereck erkennst du nun?

Geometrische Grundbegriffe

17 a) Welche Koordinaten benötigst du, um die Hütte nachzeichnen zu können? Gib sie an.

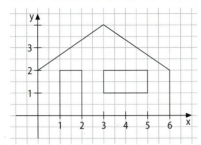

b) Entwirf selbst Häuser, die man in einem Koordinatensystem anhand von Punkten nachzeichnen kann. Lass die Figuren von einer Partnerin oder einem Partner zeichnen.

18 Übertrage die Geraden g und h anhand der markierten Punkte in dein Heft. Zeichne anschließend alle Punkte ein, die von beiden Geraden einen Abstand von 2 cm (3 cm; 4 cm) besitzen. Beschreibe die Auffälligkeiten.

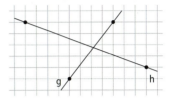

Die Punkte müssen „zwischen" den beiden Geraden liegen.

Alltag

Amerikanische Verhältnisse

In Amerika sind viele Städte „am Reißbrett" entworfen worden.
- Beschreibe, was das bedeutet.

Die Abbildung zeigt einen Ausschnitt des Stadtplans von New York.
- Wähle geeignete Einheiten der Koordinatenachsen.
- Beschreibe damit den angegebenen Weg vom Standort zum Ziel.
- Gib die Koordinaten an, an denen man die Richtung ändert.
- Finde einen Weg vom Standort zum Ziel, bei dem du 1 (5; 7) Richtungsänderungen hast.
- Beschreibe den Weg vom Standort zum Rockefeller Center (The Pond, Grand Central Terminal).
- Beschreibe den Verlauf des Broadway auf der Karte.

3 Am Ziel

Aufgaben zur Einzelarbeit

1 **Teste dich!** Bearbeite dazu die folgenden Aufgaben und bewerte die Lösungen mit einem Smiley.

2 Hinweise zum Nacharbeiten findest du auf der folgenden Seite, die Lösungen findest du im Anhang.

---

1 Benenne möglichst viele verschiedene Geraden, Halbgeraden und Strecken.

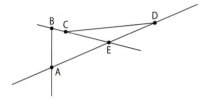

2 Überprüfe, welche Geraden orthogonal bzw. parallel zueinander sind.

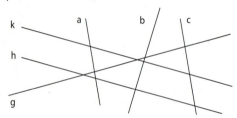

3 Übertrage ins Heft und bestimme die Abstände der Punkte A bis F von der Geraden g.

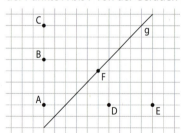

4 Zeichne parallele Geraden mit dem Abstand
 a) 2 cm.   b) 3 cm 8 mm.   c) 75 mm.

5 Ergänze zu einer achsensymmetrischen Figur.

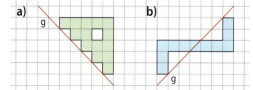

6 Ergänze zu einer in Z punktsymmetrischen Figur.

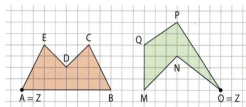

7 Gib die Koordinaten der Punkte an.

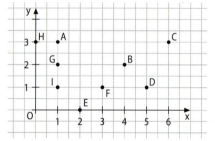

8 Vervollständige zu einem Parallelogramm. Erkennst du ein besonderes Parallelogramm?

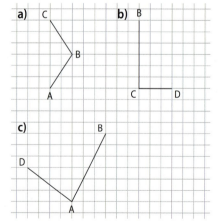

9 Zeichne ein beliebiges Dreieck und verschiebe es entsprechend der Anweisung:

> 5 Kästchen nach rechts und 2 Kästchen nach unten.

Geometrische Grundbegriffe

10 Übertrage die Punkte A (2|3), B (4|3), C (3|6), Z (5|3) und P (5|7) in ein Koordinatensystem.
   a) Ergänze einen Punkt D so, dass ABCD ein Parallelogramm ergibt.
   b) Spiegele das Parallelogramm einmal an Z und einmal an der Geraden durch ZP.
   c) Ergänze einen Punkt R so, dass aus einigen der Spiegelpunkte eine Raute entsteht. Gib die Koordinaten der Punkte der Raute an.

11 Zeichne **1** 3 **2** 4 **3** 5 **4** 6 verschiedene Punkte beliebig in dein Heft.
   a) Gib an, wie viele unterschiedliche Strecken du zwischen den Punkten zeichnen kannst. Überprüfe anschließend.
   b) Versuche, Zusammenhänge zwischen der Anzahl der Punkte und Strecken zu erkennen. Überprüfe deine Vermutungen an weiteren Beispielen.

Aufgaben für Lernpartner

1 Bearbeite diese Aufgaben zuerst alleine.

2 Suche dir einen Partner und erkläre ihm deine Lösungen. Höre aufmerksam und gewissenhaft zu, wenn dein Partner dir seine Lösungen erklärt.

3 Korrigiere gegebenenfalls deine Antworten und benutze dazu eine andere Farbe.

Sind folgende Behauptungen **richtig** oder **falsch**? Begründe.

A Eine Gerade besitzt keine Länge.

B Der Punkt P (4|0) liegt auf der y-Achse.

C Die Reihenfolge der Koordinaten spielt beim Einzeichnen eines Punktes in ein Koordinatensystem keine Rolle.

D In einer Raute stehen die Diagonalen stets senkrecht zueinander.

E a) Jede Raute ist ein Parallelogramm.
   b) Jedes Quadrat ist eine Raute.
   c) Jedes Parallelogramm ist ein Rechteck.
   d) Jedes Rechteck ist eine Raute.

F In einer achsensymmetrischen Figur liegen ein Punkt und sein Symmetriepunkt immer auf einer Geraden, die orthogonal zu der Symmetrieachse steht.

G Bei einer punktsymmetrischen Figur hat ein Punkt den gleichen Abstand zum Symmetriezentrum wie sein Bildpunkt.

H Ein Rechteck besitzt vier Symmetrieachsen.

I Bei einer Verschiebung verlaufen alle Verschiebungspfeile parallel zueinander.

Ich kann …	Aufgabe	Hilfe	Bewertung
Geraden, Halbgeraden und Strecken unterscheiden.	1, 11, A	S. 78	☺ 😐 ☹
orthogonale und parallele Geraden überprüfen und zeichnen.	2, 4, D	S. 80	☺ 😐 ☹
Abstände bestimmen.	3, C	S. 84	☺ 😐 ☹
Figuren zu symmetrischen Figuren erweitern.	5, 6, 9, F, G, H, I	S. 86, 90	☺ 😐 ☹
Punkte im Koordinatensystem ablesen und zeichnen.	7, 10, B, C	S. 94	☺ 😐 ☹
Vierecke zeichnen und Ihre Eigenschaften erkennen.	8, 10, D, E	S. 100, 102	☺ 😐 ☹

3 Auf einen Blick

Seite 78

Geradlinige Verbindungen

1. **Strecke $\overline{AB}$:** Anfangs- und Endpunkt
2. **Gerade AB:** kein Anfangspunkt, kein Endpunkt
3. **Halbgerade/Strahl $\overrightarrow{AB}$:** Anfangspunkt, aber kein Endpunkt

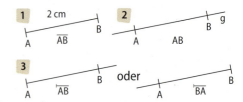

Seite 80

Orthogonal und parallel

Zwei Geraden stehen **orthogonal** zueinander, wenn sie sich unter einem rechten Winkel schneiden.

Zwei Geraden, die eine gemeinsame orthogonale (senkrechte) Gerade haben, liegen **parallel** zueinander.

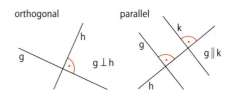

Seite 84

Abstand bestimmen

Die **kürzeste Entfernung** zwischen einem Punkt und einer Geraden ist diejenige Strecke, die von dem Punkt aus **orthogonal** zu der Geraden steht.

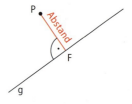

Seite 86, 90

Achsen- und Punktsymmetrie

Eine Figur ist **achsensymmetrisch**, wenn man sie so falten kann, dass beide Hälften genau aufeinanderfallen. Eine Figur, die bei einer Halbdrehung um einen Punkt Z mit sich zur Deckung gebracht wird, nennt man **punktsymmetrisch zu Z**.

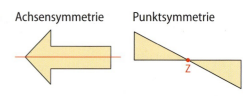

Seite 94

Koordinatensystem

Das **Koordinatensystem** besteht aus zwei zueinander senkrechten Halbgeraden (x-Achse und y-Achse), die sich im **Ursprung O** schneiden. Mithilfe der beiden Achsen kann man die Lage eines Punktes P (x-Koordinate | y-Koordinate) durch ein Zahlenpaar (Koordinaten) eindeutig angeben.

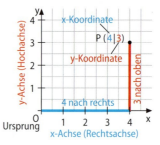

Koordinaten werden immer vom Ursprung O (0 | 0) aus angegeben.
P (4 | 3) bedeutet: Der Punkt P besitzt die Koordinaten 4 und 3.

Einstieg
- Betrachte das Bild. Gib an, wie hoch der Baum sein könnte.
- Bäume produzieren das Gas Sauerstoff. Recherchiere, wie viel Kilogramm (Liter) Sauerstoff ein Baum ungefähr produziert.

Rechnen mit Größen

Ausblick

Am Ende dieses Kapitels hast du gelernt, …
… was eine Größe ist und wie man Größen **messen** kann.
… wie man die unterschiedlichen Einheiten einer Größe **umrechnet**.
… wie man mit verschiedenen Größen wie Länge, Masse, Zeit oder Geld **rechnen** kann.
… wie man mit **Maßstäben** umgeht.

4 Startklar

Vorwissen

Größen erkennen

Im Alltag verwenden wir in vielen Situationen Größen. Eine **Größe** ist eine sogenannte „benannte Zahl", bei denen Zahlen (Maßzahl) mit Einheiten (Maßeinheit) verbunden werden. Die Einheiten haben eine konkrete Bedeutung im Alltag.
Beispiel: 1 m
Im Alltag gibt es viele Größen, beispielsweise Längen, Massen, Zeit und Geld.

Beispiele für Längen im Alltag:

Breite eines Kleinwagens:
1 m 65 cm

Höhe eines Marmeladenglases:
12 cm

Größen messen

Im Alltag haben wir verschiedene Messinstrumente, um Größen zu messen. Je nach Messinstrument können wir eine Größe feiner oder gröber messen.
Je nachdem, was man messen möchte, stehen unterschiedliche Messinstrumente zur Auswahl. Zur Zeitmessung nimmt man Uhren, zur Bestimmung der Masse Waagen usw.

Beispiele für Messinstrumente von Längen:

Maßband   Messrad

Lineal

Größen vergleichen

In Bildern oder Zeichnungen können wir oftmals die tatsächliche Größe nicht ablesen. Dafür suchen wir uns dann in dem Bild oder der Zeichnung bekannte Vergleichsgrößen, die wir kennen.
Man überlegt sich zunächst, welchen Wert die Vergleichsgröße hat. Im Beispiel rechts kann man beispielsweise die Größe des Mannes auf 1 m 80 cm schätzen. Dann vergleicht man die Größe mit der gesuchten Größe, hier die Schaufel des Baggers.
So erhält man einen guten Schätzwert. Je genauer man schätzt, desto besser stimmt der Wert mit dem tatsächlichen Wert überein.

Beispiel:

Die Höhe der Baggerschaufel können wir mithilfe der Größe des Mannes abschätzen, der in ihr steht. Die Schaufel ist ungefähr 2-mal so hoch wie der Mann und hat daher eine geschätzte Höhe von 3 m 60 cm.

Rechnen mit Größen

Vorwissentest

 **Teste dich!** Schau dir dazu zunächst die bereits bekannten Inhalte auf der linken Seite an. Bearbeite die Aufgaben und bewerte deine Lösungen. Die Ergebnisse findest du im Anhang.

1 Gib Einheiten an, die du kennst, um …
  a) den Wert von Gegenständen anzugeben.
  b) Entfernungen anzugeben.
  c) anzugeben, wie schwer ein Gegenstand ist.
  d) Zeitangaben zu machen.

2 a) Nenne Beispiele aus dem Alltag, die …
  ① 1 m lang sind.   ② 1 kg wiegen.   ③ 1 Stunde dauern.   ④ 1 € kosten.
  b) Finde auch für andere Einheiten ebenso Beispiele aus dem Alltag.

3 Schätze zunächst die Länge der Gegenstände und miss dann mit einem geeigneten Messinstrument nach.

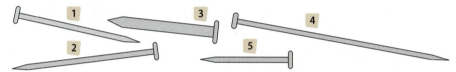

4 Nenne verschiedene Messgeräte aus deiner Umwelt, mit denen du
  a) Längen   b) Massen   c) Zeitdauern   misst.
  Nenne verschiedene Einsatzmöglichkeiten für jedes Messinstrument.

5 In den Bildern sind Gebäudeteile, Gegenstände und Markierungen zu sehen.
  Bestimme mit diesen Hilfen so genau wie möglich …
  a) die Länge der Fabrikhalle.
  b) die Entfernung der Fußgängerin zur Brücke.

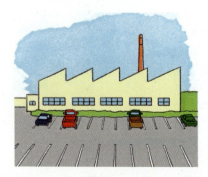 

Ich kann …	Aufgabe	Bewertung
Einheiten von Größen mit Beispielen aus dem Alltag verbinden.	1, 2	☺ 😐 ☹
Messinstrumente von Größen und ihre Einsatzmöglichkeiten beschreiben.	3, 4	☺ 😐 ☹
Größen in Bildern und Zeichnungen abschätzen.	5	☺ 😐 ☹

4 Entdecken

Du weißt bereits, dass wir heute zum Messen von Längen die Grundeinheit Meter verwenden, die wir dann weiter verfeinern (Dezimeter, Zentimeter, …) oder vergröbern (Kilometer). Doch seit wann messen wir denn mit diesen Einheiten?

Medien & Werkzeuge

Im Jahre 1790 legte die französische Akademie der Wissenschaften unter anderem die Grundeinheiten für Länge, Masse und Zeit im Auftrag der Nationalversammlung fest. Dabei sollten die Einheiten auf Größen in der Natur zurückgeführt werden.
Erst seit 1889 wurden diese Einheiten auf einer internationalen Konferenz als Standardeinheiten anerkannt und werden seitdem verwendet.

- Informiere dich im Internet, auf welche Größen aus der Natur die Grundeinheiten damals und heute zurückgeführt werden. Präsentiere die Ergebnisse in deiner Klasse.
- Finde heraus, weshalb es notwendig war, die Grundeinheiten festzulegen.

Messen einmal anders

Wir können verschiedene „Messinstrumente" verwenden um Längen zu messen. Dabei müssen die Messinstrumente immer nur gleichartig sein.

a) Schätze und miss mit verschiedenen Hilfsmitteln (z. B. Stift, Fuß, Handfläche) Gegenstände im Klassenzimmer aus. Übertrage dazu die Tabelle in dein Heft.

Messinstrument	Stift	Fuß	…
Breite der Tafel	24-mal		
Breite des Klassenzimmers			
Länge des Tisches			
Höhe der Tür			

b) Vergleiche deine Ergebnisse mit denen eines Partners oder einer Partnerin.
c) Beschreibe, wie du messen musst, damit du dasselbe Ergebnis bekommst wie dein Partner oder deine Partnerin.

Messen auf verschiedene Arten

Rechnen mit Größen

Messinstrumente untersuchen

Sicherlich seid ihr bei einigen Messinstrumenten zu einem gleichen Ergebnis gekommen, bei einigen anderen nicht.

a) Beschreibe, woran das liegen kann.
b) Beschreibe stichpunktartig, wie ein Messinstrument aussehen muss, damit es zuverlässige Ergebnisse liefert, egal, wer es nutzt.
c) Einigt euch in der Klasse auf ein Messinstrument, mit dem ihr künftig Längen messen wollt. Welche Probleme tauchen dabei auf? Begründe, dass es nicht sinnvoll ist, ein eigenes Messinstrument und eine eigene Längeneinheit festzulegen.

Geschichte

Alte Längenmaße

Wie sah es eigentlich früher aus?

Früher verwendete man Längenmaße, die sich meist aus Körperteilen ergaben: Zoll, Spanne, Elle, Klafter oder Fuß. Die Umrechnung der Maße war nicht einfach:

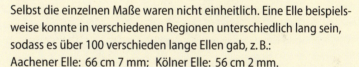

Selbst die einzelnen Maße waren nicht einheitlich. Eine Elle beispielsweise konnte in verschiedenen Regionen unterschiedlich lang sein, sodass es über 100 verschieden lange Ellen gab, z. B.:
Aachener Elle: 66 cm 7 mm; Kölner Elle: 56 cm 2 mm.

Historische Längenmaße halten sich erstaunlich lange: Die Diagonale eines Monitors ist z. B. 17 Zoll lang, Fahrradreifen haben einen Durchmesser von 26 Zoll, Flugzeuge fliegen 12 000 Fuß hoch und ein Fußballtor ist 24 Fuß lang und 8 Fuß hoch, ...

- Beschreibe Probleme, die sich aus den unterschiedlichen Maßen früher ergaben.
- Auf Marktplätzen, an Rathäusern oder an Kirchen wurde früher oftmals das örtliche Fuß- oder Ellenmaß angebracht. Finde eine Erklärung hierfür.

4

4.1 Längen

Entdecken

Bei Längenmessungen hat man früher verschiedene Messinstrumente mit unterschiedlichen Einteilungen verwendet. Auf diese Art ist es oftmals schwer, die Ergebnisse miteinander zu vergleichen.

- Beschreibe Ursachen für diese Probleme und wie man diese gelöst hat.

Verstehen

Längen kann man immer mit einer vorgegebenen Grundeinheit messen. Als Grundeinheit wurde früher z. B. die Elle oder der Fuß genommen, heute verwendet man den Meter.

Merke

Die **Länge** einer Strecke wird durch die **Maßzahl** und die **Maßeinheit** dargestellt.

→ 3 m ←

Erklärvideo

Mediencode 61165-17

Umrechnungszahlen: 1000, 10, 10, 10

1 km = 1000 m | 1 m = 10 dm | 1 dm = 10 cm | 1 cm = 10 mm | 1 mm

kurzer Spaziergang | großer Schritt | „U" mit der Hand | 2 Kästchen Karopapier | Breite eines i-Punkts

1 Kilometer = 1000 Meter
1 Meter = 10 Dezimeter
1 Dezimeter = 10 Zentimeter
1 Zentimeter = 10 Millimeter

Vor dem **Rechnen** werden alle Größen zunächst in dieselbe **Einheit** umgewandelt.

Die Wortteile bedeuten:
dezi: geteilt durch 10
zenti: geteilt durch 100
milli: geteilt durch 1000
kilo: mal 1000

Beispiele

I. Wandle die Längenangaben in die in Klammern angegebene Einheit um. Nutze eine Einheitentafel.

a) 12,39 m (cm)   b) 502 km 76 m (km)   c) 1098 mm (dm)

Lösung

	km			m			dm	cm	mm	
	100	10	1	100	10	1				
a)						1	2	3,	9	12,39 m = 1239 cm
b)	5	0	2,	0	7	6				502 km 76 m = 502,076 km
c)							1	0,	9	8	1098 mm = 10,98 dm

Das Komma in Größenangaben trennt die größere von der nächstkleineren Einheit.

Rechnen mit Größen

II. a) Wandle 954 000 mm schrittweise in m um.
   b) Gib 730 000 000 m in km an. Schreibe das Ergebnis auch mithilfe von Zehnerpotenzen.

Lösung:
a) 954 000 mm = 95 400 cm = 9540 dm = 954 m
b) 730 000 000 m = 730 000 km = 73 · 10 000 km = 73 · 10^4 km

III. Ellie und Pia kaufen zwei 15-m-Geschenkbandrollen zum Basteln von Schleifen.
   a) Berechne, wie viele 30-cm-Streifen Ellie aus einer der Rollen erhält.
   b) Pia hat aus der anderen Geschenkbandrolle 75 gleich lange Streifen geschnitten.
   Ermittle, wie lang jeder dieser Streifen ist.
   c) Ellie hat eine Schleife aus vier 30-cm-Geschenkbandstreifen gebastelt.
   Gib an, aus wie vielen Zentimetern Geschenkband die Schleife besteht.

Lösung:
a) 15 m = 1500 cm   1500 cm : 30 cm = 50   Ellie erhält 50 Streifen.
b) 1500 cm : 75 = 20 cm   Pia hat 20-cm-Streifen geschnitten.
c) 30 cm · 4 = 120 cm   Die Schleife besteht aus 120 cm Geschenkband.

Nachgefragt

- Richtig oder falsch? Längenangaben in Metern sind immer größer als Längenangaben in Dezimetern.
- 4,3 km ist die verkürzte Kommaschreibweise einer Längenangabe. Erläutere.

Aufgaben

1 a) Zeichne eine 1 dm lange, gerade Linie in dein Heft und markiere daran die Längen 1 cm und 1 mm.
b) Erkläre, inwiefern man in der Zeichnung die Umrechnungszahlen gut sehen kann.

2 Schätze die Längenangaben möglichst genau. Gib jeweils die Maßzahl an.

a)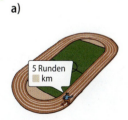
5 Runden
■ km

b)
■ m

c)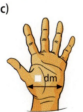
■ dm

d)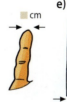
■ cm

e)
■ mm

3 Übertrage die Einheitentafel in dein Heft und vervollständige sie.
Ergänze bei e) auch die fehlende Maßeinheit.

	Länge	km			m			dm	cm	mm	Länge
		100	10	1	100	10	1				
a)	7,06 m						7	0	6	0	7060 mm
b)	15 mm										m
c)	56 819 cm										m
d)	373,2 km										dm
e)	84,37 ■		8	4	3	7	0				m

4.1 Längen

4 Schreibe in der in Klammern angegebenen Längeneinheit.
a) 1,23 m (cm) 24 dm (mm) 0,5 m (dm) 8,09 km (m)
b) 5 m 3 dm (m) 30 km 897 m (km) 7 m 5 cm (m) 0,076 m (mm)
c) 98 cm (m) 245 km 2 m (km) 9 km 802 m 5 dm (km) 388,7 mm (dm)
d) 9 dm 3 cm (m) 6 dm 2 mm (cm) 5 m 2 cm 3 mm (mm) 65 076,7 m (km)

Alles klar?

5 a) Schreibe in der nächstkleineren Einheit.
① 23 cm ② 8 km ③ 16 dm ④ 410 cm ⑤ 198 cm
  4 cm   120 m   35 cm   230 dm   3750 cm

b) Schreibe in der nächstgrößeren Einheit.
① 250 cm ② 6000 m ③ 450 dm ④ 54 300 mm ⑤ 9800 cm
  3000 cm 20 dm   230 cm   101 000 m   1100 dm

6 Beim Umwandeln einer Längenangabe in die nächstgrößere Einheit verschiebt man das Komma von links nach rechts. Stimmt das? Begründe deine Entscheidung.

7 Ordne die Längen der Größe nach. Beginne mit der kleinsten Länge.
a) 15 dm; 20 cm; 35 mm; 1 m; 65 cm b) 23 cm; 2 m; 24 cm; 290 mm; 115 cm
c) 5 dm; 275 mm; 28 cm 5 mm; 730 mm d) 1344 m; 1500 dm; 1 km 30 m; 14 356 cm

8 a) Gib an, welche Maßeinheit am geeignetsten ist, um folgende Längen anzugeben:
Länge eines Zugs, Dicke einer Stecknadelspitze, Entfernung deines Wohnortes von Köln, Wasserstand des Rheins, Dicke eines Smartphones, Länge eines Bleistifts.
b) Finde Gegenstände in deiner Umwelt, die etwa folgende Längen haben.
① 20 cm ② 4 m ③ 200 cm ④ 3 km

9

Mein Schulweg ist 43 376 700 cm lang.

Ich fahre jeden Morgen mit dem Bus 172 534 dm.

Mein Klassenzimmer ist in 6400 mm Höhe über dem Erdboden.

Gib jeweils in einer passenden Eineit an. Runde zunächst geeignet.

10 Wandle in die angegebene Einheit um und notiere mithilfe von Zehnerpotenzen.
a) 90 000 m (km)   b) 4 Milliarden mm (m)
c) 307 Millionen dm (m)   d) 820 000 cm (dm)

11 a) Schätze zuerst, an welchen Stellen des Strahls sich die Buchstaben A bis E befinden. Miss anschließend mit dem Geodreieck nach.
b) Entscheide, welche Entfernungsangaben in der Mitte zwischen $\overline{AB}$, $\overline{AC}$, $\overline{CD}$, ... liegen.

Rechnen mit Größen

12 Manchmal findet man Längen- oder Höhenangaben, die wesentlich genauer sind, als man sie im Alltag normalerweise braucht.
 a) Überlege, wann eine solch präzise Angabe sinnvoll ist und wann nicht. Runde geeignet und gib die Längen in einer günstigen Einheit an.
  1 Die Zugspitze ist nach neuesten Messungen 296 206 cm hoch.
  2 Ein Auto ist 4520 mm lang, 2013 mm breit und 1421 mm hoch.
  3 Der Eiffelturm in Paris ist einschließlich Antenne 32 482 cm hoch.
 MK b) **Medien und Werkzeuge:** Finde weitere solcher Beispiele in Büchern, Internet, … und stelle die Ergebnisse in deiner Klasse vor.

13 Den Abstand von Flügelspitze zu Flügelspitze nennt man bei Vögeln Spannweite.

Vogel	Bienenelfe	Waldkauz	Albatros	Schwarzspecht	Drossel
Spannweite	65 mm	94 cm	3,2 m	79 cm	127 mm

 a) Ordne die Spannweiten der Größe nach. Beginne mit der kleinsten.
 b) Lege ohne zu messen mit einer Schnur die Spannweiten aus. Miss dann nach und beurteile deine Schätzung.

14 Berechne. Wandle zuvor in eine geeignetere kleinere Einheit um.
 a) 15 m – 7,2 m – 2,8 m
 b) 192 m : 12
 c) 37 · 95 dm
 d) 15 · 4 mm + 31 mm
 e) 23 cm + 6 dm – 8 dm
 f) 3,5 km – 1250,5 m – 0,222 km
 g) 97,2 m – 42,235 m – 75,25 dm
 h) 92,7 dm : 0,9 dm
 i) 34 m – (14 dm + 20 cm)
 j) (2,3 dm – 18 cm) + 7 cm · 41

Lösungen zu 14:
5; 16; 3; 18; 91; 292;
328; 2272; 3515;
4744; 20 275
Die Einheiten sind nicht angegeben.

15 Ben hat wie folgt umgerechnet. Erläutere welchen Fehler er gemacht hat und verbessere.

3 km 50 cm = 3,050 km

16 Dominik hat die Weiten seiner Klassenkameraden im Schlagballwettbewerb notiert. Veranschauliche die Ergebnisse mithilfe eines Diagramms. Runde geeignet.

Dominik	Yusuf	Julia	Giuseppe	Marcel	Mia
330 dm	41 m	250 cm	375 dm	28 m	3119 cm

17 Lisa-Marie wohnt 5 km entfernt vom Stadtzentrum, Tina wohnt 3000 m entfernt vom Stadtzentrum. Wie weit wohnen beide voneinander entfernt? Erläutere. Fertige dazu eine Zeichnung an.

18 In der Klasse 5a werden die Schulwege miteinander verglichen: Laura muss 1 km 900 m zur Schule gehen, Görans Weg ist 2600 m länger. Nikos Schulweg ist halb so lang wie der von Samuel. Insgesamt müssen Niko und Samuel 9000 m zurücklegen. Bestimme die Länge der Schulwege von Laura, Göran, Niko und Samuel.
Übertrage das Diagramm ins Heft und ergänze.

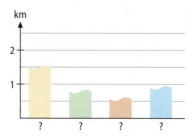

119

4.2 Masse

Entdecken

 *Ich werde Astronautin und fliege zur Raumstation ISS.*

 *Ich fliege mit; Schwerelosigkeit muss super sein.*

- Ist ein Astronaut auf der ISS 0 kg schwer? Was meinst du dazu?
- Im alltäglichen Sprachgebrauch unterscheidet man nicht zwischen Masse und Gewicht. Recherchiere, ob die beiden Begriffe tatsächlich dasselbe bedeuten.

Verstehen

Gramm und Kilogramm sind im Alltag sehr gebräuchliche Masseneinheiten. Es gibt jedoch auch noch größere und kleinere Einheiten, mit denen die Masse angegeben werden kann.

Erklärvideo

Mediencode 61165-18

> **Merke**
>
> Die **Masse** eines Gegenstands wird durch die **Maßzahl** und die **Maßeinheit** beschrieben.
>
> 3 kg
>
> Umrechnungszahlen
>
> 1000 — 1000 — 1000
>
> 1 t = 1000 kg   1 kg = 1000 g   1 g = 1000 mg   1 mg
>
>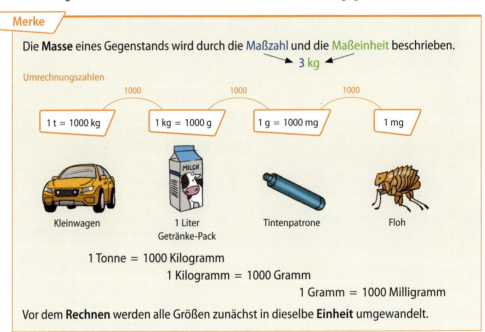
>
> Kleinwagen — 1 Liter Getränke-Pack — Tintenpatrone — Floh
>
> 1 Tonne = 1000 Kilogramm
> 1 Kilogramm = 1000 Gramm
> 1 Gramm = 1000 Milligramm
>
> Vor dem **Rechnen** werden alle Größen zunächst in dieselbe **Einheit** umgewandelt.

Die alten Einheiten „Pfund" und „Zentner" passen nicht in das Umrechnungsschema. Sie sind aber immer noch gebräuchlich:
1 Zentner = 100 Pfund
1 Pfund = 500 g

Beispiele

I. Wandle die Massenangaben in die in Klammern angegebene Einheit um. Nutze eine Einheitentafel.

a) 4000 g (kg)   **b)** 21,967 t (kg)   **c)** 52 g 76 mg (g)   **d)** 1098 mg (g)

Lösung:

	t		kg			g			mg		
	10	1	100	10	1	100	10	1	100	10	1
a)					4,	0	0	0			
b)	2	1,	9	6	7						
c)						5	2,	0	7	6	
d)								1,	0	9	8

a) 4000 g = 4 kg
b) 21,967 t = 21 967 kg
c) 52 076 mg = 52,076 g
d) 1098 mg = 1,098 g

Das Komma in Größenangaben trennt die größere von der nächstkleineren Einheit.

Rechnen mit Größen

II. Die Bremer Stadtmusikanten wiegen 210 kg (Esel), 7,5 kg (Hund), 5 kg (Katze) und 3 kg (Hahn).
  a) Berechne die Masse, die der Esel tragen muss.
  b) Gib an, wie viel Mal so schwer der Esel im Vergleich zum Hahn ist.

Lösung:
  a) 7500 g + 5000 g + 3000 g = 15 500 g = 15,500 kg = 15,5 kg
     Auf dem Esel lasten 15,5 kg.
  b) 210 kg : 3 kg = 70   Der Esel ist 70-mal schwerer als der Hahn, denn 70 · 3 kg = 210 kg.

Wandle zuerst in die kleinere Einheit um.

Nachgefragt

- Gegenstände, die man in Tonnen misst, sind immer schwerer als solche, die man in Kilogramm misst. Was meinst du dazu? Erkläre.
- 17,45 kg ist die verkürzte Kommaschreibweise einer Massenangabe. Erläutere.

Aufgaben

1 Ordne den Gegenständen bzw. Lebewesen jeweils eine der angegebenen Massen zu.

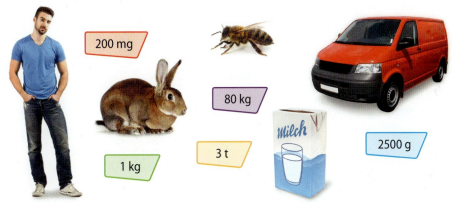

200 mg   80 kg   1 kg   3 t   2500 g

2 Übertrage die Einheitentafel in dein Heft und vervollständige sie. Ergänze bei f) auch die fehlende Maßeinheit.

Masse	t			kg			g			mg			Masse
	100	10	1	100	10	1	100	10	1	100	10	1	
a) 1,072 t			1	0	7	2							1072 kg
b) 46 210 g													kg
c) 41 mg													g
d) 234,71 kg													t
e) 34,0152 t													kg
f) 0,173 ▨										1	7	3	mg

3 Schreibe in der in Klammern angegebenen Masseneinheit.
  a) 1,238 g (mg)   b) 3 kg 726 g (kg)   c) 89 mg (g)   d) 9 kg 8813 g (kg)
  e) 0,75 kg (g)   f) 50 kg 897 g (kg)   g) 254 t 2 kg (t)   h) 6 kg 2 mg (g)
  i) 621 kg (t)   j) 2 t 5 kg (t)   k) 9 t 802 kg 5 g (t) l) 5 kg 2 g 3 mg (mg)
  m) 9,07 t (kg)   n) 0,067 t (g)   o) 2388,7 g (kg)   p) 65 076,7 kg (t)

4.2 Masse

4 Gib an, welche Maßeinheit am geeignetsten ist, um folgende Massen anzugeben: Masse eines Golfballs, Masse eines Gummibärchens, Masse einer Orange, Masse eines Elefanten, Masse eines Briefes, Masse eines erwachsenen Mannes.

Alles klar?

5 Wandle in die in Klammern stehende Einheit um.
1. 3 kg (g); 1 g (mg); 4 t (kg)
2. 2000 mg (g); 4000 kg (t); 9000 g (kg)
3. 955 g (mg); 67 kg (g); 17 t (kg)
4. 30 000 kg (t); 25 000 mg (g); 12 000 g (kg)
5. 2 t (g); 38 000 000 mg (kg)
6. 1 t 500 kg (kg); 35 kg 5 g (g); 12 kg 11 g (mg)

6 Begründe, dass bei der Umrechnung einer Masse die Maßzahl kleiner wird, wenn man eine größere Maßeinheit verwendet.

7 Finde zu jeder Masse mögliche Gegenstände in deiner Umwelt.

45 kg | 80 g | 1 kg | 1 t | 500 g
12 g | 5 mg | 250 g | 40 t | 750 kg

8
 150 t
 300 g
 3 t
 600 kg
 4 kg
 100 g

a) Schätze, wie viel Mal so schwer das Nashorn im Vergleich zum Eichhörnchen ist. Finde weitere solcher Vergleiche.
b) Erläutere, wie Rick zu dieser Behauptung kommt.

Es können nicht alle Massen der Tiere aussagekräftig in einem einzigen Balkendiagramm dargestellt werden.

Die Buchstaben ergeben in der Reihenfolge der Lösungen ein Lösungswort.

9 Ordne die Massen der Größe nach. Beginne mit der kleinsten.

a) 31 kg — N; 38 000 g — E; 3 t — L; 5 g — L; 3 kg — I; 500 000 000 mg — A

b) 120 mg — E; 33 g — G; 12 kg — B; 10 000 mg — R; 2 kg — E; 0,5 t — I; 5 t — S; 120 kg — N

c) 1,5 kg — E; 1600 g — W; 0,01 t — C; 22,5 g — G; 398,5 kg — T; 1,25 t — E; 98,3 kg — H; 2550,5 g — I

10 Bei den Umrechnungen haben sich Fehler eingeschlichen. Finde und korrigiere sie.

- 21 t = 2100 kg
- 3 t 234 kg = 3243 kg
- 12 t = 1200 kg
- 40 000 mg = 40 kg
- 3 kg 50 g = 3500 g
- 1 kg 11 g 1 mg = 1111 mg

11 Wandle in die angegebene Einheit um und notiere mithilfe von Zehnerpotenzen.
a) 900 000 g (kg)
b) 32 Milliarden mg (g)
c) 701 Millionen kg (t)
d) 920 000 000 kg (t)

Rechnen mit Größen

12 Berechne. Wandle ggf. zuvor in eine geeignete kleinere Einheit um.
a) 9 kg − 72 g − 3 kg 87 g
b) 225 kg 120 g : 14
c) 39 · 0,67 t
d) 304,5 t : 10,5 t
e) 23 g + 7631 mg − 0,8 g
f) 17 · 6 mg + 931 mg
g) 97,2 t − 24,623 t − 728,53 kg
h) 3,588 kg − 1250,5 g − 0,222 kg
i) 346 g 441 mg − (142 g + 163 mg)
j) 92 kg 70 g : 0,09 kg
k) 12 · 932 g − (367 g − 2199 mg)
l) (96 t − 23,5 kg) + 3500 g · 73

Lösungen zu 12:
29; 1023; 1033; 5841;
16 080; 26 130; 96 232;
204 278; 2 115 500;
10 819 199; 29 831;
71 848 470
Die Einheiten sind nicht angegeben.

S. 219

13 Manchmal findet man Massenangaben, die wesentlich genauer sind, als man sie im Alltag normalerweise braucht.
  a) Überlege, wann eine solch präzise Angabe sinnvoll ist und wann nicht. Runde geeignet und gib die Massen in einer sinnvollen Einheit an.
   1 Das Leergewicht eines Geländewagens liegt zwischen 2 195 442 g und 2 710 106 g.
   2 Die Freiheitsstatue in New York ist 204,100032 t schwer.
   3 Arthur Abraham wiegt vor seinem Boxkampf genau 76,203 kg.
  b) **Medien und Werkzeuge:** Finde weitere solcher Beispiele in Büchern, Internet, … und stelle die Ergebnisse in deiner Klasse vor.

14 Die Massenangabe 3 t 50 g soll in eine kleinere Einheit als Tonnen umgewandelt werden. Welche typischen Fehler erwartest du? Erläutere.

15 Jonas hat die Massen verschiedener Autos aus seinem Quartettspiel notiert. Veranschauliche die Ergebnisse mithilfe eines Diagramms. Runde sinnvoll.

VW Golf	Opel Astra	Ford Focus	Porsche 911	Nissan 350Z	Kia Picanto
1402 kg	1280 kg	1338 kg	1585 kg	1522 kg	929 kg

16 Ein Schiff mit einer maximalen Transportkapazität von 450 t ist auf dem Rhein-Herne-Kanal unterwegs. Vor der Abfahrt hat es 88 t Kies geladen. Im ersten Hafen werden 300 Container mit einem Gewicht von je 800 kg sowie 200 Ölfässer zu je 250 kg aufgeladen. Im letzen Hafen vor seinem Ziel bekommt der Kapitän noch eine Fracht angeboten, die aus 1000 Säcken Reis zu je 90 kg besteht.
  a) Überlege, wie viele Säcke der Kapitän transportieren kann.
  b) Erkläre, wie viel Kies (Ölfässer) der Kapitän in diesem Hafen abladen muss, um den Auftrag anzunehmen.

S. 219

17 Laura macht ein Praktikum bei einem Lebensmittelhändler. Sie soll 50 kg einer Gewürzmischung möglichst genau abwiegen. Zur Auswahl hat sie eine Haushaltswaage mit einer Höchstlast von 2 kg (± 20 g) oder eine Dezimalwaage mit einer Höchstlast von 10 kg (± 40 g). Welche Waage sollte Laura verwenden? Begründe mithilfe einer Rechnung.

Durch eine Angabe ± 20 g wird die Messgenauigkeit einer Waage angegeben.

4   4.3 Zeit

Entdecken

Wo bleibst du denn so lange? Wir wollten uns doch um 16:00 Uhr treffen.

Entschuldige bitte, aber für meine Hausaufgaben habe ich 20 min länger gebraucht als gedacht.

- Erkläre den Unterschied zwischen beiden Zeitangaben.
- Liste alle Zeiteinheiten auf, die du kennst.

Verstehen   Im Alltag verwenden wir Zeitmaße wie die Sekunde, die Minute, die Stunde und den Tag.

Merke

Wir können **Zeitpunkte** („Wann?") und **Zeitspannen** („Wie lange?") angeben. Eine Zeitspanne wird durch eine Maßzahl und eine Maßeinheit angegeben.

→ 5 min ←

Die Abkürzungen kommen aus dem Lateinischen:
d für „dies": Tag
h für „hora": Stunde

Erklärvideo

Mediencode 61165-19

1 Tag = 24 Stunden
1 Stunde = 60 Minuten
1 Minute = 60 Sekunden

Vor dem **Rechnen** werden alle Größen zunächst in dieselbe **Einheit** umgewandelt.

Beispiele

I. Tims Handballtraining beginnt jeden Mittwoch um 15:20 Uhr und dauert 90 min.
   a) Gib an, welche der Zeitangaben eine Zeitspanne bzw. einen Zeitpunkt darstellt.
   b) Bestimme die Uhrzeit, zu der das Handballtraining endet.

   Lösung:
   a) Zeitpunkt: 15:20 Uhr   Zeitspanne: 90 min

   b) Das Handballtraining endet um 16:50 Uhr.

124

Rechnen mit Größen

II. Bestimme die Zeitspanne zwischen 7:00 Uhr und 11:35 Uhr.

Lösung:
7:00 Uhr $\xrightarrow{+4\,h}$ 11:00 Uhr $\xrightarrow{+35\,min}$ 11:35 Uhr
Die Zeitspanne beträgt 4 h 35 min = 4 · 60 min + 35 min = 275 min.

Nachgefragt

- Zähle mindestens drei verschiedene Arten von Uhren auf. Überlege jeweils, ob man mit ihnen Zeitpunkte oder Zeitspannen bestimmen kann.
- „Ein Tag hat 24 Stunden, ein Monat etwa 30 Tage, ein Jahr 12 Monate. Also hat ein Jahr etwa 24 · 30 · 12 Stunden." Was meinst du dazu? Erkläre.

Aufgaben

1 Finde für die angegebene Dauer Vorgänge aus deiner Umwelt.

    1 s   24 h   45 min   7 Tage   90 min   3600 s   1 h   6 Wochen

2   **A** 07:55   **B** 16:10   **C** 12:30   **D** 19:45   **E** 00:15

a) Gib jeweils an, wie spät es ① 15 min später ② 2 h 23 min später ist.
b) Gib jeweils an, wie spät es ① vor 45 min ② vor 3 h 48 min war.
c) Bestimme die Zeitspanne von **A** bis **B** (von **D** bis **E**).

3 Wandle in die in Klammern angegebene Zeiteinheit um.
Beispiel: 4 min = 4 · 60 s = 240 s   480 s = 8 · 60 s = 8 min

a) 3 min (s)   b) 2 h (min)   c) 4 d (h)   d) 32 400 s (h)
e) 42 h (s)   f) 50 h 34 min (min)   g) 240 s (min)   h) 3 min 12 s (s)
i) 0,5 d (s)   j) 2 d 5 min (min)   k) 7 d 21 h 5 min (s)   l) 3 h 24 min (min)
m) 135 min 3 s (s)   n) 210 min (h und min)   o) 2388 d (h und min)   p) 2 d 3 h (min)

4 Gib die Zeitspanne zwischen den folgenden Uhrzeiten an.
a) 9:15 Uhr und 9:40 Uhr   b) 7:45 Uhr und 13:05 Uhr   c) 22:22 Uhr und 1:11 Uhr
d) 15:43 Uhr und 18:17 Uhr   e) 21:13 Uhr und 1:30 Uhr   f) 0:20 Uhr und 0:19 Uhr

5 Übertrage die Tabelle ins Heft und berechne die fehlenden Zeitangaben.

Abfahrtszeit	6:30 Uhr	7:15 Uhr		17:29 Uhr	8:30 Uhr	
Fahrtzeit	17 min		53 min	2 h 30 min		1 h 43 min
Ankunftszeit		8:02 Uhr	15:15 Uhr		17:25 Uhr	0:03 Uhr

6   **A**   **B**   **C**   **D**

a) Notiere die jeweilige Uhrzeit.
b) Bestimme die Uhrzeit ① in 30 min ② in 1 h 55 min ③ vor 15 min.

4.3 Zeit

Alles klar?

7 Wandle in die in Klammern angegebene Zeiteinheit um.
   a) 8 min (s)   b) 7 h (min)   c) 3 d (h)   d) 5 h (s)   e) 27 min (s)
   f) 1 d (s)   g) 180 s (min)   h) 3600 s (h)   i) 5 d (min)   j) 3 d (s)

8 Richtig oder falsch? Begründe deine Aussage.
„Bei 88 s fehlen 12 s bis zur nächsten vollen Minute."

9 Auf ihrer Wanderung durch die Ötztaler Alpen entdecken Olli und David das abgebildete Hinweisschild. Erläutere, was die Angaben bedeuten.

Die richtige Ordnung ergibt einen Vornamen.

10 Ordne die Zeitspannen ihrer Dauer nach von kurz nach lang.
   a) 75 min **J**; 33 s **F**; 300 s **N**; 2 h **A**; 1 min **I**
   b) 5 h **I**; 21 600 s **A**; 79 min **I**; 600 s **E**; 1,5 h **L**; 50 min **M**; 5 h 50 min **N**; 315 min **A**
   c) 3 d **A**; 50 h **F**; 3600 s **R**; 6000 min **E**; 8 h **A**; 150 h **L**
   d) 1500 min **C**; 22 h 30 min **A**; 0,5 d **I**; 780 min **S**; 60 000 s **A**

11

Ich fahre jeden Tag mit dem Rad zur Schule und benötige für die Strecke 720 s.

Für die Hausaufgaben habe ich heute 25 200 s gebraucht.

Zwischen Nikolaus und Heiligabend liegen 408 h.

Kann das sein? Begründe.

12 Herr Ruh ruft um 9:30 Uhr morgens von Bonn aus die Firmenzweigstelle in New York an.

New York am Mittag

Bonn am Abend

Tokio in der Nacht

Wenn es in New York 12:00 Uhr ist, ist es in Bonn 6:00 Uhr am Abend und in Tokio 2:00 Uhr in der Nacht des nächsten Tages.

a) Überlege, ob Herr Ruh mit einem Mitarbeiter sprechen kann oder auf den Anrufbeantworter sprechen muss, wenn die Geschäftszeiten der New Yorker Zweigstelle von 8:30 bis 16:30 Uhr sind.
b) Für eine Geschäftsreise reserviert Herr Ruh um 10:15 Uhr Bonner Ortszeit telefonisch ein Hotelzimmer in Tokio. Auf der Bestätigungsmail des Hotels steht die dortige Ortszeit. Gib diese an.

13 Berechne. Wandle ggf. zuvor in eine geeignete kleinere Einheit um.
a) 9 h − 72 min − 3 h 57 min
b) 315 d − 121 d : 11
c) 39 · 67 min
d) 3570 s : 105 s
e) 23 h + 7560 s − 6 min
f) 17 · 6 min + 91 min

14 Gib an, wie alt die abgebildeten Mathematiker geworden sind.

René Descartes (31. 3. 1596 – 11. 2. 1650)   Leonhard Euler (15. 4. 1707 – 18. 9. 1783)   Carl Friedrich Gauß (30. 4. 1777 – 23. 2. 1855)

15 Als Thore der Große, König von Ragen, 1871 an die Macht kam, lebten in seinem Land 236 430 Menschen. Da er ein guter König sein wollte, nahm er sich vor, jedem seiner Untertanen 5 min Gesprächszeit einzuräumen. Ist das möglich? Erläutere.

16 Anna, Niklas und Carola fahren nach der Schule gleichzeitig um 12:50 Uhr von der gemeinsamen Haltestelle ab. Annas Bus fährt alle 30 Minuten, der von Niklas alle 40 Minuten und der Bus von Carola jede Viertelstunde. Bestimme, wann alle drei wieder gemeinsam von der Haltestelle abfahren können.

Vertiefung Geschichte

Kalender und Zeitrechnung

Bei der Umrechnung von Zeiteinheiten verwendet man verschiedene Umrechnungszahlen (z. B. 60, 24, 7). Diese Zeiteinteilung resultiert einerseits aus der Orientierung an der Natur und andererseits aus religiösen Zeitmaßen.

- **Medien und Werkzeuge:** Wodurch ist ein Tag (Monat, Jahr) festgelegt? Informiere dich im Internet, Büchern … Verwende zur Erklärung die Begriffe Erde, Mond und Sonne. Woher kommt die Dauer einer Woche?

Bereits die Römer wussten, dass ein astronomisches Jahr länger als 365 Tage dauerte. Kaiser Julius Cäsar führte deshalb das Schaltjahr ein: Jedes vierte Jahr war einen Schalttag länger, der julianische Kalender war entstanden.
- Mit welcher durchschnittlichen Jahresdauer rechnete Cäsar?

Auch der julianische Kalender traf nicht genau genug die durchschnittliche Dauer eines Jahres. Um 1600 führte deshalb Papst Gregor XIII. den heute noch gültigen gregorianischen Kalender ein. Papst Gregors Astronomen wussten bereits, dass ein astronomisches Jahr 365 d 5 h 48 min 46 s dauert. So entstanden folgende Regeln: Alle vier Jahre gibt es einen Schalttag. In den Schaltjahren, deren Jahreszahl sich durch 100, aber nicht durch 400 teilen lässt, entfällt der Schalttag.
- Begründe die Einführung des gregorianischen Kalenders.
- Welche der Jahre 1700, 1800, 1900, 2000, 2004, 2006, 2018 und 2100 sind Schaltjahre?
- Das Jahr 1582 war zehn Tage kürzer als normal. Finde den Grund dafür.

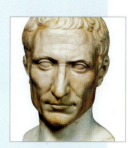

4.4 Geldbeträge

Entdecken

Heute wird in vielen europäischen Ländern mit Euro bezahlt.

- Eine wichtige Einrichtung stellt im Zahlungsverkehr die EC-Karte dar. Der Geldautomat gibt 100 Euro in Scheinen aus. Eine mögliche Kombination ist dargestellt. Gib fünf weitere Möglichkeiten an, 100 Euro in Scheinen zu erhalten.
- Für ein Heißgetränk am Getränkeautomaten deiner Schule musst du 1 Euro bezahlen. Überlege dir verschiedene Möglichkeiten, wie du diesen Betrag mit Münzen bezahlen kannst, wenn alle Euromünzen verwendet werden dürfen.
- Beim Tanken bezahlt deine Mutter 58,65 Euro. Erläutere diese Art der Darstellung von Geldbeträgen.

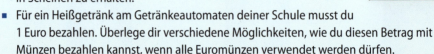

Verstehen

Beim Geld wird das Messen in gleicher Weise verwirklicht wie bei Längen, Massen und der Zeit: Es wird eine Einheit festgelegt, auf die alle Angaben bezogen werden. In vielen Ländern Europas ist der Euro die Maßeinheit (Währung), mit der bezahlt wird.

Erklärvideo

Mediencode 61165-20

> **Merke**
>
> Geldbeträge werden stets durch eine Maßzahl und eine Maßeinheit angegeben.
>
> 15 €
>
> Es gilt: 100 ct = 1,00 €
>
> Bei der Kommaschreibweise steht links vom Komma der Euro-Betrag, rechts davon der Cent-Betrag mit zwei Ziffern.

Beispiele

I. Wandle die Geldbeträge in die in Klammern angegebene Einheit um.

 a) 43 € (ct) **b)** 12,39 € (ct) **c)** 502 € 7 ct (€) **d)** 31 089 ct (€)

 Lösung:
 a) 43 € = 4300 ct **b)** 12,39 € = 1239 ct
 c) 502 € 7 ct = 502,07 € **d)** 31 089 ct = 310,89 €

II. Bei „Giovanni Gelato" kostet eine Kugel Eis 85 ct und eine Portion Sahne 0,50 €.
 a) Leo kauft sich zwei Kugeln Eis und eine Portion Sahne. Berechne den Gesamtpreis.
 b) Ermittle, wie viele Kugeln Eis Ines gekauft hat, wenn sie 3,40 € bezahlt hat.
 c) Bei der Eisdiele Amadeo hat Fred für 2,25 € drei Kugeln Eis bekommen. Bestimme den Preis für eine Kugel Eis.

 Lösung:
 a) 2 · 85 ct + 50 ct = 170 ct + 50 ct = 220 ct = 2,20 €   Leo bezahlt 2,20 €.
 b) 3,40 = 340 ct   340 ct : 85 ct = 4   Ines hat vier Kugeln Eis gekauft.
 c) 2,25 € = 225 ct   225 ct : 3 = 75 ct   Bei Amadeo kostet eine Kugel Eis 75 ct.

Nachgefragt

- Erkläre, warum neben dem Euro auch die Einheit Cent benötigt wird.
- Beschreibe, wie du Geldwerte von Euro in Cent (von Cent in Euro) umwandeln kannst.

Rechnen mit Größen

Aufgaben

1 Ordne den Gegenständen den entsprechenden Geldbetrag zu.

   147,50 €   1,29 €   23,90 €   0,40 €   349 €

2 ① 35 €   ② 77,45 €   ③ 9,69 €   ④ 179 €
⑤ 112,76 €   ⑥ 98,95 €   ⑦ 327,39 €   ⑧ 729,75 €

Zahle die angegebenen Geldbeträge …
a) mit möglichst wenigen Geldscheinen und Münzen.
b) auf möglichst viele verschiedene Arten.

3 Ordne die Geldbeträge der Größe nach. Beginne mit dem kleinsten Betrag.
Die Buchstaben ergeben in der richtigen Reihenfolge eine Stadt in Nordrhein-Westfalen.
a) 4,01 € (E)   76 ct (H)   4 € (N)   1,33 € (E)   243 ct (R)
b) 10 € (G)   5 € (S)   6,25 € (E)   10,11 € (N)   622 ct (I)   1010 ct (E)
c) 10 ct (O)   1000 ct (H)   1 ct (B)   100 € (M)   1010 ct (U)   1 € (C)

4 Berechne. Gib das Ergebnis in zwei verschiedenen Einheiten an.
a) 5 € − 72 ct − 2 € 8 ct
b) 192 € 96 ct : 12
c) 37 · 0,57 €
d) 283,50 € : 10,50 €
e) 3,33 € · 4
f) 22 € 50 ct : 3

5 Ermittle den Summenwert und das Rückgeld der Einkäufe im Kaufcenter und im Supermarkt Elsi.

Kaufcenter
Offenburg

RADIESCHEN	€ 0,59
KÄSEAUFSCHNITT	€ 1,39
ANANAS IN STÜCKEN	€ 1,19
ANANAS IN STÜCKEN	€ 1,19
APFELSAFT 1,0 L	€ 0,99
CLEMENTINEN	€ 2,49
NUSS-NOUGAT-CREME	€ 3,50
NUSS-NOUGAT-CREME	€ 3,50
SUMME	€
BAR	€ 50,00
RÜCKGELD	€

Supermarkt Elsi

		Euro
250 g	Butter	1,26
500 g	Kotelett	4,67
10	Eier	2,13
1	Baguette	0,79
500 g	Spaghetti	1,56
500 g	Tomaten	2,56
1 Liter	Vollmilch	1,09
1	Pralinen	11,49
500 g	Äpfel	1,14
500 g	Bananen	0,61
1 Flasche	Mineralwasser	0,83
100 g	Hartkäse	1,59
1	Fertigpizza	3,49
Zusammen		
Erhalten		50,21
Zurück		

6 Eine Klassenlektüre kostet bei Einzelkauf im Laden 6,95 €.
a) Für die 29 Exemplare der Klasse 5d wird eine Sammelbestellung gemacht für 170,81 € zuzüglich 6,67 € Versandkosten. Berechne, wie viel Euro jeder Schüler bei der Sammelbestellung gegenüber dem Einzelkauf spart.
b) Jeder Schüler der Klasse 5e bezahlt bei der Sammelbestellung über eine Online-Buchhandlung 6,09 €. Ermittle, wie viele Lektüren für die 5e gekauft werden, wenn sich der Rechnungsbetrag auf 133,40 € zuzüglich 6,67 € Versandkosten beläuft.

4.5 Rechnen mit Größen

Entdecken

Bens Eltern möchten einen Gartenteich bauen. Beim Kauf der Materialien im örtlichen Baumarkt begleitet Ben seinen Vater. Zum Transport haben sie ihren Anhänger mit einer maximalen Transportkapazität von 750 kg an das Auto gehängt.

Zement	0,35 t
Feinkies	180 kg
2 Sandsäcke je	50 kg
Steine	0,2 t
Folie	0,5 kg
5 Klebebänder je	200 g
Flies	2,5 kg

- Wie können sie die Materialien nach Hause fahren? Mache Vorschläge.

Verstehen

Du hast schon an einigen Stellen mit Größen gerechnet. Dazu müssen alle Größen zuerst in dieselbe Maßeinheit umgewandelt werden. Geeignet ist oftmals die kleinste vorkommende Einheit.

Merke

Nicht besetzte Stellen werden gegebenenfalls mit Nullen aufgefüllt.

Größen gleicher Art (z. B. Längen) können **addiert** oder **subtrahiert** werden, indem man zunächst alle Größen in dieselbe Maßeinheit umwandelt. Rechnet man mit Komma, so schreibt man die Größen stellengerecht untereinander.

Beispiel Addition:
13,5 m + 84 dm + 7,02 m

```
   13,50 m
+   8,40 m    gleiche Einheiten
+   7,02 m
   ──────
   28,92 m
```
Komma unter Komma

Beachte beim Rechnen mit Größen:
Größe ± Größe = Größe
Größe · Zahl = Größe
Größe : Größe = Zahl
Größe : Zahl = Größe

Größen werden mit einer natürlichen Zahl **multipliziert** (durch eine natürliche Zahl **dividiert**), indem man zuerst in eine kleinere Einheit umwandelt, in der man eine natürliche Zahl zum rechnen hat. Dann erst wird multipliziert (dividiert).

Beispiele:
10 · 0,52 € = 10 · 52 ct = 520 ct = 5,20 €
15,68 kg : 16 = 15 680 g : 16 = 980 g

Das Ergebnis erhält die letzte Einheit

Beispiele

Erklärvideo
Mediencode 61165-21

I. a) Berechne 14 m – 2,7 m – 4,5 dm.   b) Berechne 62,40 € : 13.

Lösung:

a)
```
    14,00 m
–    2,70 m
–    0,45 m
   ───────
    10,85 m
```

b) 62,40 € : 13 = 6240 ct : 13
         = 480 ct
         = 4,80 €

Nebenrechnung
```
 6240 : 13 = 480
 –52
 ────
  104
 –104
 ────
    0
```

II. In einem Teebeutel ist 1,25 g Tee. Berechne, wie viel Tee in einer Packung (24 Beutel) steckt.

Lösung:
24 · 1,25 g = 24 · 1250 mg = 30 000 mg = 30 g. Eine Packung enthält 30 g Tee.

Nachgefragt

- Lassen sich auch Größen ohne Umwandlung in dieselbe Maßeinheit addieren? Begründe.
- 10 · 1,175 kg = 11,75 kg. Berechne im Kopf 100 · 1,175 kg, 1000 · 1,175 kg, ... Gib eine Regel an, um das Ergebnis im Kopf zu berechnen.

Rechnen mit Größen

Aufgaben

1 Berechne. Gib das Ergebnis in zwei verschiedenen Einheiten an.
a) 12 t + 4 t + 34 000 kg
b) 36 m − 13 m − 20 dm
c) 10 d + 3825 h + 0,5 d + 947 h
d) 432 mg + 369 mg + 0,3 g
e) 1001 ct − 311 ct − 2,58 €
f) 460 s − 77 s − 3 min − 50 s
g) 88 kg + 1,222 t − 987 kg
h) 4,65 € − 86 ct + 11 ct − 0,10 € + 20 ct

Lösungen zu 1:
21; 50; 153; 323; 400;
432; 1101; 5024
Einheiten und Komma
sind nicht angegeben.

2 Berechne. Gib das Ergebnis in zwei verschiedenen Einheiten an.
a) 21 kg · 7   b) 400 m · 6   c) 35 · 2,1 cm   d) 0,4 g · 235   e) 7 · 151 h
f) 3,5 g : 5   g) 40,80 € : 8   h) 5 min : 2   i) 4,2 g : 2   j) 2,75 km : 25
k) 24 d : 12   l) 0,4 m · 800   m) 12,24 € : 4   n) 82 · 6,10 €   o) 0,5 km · 80

3 Bestimme die Sekunden, die zur nächsten vollen Stunde fehlen.
a) 8 d 2 h 11 min 17 s   b) 2 d 17 h 45 min 35 s   c) 18 h 21 min 8 s

4 An ihrem zwölften Geburtstag geht Lotti mit ihren Freunden und Verwandten ins Kino. Die Gruppe bezahlt insgesamt 48 € für die Karten.
a) Gib mindestens drei Möglichkeiten an, aus welchen Personen die Gruppe bestanden haben könnte.
b) Gib an, aus wie vielen Personen die Gruppe mindestens (höchstens) besteht.
c) Können genau zwei Jugendliche in der Gruppe gewesen sein? Begründe.
d) Kann genau ein Student zur Gruppe gehören? Begründe.
e) Kann die Gruppe aus genau fünf Personen bestehen? Begründe.

Eintrittspreise Kino	
Erwachsene	8 €
Studenten	7 €
Jugendliche ab 14	6 €
Kinder	4 €

5 Berechne und gib das Ergebnis in der jeweils kleinsten vorkommenden Maßeinheit an.
a) 33,25 kg + 1 t + 377,5 kg
b) 12 ct + 23,5 € + 0,75 €
c) 393,8 kg + 0,785 t + 258 400 g
d) 3,5 km − 1250,5 m − 0,222 km
e) 45,01 kg − 25 968 g − 1 254 050 mg
f) 97,2 m − 42,235 m − 75,25 dm − 32 cm

Lösungen zu 5:
2437; 202 750; 4712;
1 410 750; 1 437 200;
17 787 950
Einheiten und Komma
sind nicht angegeben.

6 Auf der dreispurigen Autobahn A 40 bei Essen werden 12 km Stau gemeldet. Da es Sonntagnachmittag ist, sind keine Lastwagen, sondern nur Autos unterwegs.
a) Schätze die Anzahl der Fahrzeuge im Stau ab. Beschreibe deinen Lösungsweg. Erläutere, von welchen Bedingungen das Ergebnis abhängt.
b) Wie viele Personen sind in dem Stau? Gib an, wie du schätzt.
c) Schätze, wie lang ein Stau ungefähr ist, der ① aus 800 ② aus 5000 Autos besteht.

7 Mehmet und Johannes diskutieren während der Pause über ihre sportliche Leistungsfähigkeit. Mehmet meint, dass er die zwei Kilometer seines Schulwegs in 6 Minuten und 24 Sekunden laufen könnte. Darauf prahlt Johannes: „Das ist ja gar nichts, ich schaffe 5 Kilometer in 16 Minuten!" Was meinst du dazu? Erkläre.

8 a) Die Diagonale von Sophies Notebook-Monitor misst 17" (siehe Abbildung). Gib die Diagonalenlänge in cm an.
Hinweis: 1 Zoll = 1 inch (in.) = 1" ≈ 2 cm 5 mm
b) Auf dem Etikett von Gregors Jeans steht: *waist 28 in. / inseam 29 in.* Berechne die Bundweite und die Schrittlänge der Jeans in Zentimetern.

4.6 Größen im Alltag: Wirtschaft

Aufgaben

a) Bestimme den Wert aller Gegenstände im Schaufenster zusammen.
b) Berechne jeweils die Höhe des Rückgeldes.
  1. Nico kauft sich einen Tischtennisschläger und eine Packung mit drei Bällen. Er bezahlt mit einem 100 €-Schein.
  2. Viktor braucht eine neue Turnhose, ein Sportshirt und neue Turnschuhe. Seine Mutter gibt ihm 150 € mit.
c) Raissa möchte sich die Inline-Skates, die Knieschoner und die Handschützer kaufen. Sie hat schon 200 € gespart. Reicht das? Berechne das übrig gebliebene bzw. fehlende Geld.

Denke dir zu jedem Bild einen rechnerischen Sachverhalt aus und löse diesen.

3. Erfinde zu jedem Rechenbaum einen Sachverhalt. Rechne und schreibe die Antwort auf.

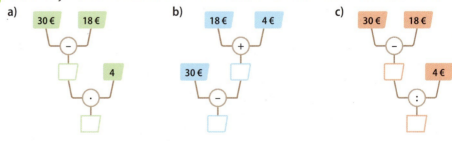

4 Herr Klar bringt jeweils am Dienstag und Freitag einen Kleintransporter mit Obst zum Supermarkt KARLI. Vier Reihen mit je fünf Kisten passen nebeneinander gestellt auf die Ladefläche. Sieben Schichten kann Herr Klar beim Beladen übereinander türmen. Eine Kiste mit 20 Birnen wiegt 4 kg, eine mit 25 Pfirsichen 5 kg. Eine Kiste mit 30 Äpfeln hat eine Masse von 6 kg, in einer Kiste mit Erdbeeren sind 3 kg Beeren. Jede Holzkiste wiegt leer 500 g. Insgesamt darf der kleine Lkw mit 800 kg beladen werden.

Lies den Text aufmerksam durch und überlege dir eine mögliche Fragestellung. Überprüfe und ergänze die Zusammenstellung, indem du sie ins Heft überträgst. Überlege, welchen Vorteil diese geordnete Zusammenstellung bringt.

> *Gegeben:* Ladevermögen des Transporters: *Gesucht:*
> 4 Reihen zu je 5 Kisten, 7 Schichten
> Ladung:
> 20 Birnen je Kiste, Gewicht 4 kg
> 25 Pfirsiche je Kiste ....
> Gewicht einer leeren Holzkiste:
> Zulässiges Ladegewicht:

5 Herr Kalt will mit seinem Sohn Martin zu einem 7-tägigen Skiurlaub ins Sauerland fahren. Die Bahnfahrt dorthin kostet für Herrn Kalt 79 €, sein Sohn fährt umsonst mit. Pro Tag werden bei Halbpension für Herrn Kalt 58 € und für Martin 41 € berechnet. Der Wochenskipass kommt Herrn Kalt auf 138 € und Martin auf 85 €. Herr Kalt hat bereits 800 € für den Urlaub gespart. Berechne, wie viel Geld Herr Kalt noch sparen muss.

a) Übertrage die Zusammenstellung ins Heft und ergänze die Angaben.
b) Bearbeite die Aufgabe. Gib einen Antwortsatz an.
c) Überlege, ob dieser Betrag wirklich ausreicht.

Gegeben:
Dauer ...
Bahnfahrt ...
Halbpension ...
Skipass ...
Ersparnis ...

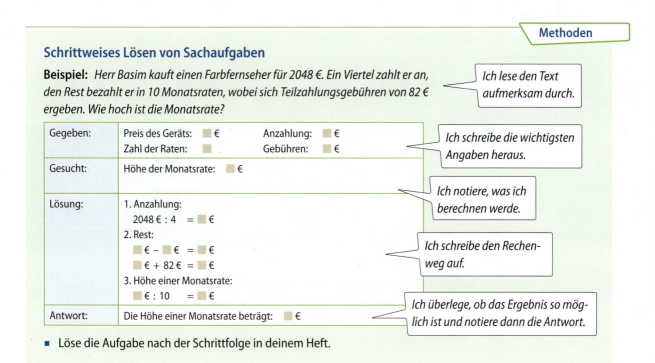

4.6 Größen im Alltag: Wirtschaft

6 Löse entsprechend der Schrittfolge der Methode auf der Vorseite.
  a) Ein Laptop kostet bei Barzahlung 698 €. Das Geschäft bietet aber auch die Möglichkeit zum Ratenkauf. Hierbei sind 12 Raten zu je 61,25 € zu entrichten. Bestimme, um wie viel € die Anlage bei Ratenzahlung teurer wird.
  b) Ruth, Ina und Markus wollen mit ihren Eltern zu einem 14-tägigen Badeurlaub nach Italien fahren. Die Ferienwohnung kostet pro Tag für jede Person 14 €. Für alle weiteren Ausgaben rechnet Herr Zeitler mit 1200 €. Die Familie hat bereits 1750 € für den Urlaub gespart. Ermittle, wie viel Geld Familie Zeitler noch sparen muss.

7 Oftmals helfen Skizzen oder Tabellen, um den Rechenweg zu finden.

Karin unternimmt mit Freunden eine fünftägige Radtour. Die Strecke ist 251 km lang. An den ersten drei Tagen haben sie 43 km, 56 km und 48 km zurückgelegt. An den beiden nächsten Tagen wollen sie jeweils gleich weit fahren.

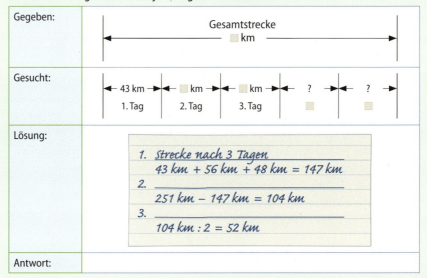

Gegeben:	Gesamtstrecke ☐ km
Gesucht:	43 km (1. Tag) – ☐ km (2. Tag) – ☐ km (3. Tag) – ? – ?
Lösung:	1. Strecke nach 3 Tagen 43 km + 56 km + 48 km = 147 km 2. _____ 251 km – 147 km = 104 km 3. _____ 104 km : 2 = 52 km
Antwort:	

Vervollständige die Aufgabe in deinem Heft. Beschreibe, wie die Skizze beim Rechenweg hilft.

8 Löse die Aufgabe. Nutze ähnlich wie in Aufgabe 7 eine Skizze oder Tabelle.

  a) Bei einer viertägigen Rallye sind insgesamt 1790 km zurückzulegen. Die Strecke am ersten Tag ist 430 km lang. Am zweiten Tag sind 87 km mehr als am ersten zu fahren, am dritten Tag werden 478 km zurückgelegt. Berechne die Kilometer, die am letzten Tag gefahren werden.
  b) Eine Spedition soll 8 Kisten zu je 350 kg und 5 Fässer zu je 220 kg transportieren. Überprüfe, ob alle Kisten und Fässer auf einmal befördert werden können, wenn das zulässige Ladegewicht des Firmenfahrzeugs in Höhe von 4 t nicht überschritten werden soll.

Rechnen mit Größen

Methoden

Modellieren mit Fermiaufgaben

Wie viele Blätter sind an einem Baum? Dies ist eine typische Fermi-Frage.

Bei Fermi-Fragen ist stets ein Problem gegeben, das in die Mathematik übertragen und dort bearbeitet werden muss. Abschätzungen für große Zahlen spielen hierbei eine Rolle. Anschließend muss überprüft werden, ob das Ergebnis eine realistische Lösung des Ausgangsproblems sein kann.

Du kannst bei der Bearbeitung in folgenden Schritten vorgehen.

1. Problem erkennen: Um was geht es?	Gefragt ist nach der Anzahl der Blätter.
2. Vereinfache die Situation so, dass das Gesuchte berechenbar wird.	Suche dir einen Baum in deiner Nähe oder betrachte ein Foto eines Baums.
3. Wähle eine Strategie aus und nimm Abschätzungen vor.	Durch eine geschickte Einteilung bestimme ich die Anzahl in einem überschaubaren Teil und schließe dann auf das Ganze.
4. Berechne die Lösung.	Ich multipliziere die Anzahl der Blätter mit der Anzahl der Äste.
5. Beurteile das Ergebnis.	Ungenauigkeiten können sich bei der Auswahl der Bäume, dem Abschätzen etc. ergeben. Die Größenordnung sollte jedoch stimmen.

2. Ich wähle einen durchschnittlichen Baum in Bezug auf die Größen, auf die es in der Aufgabe ankommt: auf Höhe und Blätteranzahl. Wähle ich einen Baum in meiner Nähe, kann ich leicht Informationen über ihn in Erfahrung bringen.

3.
- 50 Blätter pro Zweig
- 100 Zweige je Ast
- 10 Äste pro Hauptast
- 30 Hauptäste am Baum

4. $50 \cdot 100 \cdot 10 \cdot 30 = 1\,500\,000$ Blätter

Der italienische Physiker **Enrico Fermi** *(1901–1954) stellte seinen Studenten einmal die Frage: „Wie viele Klavierstimmer gibt es in Chicago?"*

Ganz wichtig: Bei Fermi-Fragen gibt es nicht nur eine richtige Lösung, auch nicht nur einen Rechenweg; aber es gibt bessere und weniger gute Ergebnisse, je nachdem, wie gut die Abschätzungen und wie passend die Vereinfachungen waren.

So, und nun bist du dran. Probiere aus, ob auch du jetzt Fermi-Aufgaben lösen kannst. Versuche, nach den angeführten Schritten vorzugehen.
- Hast du ein Haustier? Bestimme, welche Kosten dein Haustier im Jahr verursacht.
- Noch mehr Fermi:
    1. Wie viele Straßenlampen gibt es in deinem Ort?
    2. Wie viele Fahrräder gibt es in deinem Ort (Nordrhein-Westfalen)?
- Finde eigene Fermi-Fragen und lasse sie von einem Partner lösen.

4.7 Zusammenhänge zwischen Größen: Dreisatz & Co.

Entdecken

In Amerika werden Entfernungen oftmals noch in Meilen angegeben. Eine amerikanische Meile ist ungefähr 1,6 km lang.

- Erstelle eine Tabelle, in der du für verschiedene amerikanische Meilen die Entfernung in Kilometern ablesen kannst.
- Stelle den Sachverhalt in einem Diagramm dar. Kannst du dem Diagramm auch Wertepaare entnehmen, die nicht in der Tabelle stehen? Erkläre dein Vorgehen.

Verstehen

Oftmals besteht ein Zusammenhang zwischen zwei Größen. Dabei ist es hilfreich, zugeordnete Größen in einer Tabelle aufzuschreiben oder in einem Koordinatensystem zu veranschaulichen.

Merke

Ein Paar zusammengehörender Größen bezeichnet man auch als Wertepaar.

In einer **Tabelle** lassen sich Zusammenhänge zwischen Größen übersichtlich darstellen. Dabei kann man unbekannte Werte ergänzen, wenn es eine Gesetzmäßigkeit zwischen den Wertepaaren gibt.

Zusammenhänge zwischen Größen kann man auch mit einem **Graphen darstellen**.
Vorgehen:
1. Koordinatensystem zeichnen, an die x-Achse eine Größe, an die y-Achse die zugeordnete Größe.
2. Wertepaare im Koordinatensystem markieren.
3. Markierte Werte verbinden, wenn es sinnvoll ist.
Mögliche Zwischenwerte ablesen.

Beispiel:
Gesetzmäßigkeit erkennen und in einer Tabelle fortsetzen.

Menge	1 ℓ	2 ℓ	8 ℓ	10 ℓ
Preis	1,50 €	3 €	12 €	15 €

Darstellung eines Zusammenhangs als Graph

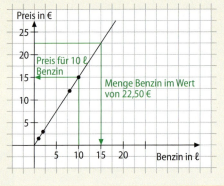

Beispiel

Helene legt mit Streichhölzern die nebenstehende Folge von Dreiecken.
a) Stelle in einer Tabelle dar, wie viele Streichhölzer wie viele Dreiecke ergeben.
b) Zeichne den zugehörigen Graphen. Beschreibe ihn.

Lösung:

a)
Anzahl Streichhölzer	3	5	7	9	11
Anzahl Dreiecke	1	2	3	4	5

b) Es ist nicht sinnvoll, die Punkte zu verbinden, weil Zwischenwerte nicht möglich sind.

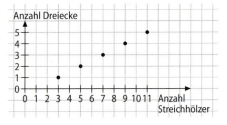

Nachgefragt

- Im Alltag findest du zahlreiche Beispiele für Zusammenhänge zwischen Größen. Nenne einige.
- „Ein guter Sprinter läuft 100 m in 11 Sekunden." Ist es sinnvoll, hierzu eine Tabelle anzulegen? Begründe.

Aufgaben

1 Bei jedem Menschen schwankt die Leistungsfähigkeit im Laufe eines Tages.
  a) Beschreibe den Leistungsverlauf eines Menschen.
  b) Vergleiche die Leistungskurve mit deinem Stundenplan.
  c) Erstelle einen Tagesplan mit Lern-, Freizeit- und Ruhephasen, der der Leistungskurve angepasst ist.

2 Ein Elektromarkt hat folgendes Angebot:
„3 Packungen nehmen, 2 bezahlen. Die günstigste Packung ist umsonst." Der Markt hat verschiedene Batterien im Sortiment.

  a) Zeichne einen Graphen, an dem man für verschiedene Anzahlen gekaufter Mignon-Batterien den Preis ablesen kann. Beschreibe den Verlauf des Graphen.
  b) Bestimme die teuerste (günstigste) Variante des Angebots.

Weiterdenken

Sachaufgaben, denen folgender Zusammenhang zugrunde liegt, kann man mithilfe eines **Dreisatzes** lösen:
Verdoppelt, verdreifacht, … sich eine der beiden Größen, verdoppelt, verdreifacht, … sich auch die andere Größe.

Vorgehen:
1. Man notiert zunächst die gegebenen Informationen.
2. Dann rechnet man auf eine geeignete Einheit (z. B. 1 Stück) zurück.
3. Zuletzt rechnet man auf die gewünschte Anzahl hoch.

Beispiel: 3 Gummibärchen wiegen 9 g. Berechne, wie viel 4 Gummibärchen wiegen.

:3 (3 Gummibärchen wiegen 9 g.   ) :3
   (1 Gummibärchen wiegt 3 g.   )
·4 (4 Gummibärchen wiegen 12 g.) ·4

4.7 Zusammenhänge zwischen Größen: Dreisatz & Co.

3 Übertrage die Tabelle in dein Heft und vervollständige sie.

	Preis für … Stück					
	1	7	12	20	30	102
2 Stück kosten 3,50 €.	1,75 €	12,25 €	21,00 €			
8 Stück kosten 1,60 €.						
7 Stück kosten 2 f 80 ct.						
10 Stück kosten 99 €.						
2 Stück kosten 0,02 €.						
103 Stück kosten 250 €.						

4 Übertrage die nebenstehende Preistafel in dein Heft und vervollständige sie.

5 Charlotte bastelt lauter gleiche Weihnachtssterne.

Zum Basteln meiner ersten drei Sterne habe ich eine halbe Stunde gebraucht. Dann werde ich für 10 Stück wohl insgesamt 100 min brauchen.

Was meinst du zu ihrer Aussage? Erläutere.

6 a) Leo geht jeden Morgen zu Fuß zur Schule. Die Graphen veranschaulichen an zwei verschiedenen Tagen seinen Schulweg. Erfinde eine Geschichte zu jedem Schulweg.

b) Leos Bruder Klaus geht auf dieselbe Schule. Jeder zeichnet für seinen Schulweg an einem Morgen einen eigenen Graphen. Finde Gemeinsamkeiten und Unterschiede.

c) Beschreibe einem Partner oder einer Partnerin deinen Schulweg in Worten und lasse einen Graphen dazu zeichnen. Kontrolliere den Graphen, tauscht dann die Rollen.

7 a) Gib an, welcher Zusammenhang zwischen Größen im Graphen dargestellt ist.
b) Lies die Höchst- und Tiefstwerte der Temperatur möglichst genau ab.
c) Gib an, wann das Thermometer 12 °C (19 °C, 6 °C) zeigte.
d) Schreibe einen Wetterbericht für den Tag.

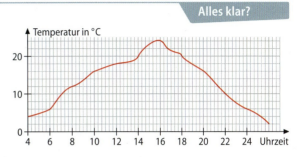

8 Berechne die fehlenden Größen. Rechne zuerst auf einen geeigneten Zwischenwert und dann auf die gesuchte Größe.

a)
Äpfel in kg	Preis in €
2	4,30
1	
9	

b)
Anzahl Hefte	Masse in g
3	225
1	
8	

c)
Erdbeeren in g	Preis in €
250	1,50
50	
800	

9 a) Lehrer Müllers Sportwagen verbraucht auf 100 km 8 Liter Super. Berechne, wie viel Liter Super er auf der Hin- und Rückfahrt zur Schule verbraucht, wenn diese insgesamt 75 km lang ist.
b) Dienstags darf immer die Freundin von Herrn Müller fahren, die an der gleichen Schule Lehrerin ist. Bei ihrem flotten Fahrstil verbraucht das Auto auf 100 km 10 Liter Super. Gib an, wie oft seine Freundin so zur Schule und zurück fahren kann, wenn der Tankinhalt 60 Liter fasst.
c) Aus einem Leck in der Benzinleitung tropfen in drei Minuten 2 ml aus. Berechne die Menge, die in einer Schulstunde tropft.

10 Ein Güterzug besteht aus einer 14 m langen Zuglokomotive und 12 Anhängern. Er ist insgesamt 194 m lang. Wie lang wäre der Güterzug, wenn er im Bahnhof A-Bach 5 Waggons abhängt und in Bahnhof B-Tal 14 neu anhängt?

11 Conny öffnet eine Packung Druckerpapier und möchte wissen, wie dick ein einzelnes Blatt ist. Beschreibe ein Verfahren, mit dem sie die Dicke bestimmen kann.

12 Herr Horch und Frau Cooper unterhalten sich an der Tankstelle.

Ich tanke 30 Liter. Wenn ich doppelt so viel tanke, muss ich auch doppelt so viel bezahlen.

Ich tanke für 50 Euro. Wenn ich für 100 Euro tanke, bekomme ich doppelt so viel Benzin.

4.8 Maßstab

Entdecken

Frau Fit ist nach Xanten gefahren und möchte dort möglichst viel zu Fuß erledigen. Sie steht am Rathaus und liest, dass die Entfernung zum Stiftsmuseum entlang der Straße 300 m beträgt.

- Auf dem Stadtplan befindet sich die Angabe 1:10 000. Erkläre die Bedeutung der Angabe.
- Schätze ab, wie weit der Mauerturm, die Kriemhildmühle und das Siegfriedmuseum vom Rathaus entfernt sind.

Verstehen

Da man tatsächliche Entfernungen zwischen zwei Orten auf einer Karte nicht darstellen kann, muss man alles so verkleinern, dass die wirklichen Längenverhältnisse erhalten bleiben.

Merke

Erklärvideo

Mediencode 61165-22

Länder, Städte, …, Gegenstände werden oft verkleinert oder vergrößert dargestellt.
Der **Maßstab** gibt an, um wieviel mal eine Strecke größer (bzw. kleiner) in Wirklichkeit ist.

vorne: Streckenlänge auf der Karte   hinten: Streckenlänge in Wirklichkeit
$$1 : 25\,000$$

Beim Maßstab 1 : 25 000 (gelesen: „1 zu 25 000") entspricht 1 cm auf der Karte 25 000 cm in Wirklichkeit. Ebenso entspricht 1 dm auf der Karte 25 000 dm in Wirklichkeit; …

Auf vielen Karten wird der Maßstab veranschaulicht, um das Umrechnen zu erleichtern.

Beispiele

I. a) Auf einer Wanderkarte im Maßstab 1 : 50 000 wird eine Strecke von 4 cm gemessen. Gib die Länge der Strecke in Wirklichkeit an.
   b) Bestimme die Flügelspannweite der im Maßstab 2 : 1 abgebildeten Honigbiene in Wirklichkeit.

Lösung:
a) 4 cm auf der Karte $\xrightarrow{\cdot 50\,000}$ 200 000 cm = 2000 m = 2 km in Wirklichkeit
b) 2 cm im Bild $\xrightarrow{:2}$ 1 cm in Wirklichkeit

II. Welcher Maßstab wurde benutzt?
   a) 7 cm auf der Karte entsprechen 350 000 cm in Wirklichkeit.
   b) 15 cm auf dem Bild entsprechen 5 mm in Wirklichkeit.

Lösung:
a) 7 cm (Karte) : 350 000 cm (Wirklichkeit)
   1 cm (Karte) : 50 000 cm (Wirklichkeit)
   Der Maßstab ist 1 : 50 000.

b) 150 mm (Bild) : 5 mm (Wirklichkeit)
   30 mm (Bild) : 1 mm (Wirklichkeit)
   Der Maßstab ist 30 : 1.

Rechnen mit Größen

Nachgefragt
- Erkläre, was der Maßstab 1 : 1 bedeutet.
- Erläutere den Unterschied zwischen dem Maßstab 1 : 5 und dem Maßstab 5 : 1.

Aufgaben

1 a) Bestimme die Länge der Strecken in Wirklichkeit, wenn sie auf einer Karte mit dem Maßstab 1 : 100 000 die angegebenen Längen haben.
   1 1 cm   **2** 5 cm   **3** 8 cm   **4** 120 mm
b) Erkläre, wie sich die Ergebnisse aus a) bei einem Maßstab von 1 : 20 000 verändern.

2 Gib an, wie lang die Strecken auf einer Karte mit dem Maßstab 1 : 10 000 (1 : 50 000) sind.
a) 10 m   b) 500 m   c) 8 km   d) 12 km 500 m

3 Übertrage die Tabelle in dein Heft und fülle die Lücken aus.

Länge in Wirklichkeit	4 km	45 m		1 mm	5 mm	
Länge auf der Karte	5 cm		8 cm		8 dm	30 cm
Maßstab		1 : 300	1 : 20 000	50 : 1		250 : 1

Alles klar?

4 Janas Eltern wollen ein neues Haus bauen. Der Bauplan hat einen Maßstab von 1 : 200. Das Grundstück hat auf dem Plan eine Länge von 12 cm und eine Breite von 8 cm. Das Haus hat einen quadratischen Grundriss mit einer Länge von 5 cm.
a) Berechne die wirklichen Längen.
b) Wie ändern sich die Längen des Hauses in einem Bauplan mit Maßstab
   1 1 : 100;   **2** 1 : 400? Begründe deine Antwort.

5 Sicher hast du schon Schilder von Versorgungsleitungen gesehen. In der Skizze rechts siehst du Kasims Erklärung eines Hydrantenschilds.

Hydrant

Wasserrohr

Gasleitung

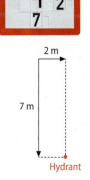

a) Zeichne im Maßstab 1 : 100 die Lage der Anschlüsse der drei Leitungen.
b) Suche auf deinem Schulweg Hinweisschilder auf Versorgungsleitungen und überprüfe die Lage der zugehörigen Anschlüsse. Zeichne sie anschließend ab und stelle sie deiner Klasse vor.

6 Erstelle eine Umrechnungstabelle für den Maßstab 1 : 100 (1 : 5).
a) Berechne die jeweilige Länge in der Wirklichkeit.
   3 cm; 14 cm; 22 dm; 45 mm; 100 mm; 4,2 cm; 7,5 cm; 8,4 dm; 9,6 cm; 14,5 cm; 22,5 cm
b) Berechne die jeweilige Länge in der Verkleinerung.
   10 m; 35 dm; 40 m; 65 m; 25 m; 160 m; 220 m; 100 km; 200 km; 1000 km

4.8 Maßstab

7

Strecke	Längen beim Maßstab 1:5	
	Verkleinerung	Wirklichkeit
$\overline{AB}$	3,5 cm = 35 mm	35 mm · 5 = 175 mm = 17,5 cm
$\overline{BC}$	2,0 cm	2 cm · 5 = 10 cm

Lara hat sich für ihre Skizze eine Umrechnungstabelle angelegt, mit der sie die wirklichen Maße berechnet.
a) Erläutere die Rechnungen in der Tabelle.
b) Miss die fehlenden Strecken aus der Skizze und berechne ihre wirkliche Länge.

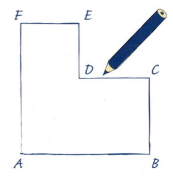

8 Übertrage jede Figur ins Heft und zeichne die Verkleinerung im Maßstab 1:4 daneben.

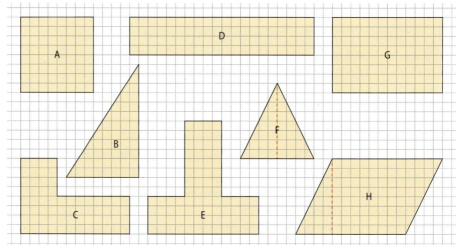

9 a) Gib die Länge und Breite des Zimmers an.
b) Bestimme die Breite von Fenster und Tür.
c) Übertrage den Grundriss in dein Heft. Zeichne im gleichen Maßstab Grundrisse von den angegebenen Möbelstücken und schneide sie aus. Möbliere damit das Zimmer und klebe eine Lösung auf.

① Schrank: 2 m lang   80 cm breit
② Tisch: 1,20 m lang   1 m breit
③ Regal: 2,40 m lang   40 cm breit

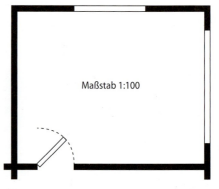

Maßstab 1:100

10

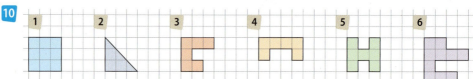

a) Vergrößere die Figuren im Maßstab 2:1 in dein Heft.
b) Ermittle, wie sich die Anzahl der gefärbten Kästchen mit der Vergrößerung verändert.
c) Beantworte Teilaufgabe b) wenn du die Figuren im Maßstab 3:1 (4:1) zeichnest.

Finde Zusammenhänge

Rechnen mit Größen

11 Bestimme jeweils die Länge der angegebenen Wegstrecken in Wirklichkeit.

a) Stadtplan von Münster

1 Domplatz – Bibelmuseum
2 St.-Paulus-Dom – Kunstverein
3 Bibelmuseum – Kunstmuseum

b) Stadtplan von Geseke

1 Hexenturm – Gymnasium
2 Stiftsschule – Hexenturm
3 Gymnasium – Stiftsschule

c) Autobahnkarte Rheinland

1 Köln – Dortmund
2 Essen – Bonn
3 Duisburg – Wuppertal

d) Landkarte Eifel

1 Basberg – Steffeln
2 Duppach – Basberg
3 Kalenborn-Scheuern – Steffeln

4 Trainingsrunde: Differenziert

Die folgenden Aufgaben behandeln alle Themen, die du in diesem Kapitel kennengelernt hast. Auf dieser Seite sind die Aufgaben in zwei Spalten unterteilt. Die **grünen** Aufgaben auf der linken Seite sind etwas einfacher als die **blauen** auf der rechten Seite. Entscheide bei jeder Aufgabe selbst, welche Seite du dir zutraust!

1

Flöhe sind etwa 1 mm groß und können eine Sprunghöhe erreichen, die dem 300-Fachen ihrer Körpergröße entspricht. Frösche sind etwa 7 cm groß, ihre Sprunghöhe ist das 7-Fache ihrer Körpergröße. Schätze …
a) wie hoch ein Floh bzw. ein Frosch ungefähr springen kann.
b) wie hoch ein Mensch springen könnte, wenn er die Sprungkraft eines Flohs hätte.
c) wie hoch Menschen tatsächlich springen. Recherchiere den Hochsprungweltrekord.

In einem großen Ameisenhaufen leben rund 550 000 Ameisen. Die Länge einer Waldameise beträgt etwa 20 mm.
a) Schätze zuerst, wie lang eine Ameisenstraße ist, wenn alle Ameisen eines Haufens hintereinander laufen. Berechne anschließend.
b) Wüstenameisen halten unter den Ameisen mit etwa einem Meter pro Sekunde den Geschwindigkeitsrekord. Gib an, wie schnell sie im Vergleich zum schnellsten Menschen sind.

2

Bestimme die Zeitspanne.
a) 7:50 Uhr bis 15:30 Uhr
b) 13:25 Uhr bis 20:15 Uhr
c) 23:59 Uhr bis 22:59 Uhr
d) 13:34 Uhr bis 18:13 Uhr
e) 2:37 Uhr bis 14:16 Uhr
f) 12:57 Uhr bis 1:34 Uhr

a) Ein Läufer hat in zwei Wochen insgesamt 16 h 48 min trainiert. Bestimme seine durchschnittliche Trainingszeit pro Tag, wenn er jeden Tag trainiert.
b) Eine Läuferin läuft die 300-m-Strecke in rund 40 Sekunden. In welcher Zeit würde sie in diesem Tempo einen Marathon laufen? Vergleiche mit dem Weltrekord.

3 Helene bekommt von ihrem Opa 60 € geschenkt. Sie kauft sich davon ein Hörspiel für 5,99 €, ein Buch für 8,50 € und zwei Kugeln Eis, die jeweils 60 ct kosten, dazu Sahne für 0,30 €. Den restlichen Geldbetrag zahlt sie auf ihr Sparbuch ein.

a) Gib an, wie viel Geld sie auf ihr Sparbuch einzahlen kann.
b) Bestimme die Höhe ihres Guthabens nach der Einzahlung, wenn schon 437,48 € auf dem Konto sind.

a) Vorher hatte sie ein Sparguthaben von 217,36 €. Gib den Kontostand nach der Einzahlung an.
b) Helene spart auf ein 349 € teures Fahrrad. Berechne, wie viel Geld ihr noch fehlt.

4 Die Waagen sind jeweils im Gleichgewicht. Beschreibe deinen Lösungsweg.

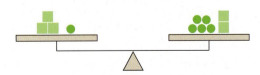

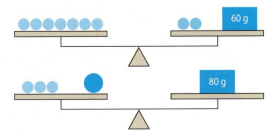

a) Jede Kugel wiegt 4 g. Bestimme, wie viel die fünf gleich schweren Würfel wiegen.
b) Gib die Masse der gleich schweren Kugeln an, wenn ein Würfel 100 g wiegt.

Finde heraus, welche Masse die große Kugel hat.

Trainingsrunde: Kreuz und Quer

Rechnen mit Größen

1 Rechne in die in Klammern angegebene Einheit um.
a) 2 d 14 min (s)
134 € (ct)
18 000 s (h)
b) 3425 g (kg)
123 dm (km)
18 000 ct (€)
c) 4500 mg (kg)
36 000 min (d)
75 km 5 cm (m)
d) 35 d 17 min (s)
123 m 45 cm (km)
3 t 45 g (kg)

2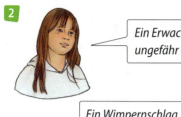

Ein Erwachsener wiegt ungefähr 0,008 t.

Ein Wimpernschlag dauert ca. 1 s.

Kann das stimmen?
Begründe und korrigiere, falls nötig.

3 Gib zu jeder Messstrecke den Maßstab an.

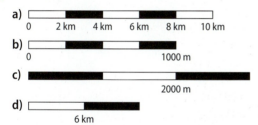

4 Ordne die Größenangaben von klein nach groß.
a) 2 m; 250 cm; 1 km; 2 cm; 4 dm
b) 3 kg; 4500 g; 11 t; 57 000 mg
c) 2 min; 300 s; 1 min 80 s; 4 min 59 s
d) 5 €; 5000 ct; 45 €; 10 000 ct

5 Eine vollständig gefüllte Milchkanne wiegt 39,9 kg. Ist sie nur halb gefüllt, beträgt ihre Masse 21,3 kg. Ermittle die Masse der leeren Kanne.

6 Übertrage die Tabelle in dein Heft und ergänze.

a)
Masse	Preis
2 kg	2,80 €
5 kg	
8 kg	
12 kg	

b)
Benzin	Preis
5 ℓ	7,75 €
	38,75 €
	62,00 €
	7,44 €

7 Im Programmplan des Kinocenters Cinex sind einige Daten verloren gegangen. Vervollständige die Tabelle und erkläre dein Vorgehen.

Titel	Vorstellung	
	Start	Ende
Die verflixte Sieben	15:15 Uhr	16:45 Uhr
	19:15 Uhr	■
Pi – Der kleine Endecker	■	17:04 Uhr
	20:00 Uhr	21:34 Uhr
Alles Zufall?	15:5■ Uhr	17:18 Uhr
	20:15 Uhr	21:■8 Uhr

8 Im Flusspferdgehege eines Zoos leben fünf erwachsene Tiere. Ein Steckbrief für ein solches Flusspferd könnte so aussehen:

Flusspferd
- *Lebensraum: Afrika*
- *Höhe: 165 cm*
- *Gewicht: 3200 kg*
- *Geschwindigkeit: max. 48 km/h*
- *Nahrung: 40 kg Gräser pro Tag*
- *Zur Nahrungsbeschaffung legt es pro Nacht ca. 5 km zurück.*

a) Gib an, wie viel Euro der Zoo pro Woche (Monat, Jahr) einplanen muss, wenn 100 kg Futter 10 € kosten.
b) Ermittle, wie lange ein Tier fressen muss, bis es Futter in Höhe seines eigenen Gewichts verspeist hat.
Gib an, wie viel Euro es bis dahin „gefressen" hat.
c) Der zooeigene Lkw hat eine Transportkapazität von 2,5 t. Berechne die Anzahl der Fahrten im Jahr, um das Futter für die Flusspferde zu transportieren.
d) Der Futtervorrat des Zoos beträgt noch 1,1 t. Gib an, in wie vielen Tagen das neue Futter spätestens angeliefert werden muss.
e) Beurteile, ob die Tiere zusammen mit einem Spezialcontainer transportiert werden können, dessen maximale Transportkapazität 22,5 t beträgt.

4 Trainingsrunde: Kreuz und quer

9 Jana will sich mit ihrer Cousine um 15:10 Uhr in der Eisdiele treffen.
a) Für den Weg braucht sie mit ihrem Fahrrad 12 Minuten. Gib an, wann sie los muss.
b) Überlege, wann sie losgehen müsste, wenn sie zu Fuß dreimal so lang braucht.
c) Nachdem sie die Hälfte der Strecke mit dem Rad zurückgelegt hat, reißt die Fahrradkette und sie muss den Rest des Wegs schieben. Gib an, um wie viel Uhr sie ankommt.

10 Berechne.
a) 12 t + 4 t + 34 t
b) 36 m − 130 cm − 20 dm
c) 3825 h + 15 min + 978 h
d) 1001 € − 311 € + 258 €
e) 21,210 t : 7
f) 40 ml · 235
g) 5 kg : 2 + 0,5 kg
h) 275 km : 25 000 m

11 Hier ist etwas falsch gelaufen. Ordne den Tieren die Massen korrekt zu.

Blauwal
300 g

Eichhörnchen
600 kg

Nashorn
40 kg

Braunbär
150 t

Amsel
3 t

Ziege
100 g

12 Jedes Kettenglied einer Kette ist 5 cm lang, 2 cm breit und 5 mm dick.

a) Berechne, wie lang eine Kette aus 25 solchen Gliedern höchstens ist.
b) Bestimme die Anzahl der Glieder, die man für eine 2 m lange Kette braucht.

13 In einer Bäckerei kosten 12 Hörnchen im Angebot 14,40 €. Anna, Petra und Felix nutzen das Angebot und teilen später untereinander auf.
a) Berechne, wie viel jeder bezahlen muss, wenn jeder gleich viele Hörnchen bekommt.
b) Gib an, was jeder bezahlen muss, wenn Anna drei Stück, Petra vier Stück und Felix den Rest mit nach Hause nehmen will.
c) Welche Möglichkeiten der Aufteilung gibt es noch? Ermittle jeweils den Preis für die unterschiedlichen Anzahlen.
Beispiel für eine Aufteilung:
1; 2; 9 oder 2; 3; 7 oder …

14 Tayfun hat einen Lageplan seiner Schule angefertigt. Dabei entspricht ein Kästchen in seinem Heft 5 m in Wirklichkeit.

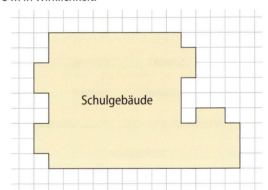

a) Übertrage den Plan in dein Heft. Gib den Maßstab an, den Tayfun benutzt hat.
b) Berechne alle Längen in Wirklichkeit und trage sie in deinen Plan ein.

15 Ein 80 kg schwerer Mann verbrennt bei bequemer Geschwindigkeit mit dem Fahrrad auf 3 km ca. 75 Kilokalorien (kcal).
a) Berechne, wie viele kcal nach 21 km (36 km, 45 km, 50 km) verbrannt sind. Gib an, welche Annahmen du bei deiner Rechnung machst.
b) Berechne die Strecke, die der Mann fahren muss, um 1240 kcal zu verbrauchen. Beurteile, wie realistisch dein Ergebnis ist.

Rechnen mit Größen

16 Theresa wurde nach ihrer Geburt jede Woche gewogen.
a) Übertrage die Tabelle in ein Balkendiagramm. Runde sinnvoll.
b) Gib an, wie viel Theresa in den ersten acht Wochen seit ihrer Geburt insgesamt zugenommen hat.
c) Bestimme, in welcher Woche sich das Gewicht am stärksten (wenigsten) verändert hat. Beschreibe dein Vorgehen.
d) **Medien und Werkzeuge:** Informiere dich über dein Geburtsgewicht und die Gewichtsentwicklung als Baby. Frage deine Eltern oder schlage in deinem Kinder-Untersuchungsheft nach. Präsentiere deine Entwicklung mithilfe eines Plakats in deiner Klasse.

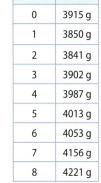

Woche	Gewicht
0	3915 g
1	3850 g
2	3841 g
3	3902 g
4	3987 g
5	4013 g
6	4053 g
7	4156 g
8	4221 g

17 Augentierchen sind Kleinstlebewesen, die zur Familie der Algen gehören. Auch wenn sie eine gewisse Ähnlichkeit zu Kaulquappen haben, unterscheiden sie sich doch durch ihre Größe deutlich, denn sie werden lediglich 10 µm (Mikrometer) lang. Schätze:

 S. 219

> **1 Mikrometer (1 µm)**
> = 1 millionstel Meter
> = 1 tausendstel mm
> 1000 µm = 1 mm
>
> **1 Nanometer (1 nm)**
> = 1 milliardstel Meter
> = 1 millionstel Millimeter
> 1 000 000 nm = 1 mm

① Gib an, wie viele Tierchen sich hintereinander legen müssten, damit die Reihe 9 cm lang ist.
② Noch kleiner als Augentierchen sind Bakterien. Je nach Art werden sie zwischen 1 µm und 750 µm groß. Bestimme, wie viele Bakterien man mindestens (maximal) bräuchte, um eine Reihe wie in a) zu bilden.
③ Viren werden sogar nur zwischen 100 nm (Nanometer) und 4 µm groß. Gib an, wie viele Viren man mindestens (maximal) für die Reihe in a) bräuchte.
④ Vergleiche die Größe eines Augentierchens mit der Größe einer Bakterie (eines Virus).

18 Marie muss 37,5 Stunden in der Woche arbeiten, verteilt auf die Werktage Montag bis Freitag. Sie beginnt jeden Tag um 7:30 Uhr und macht stets eine Dreiviertelstunde Mittagspause.
a) Wann hat Marie Feierabend, wenn sie jeden Tag gleich viele Stunden arbeitet?
b) Stimmt Celias Aussage? Begründe.

> *Würdest du Montag bis Donnerstag stets 20 Minuten länger arbeiten, könntest du wie ich am Freitag um 14:15 Uhr ins Wochenende starten.*

19 Ergänze die Rechenbäume und vergleiche sie. Formuliere Sachaufgaben.

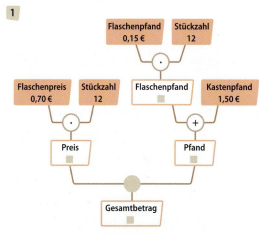

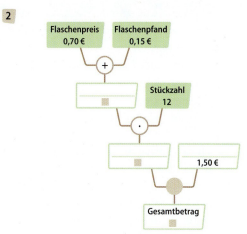

4 Am Ziel

Aufgaben zur Einzelarbeit

☺ Das kann ich!   😐 Das kann ich fast!   ☹ Das kann ich noch nicht!

1. **Teste dich!** Bearbeite dazu die folgenden Aufgaben und bewerte die Lösungen mit einem Smiley.
2. Hinweise zum Nacharbeiten findest du auf der folgenden Seite, die Lösungen findest du im Anhang.

1 Gib an, ob es sich um einen Zeitpunkt oder eine Zeitspanne handelt.
   a) 14:22 Uhr   b) 30 min   c) 01.01.2020
   d) 5 d   e) 2 h 15 min   f) 8 – 12 Uhr

2 Beschreibe, wie du vorgehen kannst, um …
   a) die Länge deines Schulwegs und die Zeit, die du dafür benötigst, zu messen.
   b) die Masse und das Fassungsvermögen deiner Schultasche zu messen.

3 Kann es das geben? Begründe deine Meinung.
   a) Eine Weltrekordzeit von 20 s beim 400-m-Lauf der Männer in der Leichtathletik.
   b) Ein Baby, das bei der Geburt 30 000 g wiegt.
   c) Eine leere Mülltonne mit einer Masse von 0,0125 t.
   d) Ein Modell eines Airbus 380 im Maßstab 10:1.

4

Gib an, welche Maßeinheit sinnvoll ist für die Angabe der …
   a) Länge eines Sattelschleppers (Regenwurms).
   b) Masse eines Fahrrads (Tischtennisballs).
   c) Dauer einer Halbzeit beim Fußball (Handball).
   d) Kosten einer s/w-Kopie im DIN-A4-Format.

5 Gib die Zeitspanne zwischen den Uhrzeiten an.
   a) 9:15 Uhr und 10:40 Uhr
   b) 13:35 Uhr und 20:15 Uhr
   c) 03:44 Uhr und 15:34 Uhr
   d) 19:09 Uhr und 15:38 Uhr
   e) 01:27 Uhr und 01:12 Uhr
   f) 07:33 Uhr und 02:17 Uhr

6 Schreibe in der in Klammern angegebenen Einheit.
   a) 20 ct (€)   b) 0,5 g (kg)
   c) 70 cm (mm)   d) 57 min (s)
   e) 1405 mm (dm)   f) 32 € 4 ct (ct)
   g) 75 g 10 mg (g)   h) 3 h 1 s (s)
   i) 11,80 € (ct)   j) 50 km 5 m (km)

7 Stimmt Vronis Aussage? Begründe.

Von zwei Längenangaben bezeichnet diejenige mit der größeren Maßzahl die größere Länge.

8 Übertrage die Tabelle ins Heft und ergänze sie.

	Länge in Wirklichkeit	Länge auf der Karte	Maßstab
a)	5 km	5 cm	▨
b)	▨	4 cm	1 : 20 000
c)	100 mm	▨	1 : 25

9 0 — 150 — 300 — 450 — 600 m

   a) Bestimme den Maßstab der zugehörigen Karte.
   b) Erkläre, um welche Art von Karte es sich handeln kann.

10 Gib an, wie viele Sekunden zur nächsten vollen Minute fehlen.
   a) 35 s   b) 1 min 17 s   c) 88 s

11 <, > oder = ? Setze ein.
   a) 800 g + 1,5 kg ▨ 2200 g + 200 mg
   b) 2,5 t + 854 kg ▨ 25 000 kg – 21,5 t
   c) 3,5 km · 9 ▨ 3499 m + 28,5 km
   d) 35 s + 81 s ▨ 17 min 24 s : 9

12 Ein Handwerker verlangt für 5 Stunden Arbeit 190 €. Berechne, wie viel er demzufolge für 3 Stunden Arbeit verlangt hätte.

13 a) Gib an, in wie viele 20 cm lange Streifen sich ein 1,5 m langes Band zerschneiden lässt.
b) Becca macht sich um 15:10 Uhr auf den 25 Minuten langen Heimweg. Unterwegs geht sie noch 18 Minuten lang einkaufen. Berechne, wie viel Zeit sie noch hat, bis ihre Freundin um 16:45 Uhr zu Besuch kommt.

14 Sophie hat von ihrer Oma 15 € fürs Kino bekommen. Sie kauft sich davon eine Kinokarte für 6,50 €. Außerdem bestellt sie noch eine Tüte Popcorn für 2,20 € und eine Apfelsaftschorle für 1,70 €. Berechne, wie viel Geld sie noch übrig hat.

15 Berechne, wie weit gefahren werden muss, bis der Kilometerzähler wieder lauter gleiche Ziffern anzeigt.

16 Ein Postbote legt pro Arbeitstag eine Strecke von 5 km zurück.
a) Gib an, welche Strecke er in einem Jahr zurück legt, wenn er an 225 Tagen arbeitet.
b) Er läuft diese Strecke seit 17 Jahren. Bestimme, ob er bereits die Erde hätte umrunden können, was ca. 40 000 km entspricht.

Aufgaben für Lernpartner

1. Bearbeite diese Aufgaben zuerst alleine.
2. Suche dir einen Partner und erkläre ihm deine Lösungen. Höre aufmerksam und gewissenhaft zu, wenn dein Partner dir seine Lösungen erklärt.
3. Korrigiere gegebenenfalls deine Antworten und benutze dazu eine andere Farbe.

Sind folgende Behauptungen **richtig** oder **falsch**? Begründe.

A 6:00 h und 6 h bedeuten dasselbe.
B Bei einem Flugzeugmodell im Maßstab 1:2 sind alle Längen halb so groß wie in Wirklichkeit.
C Man kann jede Maßeinheit in eine beliebige größere umrechnen, nicht aber in eine kleinere.
D Ein Erwachsener wiegt etwa 750 000 mg.
E Aus der Information, dass das Porto für 3 Kompaktbriefe 2,55 € beträgt, kann man nicht auf das Porto für 5 Kompaktbriefe schließen.
F 5 kg sind 20-mal so viel wie 200 Gramm.
G Bei Zeitspannen ist die Umrechnungszahl immer 60.

Ich kann …	Aufgabe	Hilfe	Bewertung
zwischen Zeitpunkten und Zeitspannen unterscheiden.	1, A	S. 124	☺ 😐 ☹
Zeitspannen, Längen und Massen schätzen, messen und vergleichen.	2, 3, 4, 5, 10, D	S. 116, 120, 124	☺ 😐 ☹
Geldbeträge, Zeitspannen, Längen- und Massenangaben in kleinere und größere Einheiten umrechnen.	6, 7, 11, 13, C, F, G, H	S. 116, 120, 124, 128	☺ 😐 ☹
mit Geldbeträgen, Zeit-, Längen- und Massenangaben rechnen.	11, 12, 13, 14, 15, 16, E	S. 130	☺ 😐 ☹
Zusammenhänge zwischen Größen nutzen.	13, 16, E	S. 136, 137	☺ 😐 ☹
mit Maßstäben rechnen	8, 9, B	S. 140	☺ 😐 ☹

4 Auf einen Blick

Seite 116

Größenangaben

Längen, Massen, Zeitspannen, Geldbeträge usw. sind **Größen**. Größenangaben bestehen aus einer **Maßzahl** und einer **Maßeinheit**.

Maßzahl Maßeinheit
3 m

Seite 116

Länge

Die **Länge** einer Strecke wird in der Regel durch die Maßeinheiten Kilometer (km), Meter (m), Dezimeter (dm), Zentimeter (cm) oder Millimeter (mm) angegeben.

1 km = 1000 m
1 m = 10 dm
1 dm = 10 cm
1 cm = 10 mm

Seite 120

Masse

Für die **Masse** eines Gegenstands sind die Maßeinheiten Tonne (t), Kilogramm (kg), Gramm (g) oder Milligramm (mg) üblich.

1 t = 1000 kg
1 kg = 1000 g
1 g = 1000 mg

Seite 124

Zeit

Ein **Zeitpunkt** entspricht einer Uhrzeit (Datum). Der Abstand zwischen zwei Zeitpunkten heißt **Zeitspanne** (**Zeitdauer**). Übliche Maßeinheiten für Zeitspannen sind Tag (d), Stunde (h), Minute (min) und Sekunde (s).

1 d = 24 h
1 h = 60 min
1 min = 60 s

Zeitspanne (Wie lange?)
7 Uhr   8 Uhr   9 Uhr
7:20 Uhr ← Zeitpunkt (Wann?) → 8:50 Uhr

Seite 128

Geld

Geld ist eine Größe, mit der man angibt, wie viel eine Sache wert ist. In Deutschland und vielen anderen Ländern Europas ist die Einheit (**Währung**) Euro (€) und Cent (ct).

100 ct = 1 €   1,89 € = 1 € 89 ct

Seite 130

Rechnen mit Größen

Größen gleicher Art (z. B. Längen) können **addiert** (**subtrahiert**) werden, indem man zunächst alle Größen **in dieselbe Maßeinheit umwandelt**. Anschließend werden die Größen stellengerecht addiert (subtrahiert). Größen werden mit einer natürlichen Zahl **multipliziert** (durch eine natürliche Zahl **dividiert**), indem man die Zahlen berechnet und dem Ergebnis die Einheit der Größe gibt.

1 m 13 mm + 3 cm 4 mm
= 1013 mm + 34 mm
= 1047 mm = 1 m 4 cm 7 mm

10,32 € − 3,04 € = 1032 ct − 304 ct = 728 ct
= 7 € 28 ct = 7,28 €

3,45 € · 4 = 345 ct · 4 = 1380 ct = 13 € 80 ct

1 kg 24 g : 8 = 1024 g : 8 = 128 g

Seite 140

Maßstab

Der **Maßstab** gibt an, wie viel mal größer oder kleiner eine Strecke in Wirklichkeit ist.

Streckenlänge auf der Karte
1 : 25 000
Streckenlänge in Wirklichkeit

Einstieg
- Betrachte die Luftaufnahme der Felder. Welches Feld ist am größten? Begründe.
- Die Landwirte haben alle ihre Felder eingezäunt. Erkläre, welches der Felder den längsten Zaun hat.

Umfang und Flächeninhalt von Figuren

Ausblick
Am Ende dieses Kapitels hast du gelernt, …
- … **Umfang** und **Flächeninhalt** verschiedener Figuren zu bestimmen.
- … **Flächenmaße** zu benennen und ineinander umzuwandeln.
- … die **Flächeninhaltsformel** von **Rechteck** und **Quadrat** herzuleiten und anzuwenden.

5 Startklar

Vorwissen

Geometrische Figuren unterscheiden

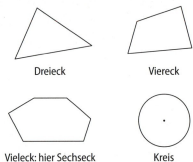

Beispiele für besondere Vierecke:

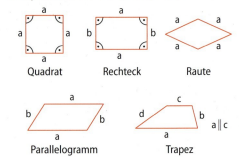

Längeneinheiten sinnvoll angeben

Längenangaben werden stets durch eine Maßzahl und eine Maßeinheit angegeben.

7 m

1 Kilometer	1 Meter	1 Dezimeter
kurzer Spaziergang	großer Ausfallschritt	„U" mit der Hand

1 Zentimeter	1 Millimeter
2 Kästchen Karopapier	Breite eines i-Punkts

Längeneinheiten umwandeln

Zur Längenmessung sind die folgenden Einheiten üblich:

Kilometer (km)   Meter (m)   Dezimeter (dm)   Zentimeter (cm)   Millimeter (mm)

1 km = 1000 m
1 m = 10 dm
1 dm = 10 cm
1 cm = 10 mm

Wenn man mit Längenangaben rechnen oder sie vergleichen will, muss man sie oft zunächst in eine gemeinsame Einheit umwandeln. Hierbei hilft eine schrittweise Umwandlung in die nächstkleinere bzw. nächstgrößere Einheit.

Beispiele:

1 Umwandeln in kleinere Einheiten:
35,7 km = 35 700 m
6,8 m = 68 dm = 680 cm = 6800 mm

2 Umwandeln in größere Einheiten:
806 cm = 80,6 dm = 8,06 m
980 mm = 98 cm = 9,8 dm = 0,98 m

Umfang und Flächeninhalt von Figuren

Vorwissentest

☺ Das kann ich! 😐 Das kann ich fast! ☹ Das kann ich noch nicht!

Teste dich! Schau dir dazu zunächst die bereits bekannten Inhalte auf der linken Seite an. Bearbeite die Aufgaben und bewerte deine Lösungen. Die Ergebnisse findest du im Anhang.

1   1   2   3   4   5   6

a) Benenne die geometrischen Figuren.
b) Nenne jeweils besondere Eigenschaften der Figuren, die du kennst.

2 Zeichne die Figur.
a) Ein Rechteck mit den Seitenlängen 3 cm und 4 cm.
b) Ein Quadrat mit der Seitenlänge 5 cm.

3 Nenne die passenden Einheiten bei den Abbildungen: km; cm; dm; m; mm.

a)   b)   c)   d)   e) Münster — Neuss

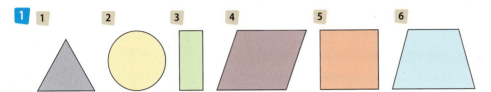

12 ▢   37 ▢   28 ▢   1 ▢   138 ▢

4 Miss die Längen folgender Strecken.

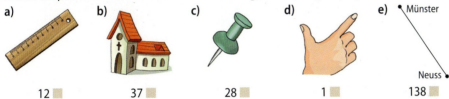

5 Wandle in die in Klammern angegebene Maßeinheit um.

a) 8 cm (mm)
   20 000 m (km)
d) 7,02 m (mm)
   2,018 km (dm)

b) 4 km (m)
   1,5 m (dm)
e) 14,81 m (mm)
   3 km 18 cm (mm)

c) 32 dm (cm)
   1 km 20 m (m)
f) 1,5 m (cm)
   30 m (km)

Ich kann …	Aufgabe	Bewertung
geometrische Figuren unterscheiden und zeichnen.	1, 2	☺ 😐 ☹
Längen messen und in sinnvollen Einheiten angeben.	3, 4	☺ 😐 ☹
Längeneinheiten umwandeln.	5	☺ 😐 ☹

5 Entdecken

Das Geobrett ist ein Hilfsmittel, mit dem du Figuren mithilfe von Gummibändern spannen kannst.

Ein Geobrett gibt es bereits fertig im Handel, oder du kannst dir mithilfe der Anleitung auch ein eigenes bauen.

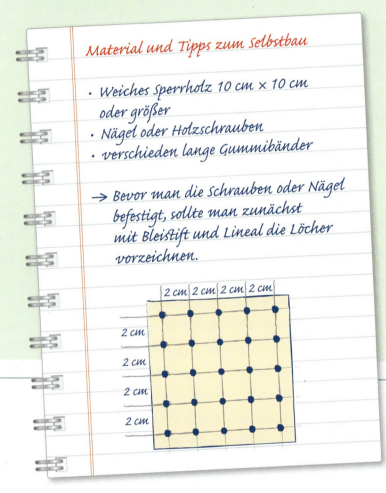

Material und Tipps zum Selbstbau

- Weiches Sperrholz 10 cm × 10 cm oder größer
- Nägel oder Holzschrauben
- verschieden lange Gummibänder

→ Bevor man die Schrauben oder Nägel befestigt, sollte man zunächst mit Bleistift und Lineal die Löcher vorzeichnen.

1 Ein paar Grundübungen, mit denen du das Geobrett erkunden kannst:

- Spanne ein beliebiges Gummiband. Spanne weitere Gummibänder, die parallel (orthogonal) zum ersten Band liegen. Beschreibe, wie du parallele (orthogonale) Strecken spannen kannst.
- Betrachte die Abbildung rechts. Spanne auf deinem Geobrett den kürzesten Weg von A nach B. Wie viele Möglichkeiten findest du? Beschreibe die Länge des Weges.
- Gib einen Weg von A nach B an, der jeden Nagel genau ein Mal berührt.

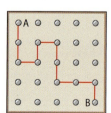

Figuren spannen(d)

Umfang und Flächeninhalt von Figuren

2 Mit dem Geobrett lassen sich auch Vierecke spannen:

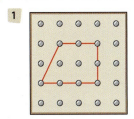 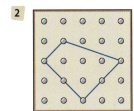 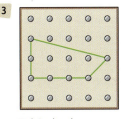 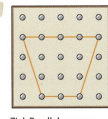

Ziel: Quadrat   Ziel: Raute   Ziel: Rechteck   Ziel: Parallelogramm

- Spanne die farbigen Ausgangsvierecke. Verändere anschließend einen Eckpunkt so, dass du das angegebene Zielviereck erhältst.
- Verändere in den Ausgangsfiguren jeweils zwei Punkte und versuche erneut, zum Zielviereck zu gelangen.
- Spanne weitere Figuren auf dem Geobrett, gib ein Zielviereck vor und bitte eine Partnerin oder einen Partner, die Figur entsprechend zu verändern. Beschreibe, wie viele Punkte jeweils versetzt werden müssen.
- Genügt es immer, zwei Punkte zu versetzen, um zum Zielviereck zu gelangen? Überprüfe und begründe.

3 Untersuche den Umfang und den Flächeninhalt von Figuren am Geobrett. Finde verschiedene Möglichkeiten.
Beispiel: Die nebenstehende Figur hat einen Flächeninhalt von 10 Quadraten und einen Umfang von 16 Längenstücken.

Flächeninhalt   Umfang

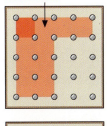 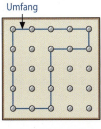

- Spanne folgende Figuren nach und bestimme deren Flächeninhalt und Umfang.

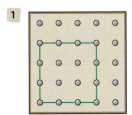 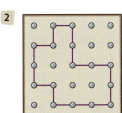 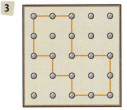 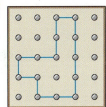

- Spanne Figuren mit den gegebenen Maßen und bestimme die fehlende Größe.

Flächeninhalt in Quadraten	7		13		15	5	
Umfang in Längenstücken		12		4	20		14

Medien & Werkzeuge

Ein digitales Geobrett

Im Internet gibt es auch *digitale Geobretter*, oft heißen sie **Geoboard**. Finde eine kostenlose Version eines solchen Geoboards. Gib dazu in einer Suchmaschine die Worte „Geoboard online kostenlos" ein.

- Probiere auf dem digitalen Brett, Figuren zu spannen. Du kannst auch noch einmal Aufgabe **3** hiermit durchführen.
- Was entdeckst du für *Möglichkeiten*, die man mit der digitalen Version hat? Stellt euch eure Ergebnisse gegenseitig vor.
- Erstellt eine Liste, in der die *Vor- und Nachteile* im Vergleich zu einem Geobrett aus Holz oder Plastik dargestellt werden.

5 5.1 Umfang ebener Figuren

Entdecken

Viktor, Cecile und Nika bestimmen den Umfang der gespannten Figur am Geobrett auf unterschiedliche Arten. Als Einheit nehmen sie das Längenstück L.

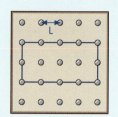

Viktor: 4 L + 2 L + 4 L + 2 L = 12 L
Cecile: 2 · 4 L + 2 · 2 L = 12 L
Nika: 2 · (4 L + 2 L) = 12 L

- Alle drei haben dasselbe Ergebnis. Ist das Zufall? Erkläre.
- Welcher Rechenweg erscheint dir am einfachsten? Begründe.
- Beschreibe, wie man den Umfang eines Rechtecks bestimmen kann.

Verstehen

In der Mathematik bezeichnet man die Summe aller Seitenlängen einer Figur, die zusammen den äußeren Rand bilden, als ihren Umfang.

Der Umfang ist um eine Figur herum.

Merke

Der Umfang U einer Figur ist die Länge ihrer Randlinie.

Beispiel für den Umfang U_R eines Rechtecks:

1. $U_R = a + b + a + b$
2. $U_R = 2 \cdot a + 2 \cdot b$
3. $U_R = 2 \cdot (a + b)$

Breite b
Länge a

Beispiele

I. Ein Rechteck ist 7 cm lang und 3 cm breit. Berechne seinen Umfang auf verschiedene Arten.

Lösungsmöglichkeiten:

1. $U_R = 7\,cm + 3\,cm + 7\,cm + 3\,cm = 20\,cm$
2. $U_R = 2 \cdot 7\,cm + 2 \cdot 3\,cm = 20\,cm$
3. $U_R = 2 \cdot (7\,cm + 3\,cm) = 20\,cm$

II. Ein 52 cm langes Rechteck hat einen Umfang von 136 cm. Bestimme seine Breite. Erkläre dein Vorgehen.

Lösung:
b = (136 cm − 2 · 52 cm) : 2
 = (136 cm − 104 cm) : 2
 = 32 cm : 2
 = 16 cm

Idee:
Die Breite b erhält man, indem man vom Umfang die beiden Längen a abzieht und das Ergebnis halbiert.

Das Rechteck besitzt eine Breite von 16 cm.
Probe: U = 2 · 52 cm + 2 · 16 cm = 136 cm

Nachgefragt

- Nenne Beispiele aus dem Alltag, bei denen es sich aus mathematischer Sicht um den Umfang eines Rechtecks handelt.
- Begründe, dass man den Quadratumfang auch mit der Rechteck-Formel bestimmen kann.

Umfang und Flächeninhalt von Figuren

Aufgaben

1 Schätze zunächst den Umfang folgender Gegenstände. Miss dann nach.

a)   b)    c)

Suche dir geeignete Gegenstände aus deiner Umgebung.

2 Ordne richtig zu und gib eine Begründung an.

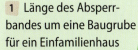

1 Länge des Absperrbandes um eine Baugrube für ein Einfamilienhaus

2 Länge eines Schnürsenkels

3 Länge der Kanteneinfassung einer Schultafel

4 Länge eines Zaunes für ein Kaninchengehege

A 550 cm
B 9 m
C 60 m
D 46 cm

3 Übertrage die Tabelle ins Heft und fülle sie aus.

Figur	Rechteck					Quadrat		
	a)	b)	c)	d)	e)	f)	g)	h)
Länge a	3 cm	12 cm		20 dm	7,8 cm	5,5 dm		
Breite b	6 cm	3,4 dm	10^3 mm		14,5 cm			10 cm
Umfang U			48 dm	8,2 m			2 m 8 dm	

Wandle gegebenenfalls in kleinere Einheiten um.

Lösungen zu 3:
5,5; 7; 7; 10; 14; 18; 21; 22; 40; 44,6; 92
Die Einheiten sind nicht angegeben.

4 Berechne jeweils den Umfang des Rechtecks. Beachte die Einheiten.

	a)	b)	c)	d)	e)	f)	g)	h)	i)
Länge a	80 m	1,80 m	65 dm	8 cm	13 dm	8,8 m	350 m	8 km	50 dm
Breite b	68 m	1,80 m	12 dm	60 mm	8 cm	2,2 dm	220 m	900 m	3,3 m

5 Ermittle den Umfang der farbigen Figur, wenn ein Kästchen 1 cm lang ist.

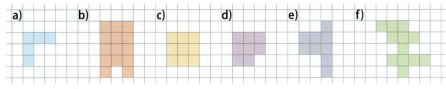

Alles klar?

6 Berechne die fehlenden Größen des Rechtecks.

a)
Länge a	4,5 cm		6,6 dm
Breite b	3,5 cm	9,8 cm	
Umfang U		26 cm	18 dm

b)
Länge a	7 cm		4,5 m
Breite b	12 cm		9,5 m
Umfang U		24 m	38 m

7 Wie ändert sich der Umfang eines Quadrats, wenn man die Seitenlänge verdoppelt? Erkläre dein Vorgehen.

5.1 Umfang ebener Figuren

8 Eine Fußballmannschaft umrundet zum Konditionstraining ihren 85 m × 60 m großen Fußballplatz.
  a) Berechne, wie weit die Spieler bei einer Feldumrundung laufen.
  b) Einmal wöchentlich stehen 20 Runden auf dem Trainingsprogramm. Gib an, wie weit die Spieler dabei laufen.
  c) Die Mannschaft legt im Training jede Woche 30 Runden zurück. Berechne, wie weit sie im Training in einer Saison laufen, die von September bis Mai geht.

9 Aurora und Kira haben jeweils ein Rechteck gezeichnet.

Mein Rechteck hat einen Umfang von 14 cm.

Meines auch, dann hast du wohl genau das gleiche Rechteck wie ich gezeichnet.

Was meinst du zu Kiras Vermutung? Erläutere.

10 Ein Rechteck besitzt einen Umfang von 24 cm. Zeichne ein solches Rechteck, das …
  a) doppelt so lang wie breit ist.
  b) in drei gleich große Quadrate zerlegt werden kann.

11 Auf den Außenanlagen werden die Linien eines Tennisplatzes an jedem Wochenende neu gestreut. Der Tennisclub „Schneller Schläger" hat acht Tennisplätze.
  a) Bestimme die Länge der Streulinie für einen Platz (für alle Plätze).
  b) Die Freiluftsaison dauert im Tennis 28 Wochen. Berechne die Länge a der Streulinien, die in einer Saison insgesamt im Tennisclub gezogen werden.
  c) Der Streuwagen hinterlässt pro Meter Streulinie etwa 15 g Kreidestaub auf dem Rasen. 1 kg Staub kostet 0,89 €.
  1 Gib die Menge der Kreide an, die an einem Wochenende (pro Saison) auf einem Platz benötigt wird.
  2 Berechne die Kosten für den Kreidestaub beim Tennisclub in einer Saison.

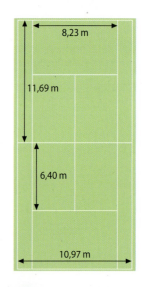

12 Zwei nebeneinander befindliche, rechteckige Pferdekoppeln werden zusammengelegt und neu eingezäunt. Der Trennzaun wird dabei entfernt. Ermittle, wie viel Meter Zaun dafür benötigt werden.

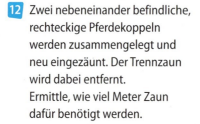

Umfang und Flächeninhalt von Figuren

> **Weiterdenken**
>
> Man kann auch den Umfang von anderen geometrischen Figuren als Rechtecke und Quadrate angeben.
> **Beispiel:**
> U = 0,5 cm + 0,5 cm + 1,5 cm + 1 cm + 1 cm + 2 cm = 6,5 cm

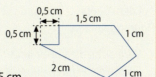

13 Bestimme durch Messen den Umfang der Figur.

a)  b)  c) d)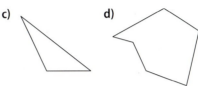

14 Merjem hat den Umfang der nebenstehenden Figur wie folgt berechnet:

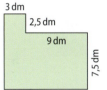

U = 3 dm + 2,5 dm + 9 dm + 7,5 dm + 12 dm + 10 dm

a) Beschreibe in Worten ihre Lösungsidee.
b) Gib eine weitere Lösungsidee an, wie der Umfang der Figur ermittelt werden kann.

15 Begründen und Verstehen: Mit Formeln kann man eine Umfangsberechnung ausdrücken.

a) Entscheide, welche der Formeln für die Berechnung des Umfangs der abgebildeten Figur geeignet sind. Begründe deine Entscheidung.

  1 U = a + b + b + a + b + b   **2** U = 2 · (a + b)
  3 U = 2 · a + 4 · b   **4** U = 4 · (a + b)

  Berechne den Umfang für a = 6 cm und b = 1 cm.

b) Stelle eine Formel für den Umfang auf. Beschreibe die Formel in Worten.

  1 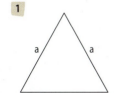 **2** 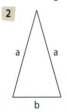 **3** 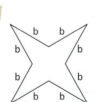 **4**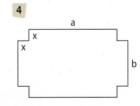

c) Begründe, inwiefern symmetrische Figuren die Berechnung des Umfangs erleichtern. Stelle deine Überlegung mithilfe einer Skizze in einem geeigneten Format dar.

16 Berechne den Umfang der Figur. Beschreibe dein Vorgehen.

a) 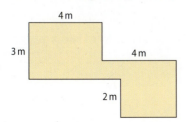 b)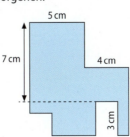

5 5.2 Flächen vergleichen und messen

Entdecken

Auf dem Geobrett kannst du verschiedene Figuren spannen.

- Vergleiche die umspannte Fläche der Figuren miteinander. Beschreibe dein Vorgehen.

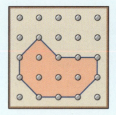
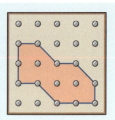

Verstehen

Geometrische Figuren lassen sich unter anderem nach ihrer Größe unterscheiden. Als Maß für die Größe einer Figur nimmt man üblicherweise den Inhalt der Fläche, den diese Figur einnimmt.

Merke

Die Größe einer Fläche nennt man Flächeninhalt A.
Durch Auslegen einer Fläche mit kleineren Teilstücken, kann man Flächen – ohne zu rechnen – miteinander vergleichen. Denn: Kann man zwei Flächen mit **denselben Flächenstücken** auslegen, dann haben sie den **gleichen Flächeninhalt**.

Erklärvideo

Mediencode 61165-23

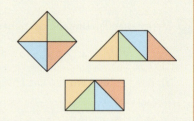

Beispiele

I. Gib an, aus wie vielen Kästchen der Flächeninhalt der abgebildeten Flächen besteht.

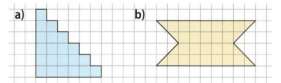

Lösung:

a) Der Flächeninhalt beträgt 21 Kästchen.
b) Die Figur besteht aus 24 ganzen und 8 halben Kästchen, also insgesamt 28 Kästchen.

II. Die Figuren wurden jeweils aus den vier farbigen Dreiecken zusammengesetzt. Vergleiche den Flächeninhalt der Figuren miteinander.

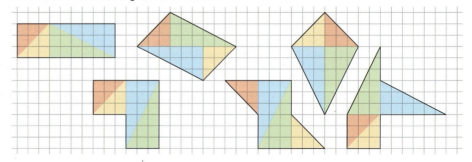

Lösung:

Alle Figuren bestehen aus denselben Dreiecken, somit haben sie alle denselben Flächeninhalt. Dieser Inhalt beträgt 27 Kästchen, wie man z. B. an der ersten Figur gut ablesen kann.

Umfang und Flächeninhalt von Figuren

> **Nachgefragt**
> - „Der Flächeninhalt eines Rechtecks (eines Quadrats) besteht immer aus einer geraden Anzahl an Karokästchen." Stimmt das? Begründe.
> - Begründe oder widerlege durch ein Gegenbeispiel: Figuren, die den gleichen Flächeninhalt haben, haben auch den gleichen Umfang.

Aufgaben

1 Gib den Flächeninhalt der Figuren in Kästchen an.

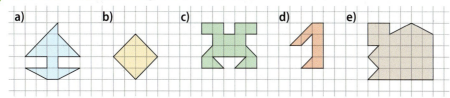

Versuche Teile stets zu ganzen Kästchen zusammenzufügen.

2 Zeichne in dein Heft vier verschiedene Figuren, deren Flächeninhalt 17 (24; 34) Kästchen beträgt.

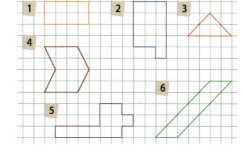

3 a) Ordne die Flächen **1** bis **6** in der Abbildung der Größe nach. Schätze zuerst und prüfe dann nach.
b) Zeichne zu jeder der Figuren zwei weitere mit gleichem Flächeninhalt.

4 a) Zeichne die Figur auf kariertes Papier und zerlege sie wenn möglich in zwei (drei; vier; sechs) Teilfiguren mit jeweils gleicher Form und gleichem Flächeninhalt. Findest du mehrere Möglichkeiten?
b) Erfinde selbst Figuren (z. B. Buchstaben), die man ähnlich wie in Teil a) zerlegen kann.

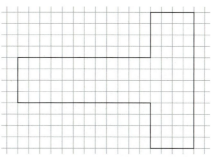

5 Gib an, wie oft das grüne Dreieck in die abgebildeten Figuren passt.

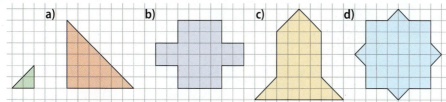

6 Entscheide, ob das rote Rechteck und das blaue Quadrat den gleichen Flächeninhalt besitzen. Überprüfe deine Antwort, indem du beide Figuren auf kariertes Papier überträgst.

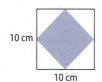

5.3 Flächeneinheiten

Entdecken

- Lege deinen Tisch mit Spielkarten, DIN-A4-Blättern oder anderen gleichartigen Gegenständen aus. Bestimme auf diese Weise den Flächeninhalt des Tisches.
- Sind Spielkarten oder DIN-A4-Papier geeignet, um Flächen zu messen? Begründe deine Ansicht. Mache andere Vorschläge für das Auslegen.

Verstehen

Um Flächen miteinander vergleichen zu können, benötigt man Maßeinheiten, die überall in der Welt verwendet werden.

Merke

Zum Messen von Flächeninhalten legt man die Fläche mit Quadraten aus, deren Seitenlängen jeweils 1 mm, 1 cm, 1 dm, 1 m, 10 m, 100 m oder 1000 m betragen. Solche Quadrate nennt man **Einheitsquadrate**.

Seitenlänge des Einheitsquadrats	Flächeninhalt des Einheitsquadrats	Sprechweisen
1 km	1 km²	„1 Quadratkilometer" oder „1 Kilometer hoch 2"
100 m	1 ha	„1 Hektar"
10 m	1 a	„1 Ar"
1 m	1 m²	„1 Quadratmeter" oder „1 Meter hoch 2"
1 dm	1 dm²	„1 Quadratdezimeter" oder „1 Dezimeter hoch 2"
1 cm	1 cm²	„1 Quadratzentimeter" oder „1 Zentimeter hoch 2"
1 mm	1 mm²	„1 Quadratmillimeter" oder „1 Millimeter hoch 2"

Der Exponent bei z. B. dm² bedeutet: Die Umwandlungszahl ist 100.

Erklärvideo

Mediencode 61165-24

Umrechnungszahlen

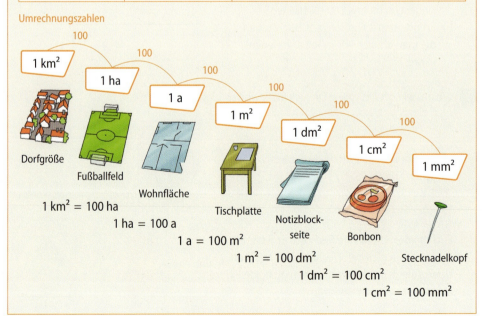

Umfang und Flächeninhalt von Figuren

> **Beispiel**

Wandle in die in Klammern angegebene Einheit mithilfe einer Einheitentafel um.
a) 8 cm² (mm²)　　b) 25 600 dm² (m²)　　c) 77 cm² 3 mm² (cm²)　　d) 98 m² (a)

Lösung:

	km²		ha		a		m²		dm²		cm²		mm²		
	10	1	10	1	10	1	10	1	10	1	10	1	10	1	
a)												8	0	0	8 cm² = 800 mm²
b)							2	5	6	0	0				25 600 dm² = 256 m²
c)											7	7,	0	3	77 cm² 3 mm² = 77,03 cm²
d)					0,	9	8								98 m² = 0,98 a

Erinnere dich:
Das Komma in Größenangaben trennt die größere von der nächstkleineren Einheit.

> **Nachgefragt**

- Richtig oder falsch? „Da man bei der Umrechnung von km² in m² dreimal mit 100 multipliziert, kann man auch sofort mit 300 multiplizieren." Begründe.
- In welchen Fällen wird das Komma bei der Umwandlung von Flächeneinheiten um zwei Stellen nach rechts (links) verschoben? Gib Beispiele für solche Umrechnungen an.

> **Aufgaben**

1 a) Zeichne ein Quadrat mit dem Flächeninhalt 1 dm² in dein Heft und markiere darin in einer Ecke je ein Quadrat mit dem Flächeninhalt 1 cm² und 1 mm².
b) Erkläre, warum man an der Zeichnung in a) die Umrechnungszahlen erkennen kann.

2 Gib sinnvolle Flächeneinheiten an, um den Inhalt folgender Flächen anzugeben.
a)　　　　　　b)　　　　　　c)　　　　　　d)

3 Wandle in die nächstgrößere Einheit um.
Beispiel: 12 500 a = 125 ha
a) 6300 ha　　b) 2000 m²　　c) 9900 ha　　d) 3100 cm²　　e) 250 000 m²
　 17 500 ha　　 7500 dm²　　 1400 mm²　　 7700 a　　 55 000 a
　 500 a　　 8300 cm²　　 82 000 a　　 9400 ha　　 53 350 000 dm²

Verwende eine Einheitentafel wie im Beispiel, wenn du Hilfe brauchst.

4 Wandle in die nächstkleinere Einheit um.
Beispiel: 1 dm² 15 cm² = 10 000 mm² 1500 mm² = 11 500 mm²
a) 5 cm²　　b) 92 dm²　　c) 70 a　　d) 1 m² 52 dm²　　e) 10 m² 5 dm²　　f) 7 ha 23 dm²
　 19 cm²　　 455 m²　　 206 ha　　 3 a 17 m²　　 35 a 19 dm²　　 52 km² 7 m²
　 80 dm²　　 39 a　　 275 km²　　 7 km² 50 ha　　 8 ha 2 a　　 9 m² 17 ha

5 Wandle in die in Klammern angegebene Einheit um.
a) 5 m² (dm²)　　b) 5 ha (m²)　　c) 5 ha (m²)　　d) 1 m² 5 dm² (cm²)
　 25 ha (a)　　 25 cm² (mm²)　　 75 dm² (mm²)　　 4 a 25 m² (cm²)
　 75 dm² (cm²)　　 75 km² (m²)　　 25 km² (a)　　 15 km² 75 ha (cm²)

5.3 Flächeneinheiten

Alles klar?

6 Wandle in die in Klammern angegebene Einheit um.
a) 0,5 m² (dm²); 0,75 km² (ha); 4,25 a (m²); 1575 km² (a); 1,5 m² (km²); 0,35 a (ha)
b) 7 km² 75 m² (km²); 11 cm² 1 mm² (cm²); 15 ha 5 m² (m²); 3 dm² 19 mm² (m²)
c) 14,6 m² (mm²); 0,6 m² 16 dm² (dm²); 6800 cm² (m²); 4899 dm² (mm²)

7 Stimmt das? „Eine Fläche mit dem Flächeninhalt 4 cm² ist immer quadratisch."
Überprüfe mithilfe einer Zeichnung.

8 Ordne die Flächeninhalte sinnvoll zu.

Baugrundstück	CD-Hülle	640 cm²	12 cm²
Bank-Karte	Nordrhein-Westfalen	34 110 km²	170 cm²
Kinderzimmer	Tischtennisplatte	650 m²	15 m²
Fernsehbildschirm	Matheheft	4 m²	6000 cm²

9 Gib in der kleineren der beiden Einheiten an. Wandle anschließend in die nächstkleinere Einheit um.
Beispiel: 17 dm² 52 cm² = 1752 cm² = 175 200 mm²
a) 99 dm² 54 cm²
   22 dm² 8 cm²
   1 dm² 12 cm²
b) 8 m² 9 dm²
   33 ha 45 a
   7 a 12 m²
c) 455 km² 30 ha
   700 ha 7 a
   4 ha 2 m²
d) 8 m² 5 cm²
   16 a 7 dm²
   70 km² 5 a
e) 45 km² 8 a
   7 a 3 m²
   26 ha 70 m²

10 Schreibe mithilfe der nächstgrößeren Einheit.
Beispiel: 488 cm² = 4 dm² 88 cm²
a) 356 m²
   788 dm²
   399 ha
   219 dm²
b) 1850 cm²
   7015 ha
   975 mm²
   3354 dm²
c) 305 cm²
   550 ha
   333 a
   1119 m²
d) 12 345 a
   25 625 dm²
   33 mm²
   4 a

11 Geh auf Fehlersuche. Verbessere anschließend die Fehler.

a) 780 m² = 7,8 a	b) 15,5 cm² = 155 mm²	c) 16 m² 15 cm² = 16,5 m²
635 dm² = 63,5 m²	3,05 km² = 305 ha	3 ha 5 a = 3,5 ha
1205 ha = 12,5 km²	16,5 m² = 1650 dm²	75 635 m² = 7,5635 km²

12 <, > oder =? Eine Einheitentafel kann dir dabei helfen.
a) 450 mm² ■ 45 cm²
   3300 cm² ■ 33 dm²
   10 000 ha ■ 10 km²
   1700 a ■ 17 ha
b) 53 m² ■ 53 000 cm²
   357 km² ■ 357 000 ha
   7 ha 35 a ■ 73 500 m²
   1507 ha ■ 15 km² 7 ha
c) 3 m² 57 dm² ■ 35 700 cm²
   17 ha 39 a ■ 1739 km²
   4 cm² ■ 4 dm²
   13 500 ha ■ 13 km² 500 ha

Umfang und Flächeninhalt von Figuren

13 a) Erkläre, was die Angabe „qm" bedeutet.
b) Ermittle den Preis des Baugrundstücks.

14 Helena hat ein 14 m² großes Zimmer. Gib den Bereich an, in dem die tatsächliche Größe von Helenas Zimmer liegen kann, wenn die Angabe auf (volle) Quadratmeter gerundet wurde.

15 Ergänze den Flächeninhalt, der zur Größe in der blauen Spalte fehlt.

a)	zu 1 ha	90 a	990 m²	900 000 dm²	0,35 ha
b)	zu 1 km²	100 000 m²	9999 a	100 000 dm²	5,5 ha
c)	zu 25 a	2390 m²	2499 m²	2 400 000 cm²	1,5 m²

Lösungen zu 15:
1; 1; 10; 10; 65; 90; 110;
2260; 9010; 9450; 9990;
249 850
Die Einheiten sind nicht angegeben.

16 Übertrage die Additionsmauern in dein Heft und ergänze sie dort. Der Wert eines Steins ergibt sich aus der Summe der beiden darunter liegenden Steine.
a)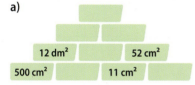
b)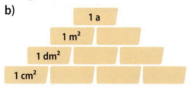

17 Die Hautoberfläche eines erwachsenen Menschen ist ungefähr 2 m² groß. Ermittle die Anzahl an Nervenzellen der gesamten Hautoberfläche, wenn sich auf einem Quadratzentimeter Haut etwa 500 Nervenzellen befinden. Präsentiere dein Ergebnis in der Klasse.

S. 220

18 Ein Landwirt hat auf zwei Äckern zwei verschiedene Kartoffelsorten gepflanzt. Der eine Acker hat eine Fläche von 36 a und bringt einen Kartoffelertrag von 9000 kg, der andere Acker ist 30 a groß und bringt 8100 kg Kartoffeln. Vergleiche den Ertrag auf den zwei Äckern miteinander.

19 In der folgenden Abbildung sind Figuren einmal auf Rechenkästchen wie in deinem Heft und einmal auf Millimeterpapier dargestellt.
a) Erkläre, bei welchen Figuren du den Flächeninhalt exakt bestimmen kannst. Gib diese Flächeninhalte an und wandle sie in zwei weitere Einheiten um.
b) Bei einigen Flächen kannst du den Flächeninhalt nicht genau bestimmen. Schätze so genau wie möglich. Beschreibe deine Vorgehensweise.

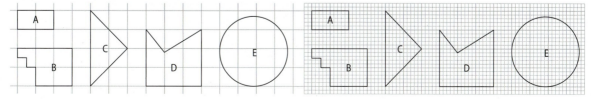

5.4 Umfang und Flächeninhalt von Rechteck und Quadrat

Entdecken

In Werbeblättern von Baumärkten gibt es oft Angebote für Bodenbeläge. Die Preise dafür sind meist in Euro pro Quadratmeter angegeben.

Fliesen
m² **8,50 €**

Teppich
m² **4,50 €**

PVC
m² **6,00 €**

- Beschreibe, welche Form der Boden deines Zimmers (des Klassenzimmers) hat.
- Erkläre, wie man den Flächeninhalt deines Zimmers (des Klassenzimmers) berechnen kann.
- Berechne, wie viel eine Renovierung des Fußbodens deines Klassenzimmers bei den abgebildeten Angeboten jeweils kosten würde.

Verstehen

Die Flächen eines Rechtecks kann man mit Einheitsquadraten einer bestimmten Kantenlänge (z. B. 1 cm) auslegen.
Den Flächeninhalt kann man dann durch Abzählen der Einheitsquadrate bestimmen. Dieses Abzählen kann man rechnerisch durch geschickte Multiplikation abkürzen.

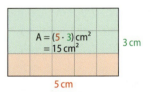

Merke

A (engl.): area

Erklärvideo
Mediencode 61165-25

Den Flächeninhalt von Rechtecken und Quadraten kann man durch das Auslegen mit Einheitsquadraten bestimmen. Für den **Flächeninhalt A** von einem …

Rechteck mit den Seitenlängen a (Länge) und b (Breite) gilt:

$A_R = a \cdot b$

Quadrat mit der Seitenlänge a gilt:

$A_Q = a \cdot a = a^2$

Für den **Umfang U** gilt:
$U_R = 2 \cdot a + 2 \cdot b = 2 \cdot (a + b)$ $U_Q = 2 \cdot a + 2 \cdot a = 4 \cdot a$

Beispiele

I. Ein Rechteck ist 6 cm lang und 4 cm breit. Berechne seinen Flächeninhalt.
   Lösung: $A_R = 6\,cm \cdot 4\,cm = 24\,cm^2$

II. Ermittle den Flächeninhalt eines Quadrats mit der Seitenlänge 5 cm.
    Lösung: $A_Q = 5\,cm \cdot 5\,cm = 25\,cm^2$

III. Der Flächeninhalt eines 7 cm langen Rechtecks beträgt 63 cm². Berechne seine Breite.
     Lösung: $63\,cm^2 = 7\,cm \cdot b$; $b = 9\,cm$, da $9\,cm \cdot 7\,cm = 63\,cm^2$ ist.

Umfang und Flächeninhalt von Figuren

Nachgefragt

- Begründe, dass die Formel für den Flächeninhalt eines Quadrats ein Sonderfall der Formel für den Flächeninhalt eines Rechtecks ist.
- Der Flächeninhalt und der Umfang eines Rechtecks besitzen die gleiche Maßzahl. Geht das? Finde ein Beispiel.

Aufgaben

1 Miss Länge und Breite folgender Gegenstände und berechne deren Flächeninhalt.
- a) Mathematikbuch
- b) Mathematikheft
- c) Atlas
- d) Tischplatte
- e) 5-€-Schein
- f) Bilderrahmen

2 Bestimme den Flächeninhalt der abgebildeten Rechtecke.

Überlege: Warum ist Figur c) auch ein Rechteck?

a)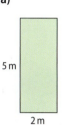
5 m, 2 m

b)
6 m, 3 m

c)
4 m, 4 m

d)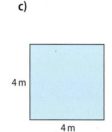
5 m, 7 m

3 Berechne den Flächeninhalt der Rechtecke.

Wandle zunächst in die gleiche Einheit um.

	a)	b)	c)	d)	e)	f)	g)	h)
Länge a	13 m	22 m	8 dm	4 dm	5 m	12 cm	1,5 m	3 km
Breite b	8 m	60 dm	80 cm	25 cm	50 cm	130 mm	15 dm	200 m

4 Berechne den Flächeninhalt eines Quadrats mit der Seitenlänge a.
- a) a = 17 mm
- b) a = 5,5 cm
- c) a = 2,35 km
- d) a = 5 m 5 cm

Wandle gegebenenfalls in kleinere Einheiten um.

5 Bestimme Seitenlänge und Umfang eines Quadrats mit dem Flächeninhalt A_Q.
- a) $A_Q = 49\ m^2$
- b) $A_Q = 121\ cm^2$
- c) $A_Q = 144\ a$
- d) $A_Q = 196\ ha$
- e) $A_Q = 1024\ km^2$
- f) $A_Q = 841\ mm^2$
- g) $A_Q = 6\ ha\ 25\ a$
- h) $A_Q = 12\ m^2\ 25\ dm^2$

6 Bestimme die fehlenden Größen eines Rechtecks.

	a)	b)	c)	d)	e)	f)
a	4 m			9 cm		
b		15 cm	4 cm		112 mm	
A_R	60 m²		2,8 dm²			17 cm² 50 mm²
U_R		78 cm		8,2 dm	10,4 mm	1 dm 7 cm

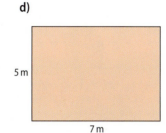

Beispiel:
gegeben: a = 5 cm
U_R = 2,3 dm = 23 cm
Rechnung:
2 · b = 23 cm − 2 · 5 cm
2 · b = 13 cm = 130 mm
b = 65 mm
A_R = 50 mm · 65 mm
= 3250 mm²
= 32 cm² 50 mm²

7 Zwei Spielplätze haben den gleichen Umfang. Der eine ist quadratisch, der andere rechteckig mit 95 m Länge und 55 m Breite. Gib an, welcher Spielplatz den größeren Flächeninhalt besitzt.

5.4 Umfang und Flächeninhalt von Rechteck und Quadrat

Alles klar?

8 Berechne die fehlenden Größen bei folgenden Rechtecken.

	a)	b)	c)	d)	e)	f)	g)	h)
Länge a	12 m	3 m		18 m	14 cm	34 m	30 m	14 m
Breite b			7 dm		40 cm		15 m	
Flächeninhalt A_R	84 m²		70 dm²	162 m²		408 m²		
Umfang U_R		10 m						48 m

9 Halbiert man beide Seitenlängen eines Quadrats (Rechtecks), so erhält man ein Viertel von dem ursprünglichen Flächeninhalt. Stimmt das? Begründe anschaulich.

10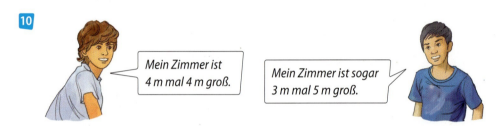

Mein Zimmer ist 4 m mal 4 m groß.

Mein Zimmer ist sogar 3 m mal 5 m groß.

Nimm Stellung zur Unterhaltung zwischen Chris und Ben über ihre Zimmergröße.

Runde geeignet.

11 Bei welcher Leinwandgröße ist das Verhältnis von Preis zum Flächeninhalt am besten? Erläutere deine Überlegung.

Leinwandgröße	Preis
20 cm × 20 cm	16,99 €
20 cm × 40 cm	24,99 €
30 cm × 30 cm	26,99 €

12 a) Zeichne vier verschiedene Rechtecke mit dem Umfang 24 cm.
b) Bestimme den Flächeninhalt der vier Rechtecke. Was stellst du dabei fest?
c) Finde ein Rechteck mit Umfang 24 cm, das einen sehr kleinen Flächeninhalt hat.

13 Argumentieren und Begründen

Beschreibe, wie sich der Flächeninhalt eines Rechtecks verändert, wenn man …
a) nur die Länge verdoppelt, verdreifacht, … .
b) nur die Breite halbiert, drittelt, … .
c) die Länge und die Breite jeweils verdoppelt, verdreifacht, … .
d) die Länge und die Breite jeweils halbiert, drittelt, … .
e) die Länge halbiert und die Breite verdoppelt.

Idee: ▪ Veranschauliche den Sachverhalt.
▪ Suche einfache Zahlenbeispiele.
▪ Versuche Zusammenhänge zur Formel herzustellen.

Umfang und Flächeninhalt von Figuren

14 Zeichne alle Punkte in ein Koordinatensystem (1 Einheit ≙ 1 cm) und verbinde sie jeweils zu einem Viereck. Bestimme Flächeninhalt und Umfang so genau wie möglich.
a) A(2|1); B(6|1); C(6|7); D(2|7)
b) Q(7|4); R(11|4); S(11|8); T(7|8)
c) L(4|0); M(8|4); N(4|8); O(0|4)
d) U(7|5); X(12|5); Y(10|10); Z(5|10)   *Zerlege bei d) geeignet.*

15 Ermittle jeweils die Breite eines Rechtecks, das …
a) 18 cm lang ist und den gleichen Flächeninhalt hat wie ein Quadrat mit $a = 6$ cm.
b) 12 dm lang ist und den gleichen Flächeninhalt hat wie ein Quadrat mit $a = 2$ m 4 dm.

16 Lucy und Lucas basteln aus DIN-A4-Fotokarton rechteckige Bilderrahmen, die jeweils rundherum gleich breit sind (siehe Abbildung rechts). Gib an, wie lang und wie breit das Bild jeweils sein muss und welchen Flächeninhalt es dann hat.

S. 220

> Bei Lucys Bild ist der Rahmen überall 2,5 cm breit.

> Bei Lucas' „Minibild" ist der Rahmen überall 8,1 cm breit.

17 Laura und Valerie basteln aus farbigem DIN-A4-Fotokarton einen rechteckigen Bilderrahmen für zwei Bilder. Die beiden rechteckigen Ausschnitte sollen jeweils postkartengroß und der äußere Randstreifen soll überall gleich breit sein. Bestimme den Abstand d der beiden Bilder.

18

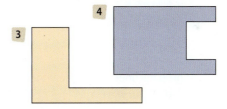

Maßstab 1 : 50 000

a) Miss die Längen und berechne den Flächeninhalt der Figur.
b) Ermittle, welche Fläche die jeweilige Figur in Wirklichkeit hat.
c) Zeichne ähnliche Flächen in dein Heft und lege einen Maßstab fest. Tausche dein Heft mit deiner Nachbarin oder deinem Nachbarn. Miss die einzelnen Seiten und berechne anschließend den Flächeninhalt gemäß dem Maßstab.

19 Um den Garten der Familie Fast (siehe Abbildung) soll ein Gartenzaun entstehen. Ein Zaunelement ist 1,75 m lang und kostet 42 €.
a) Gib an, wie viele Zaunelemente bestellt werden sollen.
b) Zwei Zaunelemente sollen durch ein Tor ersetzt werden, das 129,00 € kostet. Berechne die Gesamtkosten.
c) Die Hälfte der Gartenfläche sollen mit Rasen begrünt werden, die Restfläche wird in gleichen Teilen mit Gemüse bepflanzt bzw. als Sitzplatz verwendet. 1 kg Rasensamen reicht für 50 m² und kostet 12,50 €. Stelle Fragen und beantworte sie.

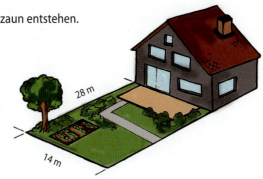

5.4 Umfang und Flächeninhalt von Rechteck und Quadrat

20 Herr Prahl, der bei seinen Stammtischfreunden gern angibt, behauptet, dass er einen 250 Millionen mm² großen Garten besitzt. Kann das sein? Begründe.

21 Bestimme den Flächeninhalt A der Figur. Beschreibe dein Vorgehen.

a)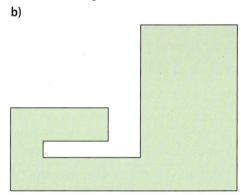
b)

Es gibt mehrere Möglichkeiten.

22 Berechne den Flächeninhalt der Figur (alle Maßangaben in cm).

a) b) 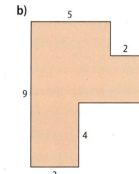 c)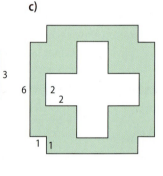

23 Angie berechnet den Flächeninhalt der abgebildeten Figur wie folgt:

A = (13 cm · 4 cm) + (1 cm · 1 cm) + (7 cm · 1 cm)

a) Beschreibe Angies Lösungsidee in Worten.
b) Bestimme den Flächeninhalt der abgebildeten Figur, ohne dabei die Lösungsidee von Angie zu benutzen.

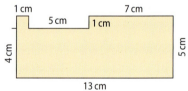

24 Übertrage die Vielecke auf Papier und bestimme durch Zerschneiden und Umlegen ihren Flächeninhalt.

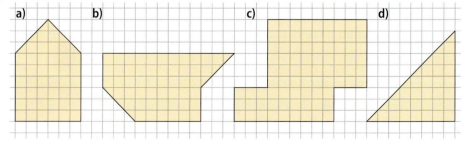

170

Umfang und Flächeninhalt von Figuren

Medien & Werkzeuge

Erstellen einer eigenen Formelsammlung

Zunächst brauchst du ein „Buch". Du kannst dir ein Vokabelheft kaufen oder ein „Buddy Book" selbst basteln.

„Buddy Book" basteln

Du nimmst ein rechteckiges Blatt Papier (z. B. DIN A4) und faltest es dreimal immer so, dass die jeweils kleineren Seiten des Rechtecks aufeinander kommen. Wenn du es jetzt wieder auseinanderfaltest, sollte dein Blatt in 8 gleichgroße Rechtecke eingeteilt sein. Falte nun das Blatt nur einmal wieder so, dass die beiden kleineren Seiten übereinander liegen. Schneide nun von der Mitte dieser Faltkante ausgehend orthogonal bis zur Mitte des Blattes.

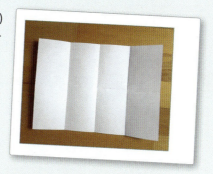

Falte das Blatt wieder auf und knicke es dieses Mal so, dass die längeren Rechteckseiten des Blattes aufeinander liegen. Schiebe die äußeren Seiten nun zusammen und knicke sie um, wie durch die Pfeile im Foto unten dargestellt. Fertig ist dein Buch.

Tipp:
Du kannst die Seiten 1 + 2 und 5 + 6 auch noch zusammenkleben.

Formelsammlung gestalten

Du kannst nun die Formeln zur Berechnung des Umfangs eines Rechtecks und Quadrats sowie des Flächeninhalts dieser Figuren eintragen. Später kannst du noch weitere Formeln, wie z. B. das Volumen und den Oberflächeninhalt von Quadern und Würfeln, ergänzen.

Du kannst auch noch andere Dinge eintragen oder deine Formelsammlung gliedern.

Weitere Ideen

- Erstellen einer Übersicht über Vierecke oder allgemein über geometrische Figuren und Körper
- Ordnen der Formelsammlung nach Themen oder Sachgebieten, wie z. B. Geometrie
- …

5.5 Umfang und Flächeninhalt rechtwinkliger Dreiecke

Entdecken

- Übertrage die Dreiecke in dein Heft und bestimme den Flächeninhalt.
- Beschreibe eine Möglichkeit, den Flächeninhalt derartiger Dreiecke allgemein zu bestimmen.

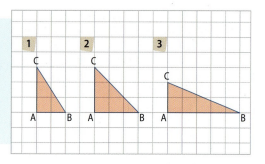

Verstehen

Der Flächeninhalt von rechtwinkligen Dreiecken lässt sich dadurch bestimmen, dass man sie zu einem Rechteck ergänzt.

Merke

Ein Dreieck, bei dem zwei Seiten **orthogonal** zueinander liegen, nennt man **rechtwinkliges Dreieck**.

Jedes rechtwinklige Dreieck lässt sich mit einem zweiten gleichartigen Dreieck zu einem Rechteck ergänzen. Das Dreieck hat dann den **halben Flächeninhalt des Rechtecks**.

Es gilt: $A_D = (a \cdot b) : 2$
Für den **Umfang** gilt: $U_D = a + b + c$

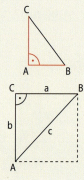

Beispiel

Berechne den Flächeninhalt und den Umfang des rechtwinkligen Dreiecks ABC.

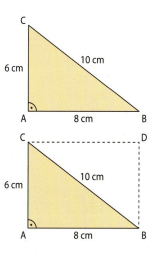

Lösung:
Der Flächeninhalt des rechtwinkligen Dreiecks ABC ist halb so groß wie der Flächeninhalt des Rechtecks ABCD.

$A_D = (8\,\text{cm} \cdot 6\,\text{cm}) : 2$
$ = 48\,\text{cm}^2 : 2 = 24\,\text{cm}^2.$
$U_D = 6\,\text{cm} + 8\,\text{cm} + 10\,\text{cm} = 24\,\text{cm}$

Nachgefragt

- Beschreibe, welche Seiten eines rechtwinkligen Dreiecks du für die Berechnung des Flächeninhalts verwenden kannst.
- Begründe, dass rechtwinklige Dreiecke mit denselben Seitenlängen, die senkrecht aufeinander stehen, stets denselben Flächeninhalt haben.

Umfang und Flächeninhalt von Figuren

Aufgaben

1 Berechne den Umfang und den Flächeninhalt des Dreiecks.

a) 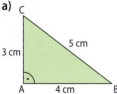   b)   c)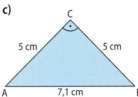

2 Übertrage das Dreieck ABC in ein Koordinatensystem und …
  a) berechne den Flächeninhalt.
  b) ergänze zu einem Rechteck und bestimme den Flächeninhalt. Vergleiche den Flächeninhalt des Rechtecks mit dem des Dreiecks aus a).

  1 A(4|2); B(4|6); C(1|2)
  2 A(1|1); B(5|1); C(1|5)
  3 A(3|1); B(6|4); C(0|4)

3 Betrachte die Koordinaten des Dreiecks ABC. Gib an, wie du ohne Zeichnung den Flächeninhalt bestimmen kannst und berechne ihn. Überprüfe anschließend deine Rechnung durch eine Zeichnung.

Überlege zunächst, in welchem Punkt der rechte Winkel ist.

  a) A(0|0); B(5|0); C(0|3)   b) A(1|0); B(5|0); C(5|3)   c) A(1|2); B(5|5); C(1|5)

4 Übertrage die Figuren in dein Heft und bestimme Umfang und Flächeninhalt.

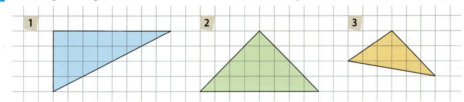

5 Cedrik behauptet, dass alle sieben blau gefärbten Teilfiguren den gleichen Flächeninhalt besitzen und dass die sieben weißen Teilfiguren jeweils doppelt so groß sind wie die blauen. Prüfe seine Behauptungen nach.

     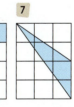

6 Bestimme den Umfang und den Flächeninhalt des Dreiecks ABC. Beschreibe dein Vorgehen.

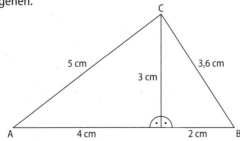

5.6 Flächeninhalt weiterer Figuren

Entdecken

Für den Bau einer Straße soll Bauer Friedrich eine Ackerfläche abgeben. Der Staat bietet ihm als Ersatz für sein altes Ackerland (A) eine freie neue Fläche (N) an.

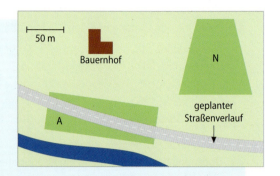

- Sollte Bauer Friedrich auf diesen Tausch eingehen? Schreibe einen kurzen Text darüber, welche Überlegungen bei seiner Entscheidung eine Rolle spielen könnten.
- Vergleiche die Größe der beiden Grundstücke miteinander. Wie kannst du hier vorgehen?
- Gib Eigenschaften an, die du den Vierecken zuordnen kannst.

Verstehen

Oftmals lässt sich der Flächeninhalt einer Figur nicht direkt bestimmen, weil ihre Gestalt keiner einfachen geometrischen Figur entspricht. In diesen Fällen kann man jedoch schauen, ob sich die Figur in **Teilfiguren** zerlegen lässt, deren Flächeninhalt man bestimmen kann.

Merke

Lassen sich Figuren in bekannte Teilfiguren zerlegen, dann kann man den Flächeninhalt bestimmen, indem man den Flächeninhalt der Teilfiguren zusammenzählt.

 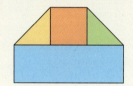 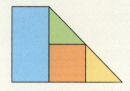

Beispiel

Bestimme den Flächeninhalt durch Zerlegen.

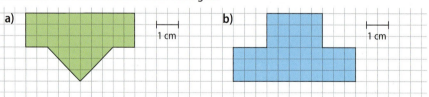

Lösungsmöglichkeit:

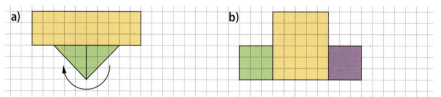

A = 50 mm · 15 mm + 15 mm · 15 mm
A = 750 mm² + 225 mm²
A = 975 mm² = 9 cm² 75 mm²

A = 2 · (15 mm · 15 mm) + 25 mm · 30 mm
A = 450 mm² + 750 mm²
A = 1200 mm² = 12 cm²

Die Figur in **a)** hat einen Flächeninhalt von 975 mm², die Figur in **b)** einen Flächeninhalt von 1200 mm².

Umfang und Flächeninhalt von Figuren

> **Nachgefragt**
> - Hakan ist der Meinung, dass man jede Figur eindeutig in Rechtecke und Quadrate zerlegen kann. Stimmt das? Erläutere deine Aussage.
> - Moritz behauptet: „Zwei Figuren haben den gleichen Flächeninhalt, wenn sie sich jeweils in gleiche Teilfiguren zerlegen lassen." Hat er Recht? Begründe.

Aufgaben

1 Zeichne die Figuren jeweils mit doppelten Seitenlängen ab und schneide sie aus. Zerschneide sie dann mit möglichst wenigen Schnitten so, dass du sie zu Rechtecken und Quadraten zusammenlegen kannst. Bestimme die Flächeninhalte der Figuren. Vergleiche mit Zerlegungen deines Nachbarn bzw. deiner Nachbarin.

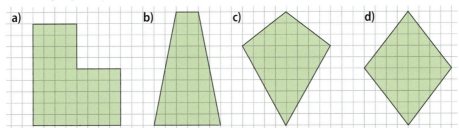

2 Übertrage die Vielecke ins Heft und bestimme durch Zerlegung ihren Flächeninhalt.

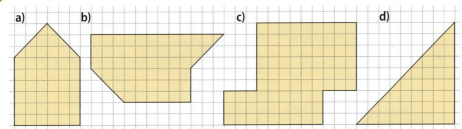

3 Ein Paket mit einem Gehege für Kaninchen besteht aus sechs jeweils 1 m langen Zaunelementen, die beliebig kombiniert werden können. Steffi hat zwei Pakete gekauft.
 a) Gib unterschiedliche Möglichkeiten an, das Gehege aufzustellen. Wenn du zwölf gleiche Stifte benutzt, kannst du viele Möglichkeiten ausprobieren.
 b) Wie muss Steffi das Gehege aufstellen, damit die Fläche möglichst groß ist?
 c) Steffi möchte für ihre Kaninchen eine möglichst lange Laufstrecke. Welche Möglichkeiten hat sie? Wie wirkt sich die Länge der Laufstrecke auf den Flächeninhalt aus?

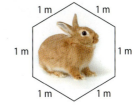

4 Zeige, dass das Parallelogramm und das Rechteck denselben Flächeninhalt haben.

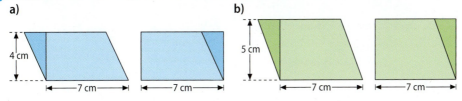

5.6 Flächeninhalt weiterer Figuren

> **Weiterdenken**
>
> Für den Flächeninhalt eines Parallelogramms gilt:
> $A_P = a \cdot h$
> Für den Umfang gilt: $U_P = 2 \cdot (a + b)$

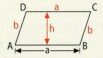

Die Höhe h wird immer senkrecht zur entsprechenden Seite gemessen.

Lösung zu 5:
12; 13; 972; 990; 3750; 4410; 11100
(alle Angaben ohne Einheit)

5 Bestimme die fehlende Größe. Achte auf gleiche Einheiten.

Grundseite a	45 cm	98 m	1,8 m	1,5 m		12 cm	0,75 m
Höhe h	22 cm	45 m	5,4 m	74 cm	17 cm		0,5 m
Flächeninhalt A_P					221 cm²	144 cm²	

6 Zeichne das Parallelogramm in ein Koordinatensystem. Miss die notwendigen Längen und berechne seinen Flächeninhalt und Umfang.
  a) A(2|7); B(2|2); C(7|4); D(7|9)
  b) A(1|6); B(6|1); C(9|6); D(4|11)
  c) A(2|1); B(10|9); C(11|15); D(3|7)
  d) A(2|4); B(14|2); C(19|7); D(7|9)
  e) A(5|1); B(14|2); C(10|8); D(■|■)
  f) A(2|2); B(14|5); C(20|11); D(■|■)

7 Rechts ist zweimal das gleiche Parallelogramm abgebildet.
Berechne den Flächeninhalt des Parallelogramms auf zwei Arten.

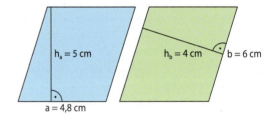

8 Durch zwei rechteckige Grundstücke wird eine Straße verlegt.
  a) Berechne, welcher Flächeninhalt für die Straße abgetreten werden muss.
  b) Gib an, wie groß die verbleibende Fläche ist.

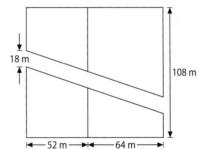

9 Ordne die Figuren der Größe nach. Schätze dazu den Flächeninhalt und bestimme ihn anschließend möglichst genau.

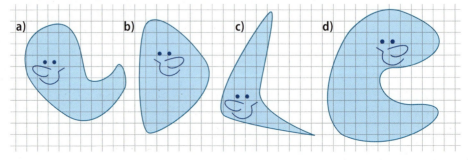

Umfang und Flächeninhalt von Figuren

Methoden

Gedanken ordnen: Mindmap

Du hast bereits eine ganze Reihe von Vierecken kennengelernt: das Quadrat, das Rechteck, das Parallelogramm, die Raute und das Trapez. Jedes dieser Vierecke hat seine besonderen Eigenschaften.
Es ist gar nicht so leicht, bei all den unterschiedlichen Informationen den Überblick zu behalten. Eine einfache und sehr gute Methode kann dir dabei helfen: die **Mindmap**.

Wie man eine Mindmap erstellt, wird dir im Folgenden am Beispiel „Figuren" erklärt:

1. Schreibe in die Mitte des Blattes das Thema.	Zum Thema „Figuren" gibt es viele Begriffe und Darstellungsformen. Diese werden nun geordnet.
2. Von der Mitte aus werden die Begriffe, die am wichtigsten sind, auf die Hauptäste geschrieben.	An einer Figur kann man verschiedene Größen untersuchen und diese auf verschiedene Arten darstellen.
3. Jeder Zweig verästelt sich weiter, um neue Begriffe aufzuführen oder Details darzustellen.	Der Flächeninhalt einer Figur lässt sich auf verschiedene Arten messen.
4. Es ist möglich, Verknüpfungen zwischen den Zweigen herzustellen.	Figuren lassen sich zu neuen Figuren zusammensetzen.

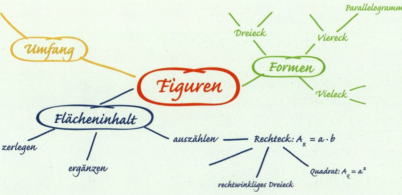

Das ist der Anfang für meine Mindmap zum Thema Figuren!

Beachte:
1. Eine Mindmap kann sich im Laufe der Zeit verändern.
2. Es sieht bei jedem etwas anders aus.

Und jetzt probiere das mit einer Partnerin oder einem Partner aus:
- Beschreibt den Aufbau der Mindmap „Figuren".
  Stellt dar, was ihr an der Abbildung gut und was schlecht findet.
- Erstelle eine eigene Mindmap zum Thema „Figuren".

5 Trainingsrunde: Differenziert

Die folgenden Aufgaben behandeln alle Themen, die du in diesem Kapitel kennengelernt hast. Auf dieser Seite sind die Aufgaben in zwei Spalten unterteilt. Die grünen Aufgaben auf der linken Seite sind etwas einfacher als die blauen auf der rechten Seite. Entscheide bei jeder Aufgabe selbst, welche Seite du dir zutraust!

1 Übertrage die Figur in dein Heft und bestimme den Umfang sowie den Flächeninhalt möglichst genau.

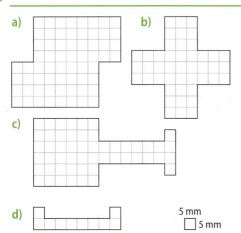

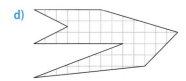

2 Wandle in die in Klammern angegebene Einheit um.

a) 25 m² (dm²)   d) 12 000 cm² (dm²)   a) 22,7 ha (m²)   d) 517 cm² (mm²)
b) 1,5 km² (ha)   e) 350 m² (a)   b) 1,8 dm² (m²)   e) 34,9 a (m²)
c) 6 m² (cm²)   f) 7500 a (km²)   c) 0,3 m² (ha)   f) 41 dm² (m²)

3 Gib an, wie oft die blaue Figur in die grüne Figur passt.

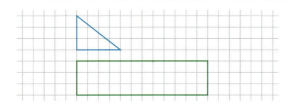

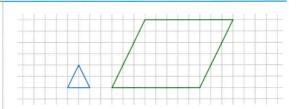

4

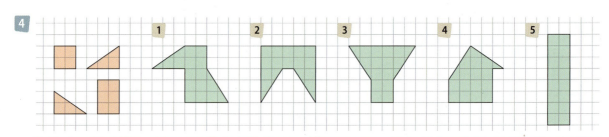

Übertrage die Figuren in dein Heft. Zeige die Flächengleichheit der grünen Figuren, indem du sie mit den roten Teilfiguren abdeckst.

Übertrage die Figuren in dein Heft. Begründe die Flächengleichheit der grünen Figuren durch eine geeignete Zerlegung.

Trainingsrunde: Kreuz und Quer
Umfang und Flächeninhalt von Figuren

1 Schätze zunächst, welches Rechteck den größten (kleinsten) Umfang hat. Überprüfe anschließend deine Schätzung durch Nachmessen.

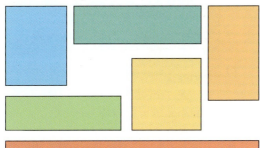

2 Die Wanne eines quaderförmigen Schwimmbeckens wird aus 50 cm dicken Ziegeln gemauert. Der äußere Umfang des Beckens beträgt 92 m. Gib an, wie lang der innere Umfang ist.
Tipp: Eine Skizze kann dir dabei helfen.

3 Ermittle den Umfang und Flächeninhalt der abgebildeten Sportfelder.
a) Volleyballfeld   b) Hockeyfeld

c) Tennisplatz   c) Sportplatz deiner Schule

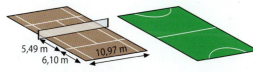

4 Das Rechteck nebenan besteht aus lauter kleineren Rechtecken (in der Mitte ist ein Quadrat). Von einigen Rechtecken ist der Umfang in cm angegeben. Bestimme den Umfang des großen Rechtecks.

	14	
28	8	20
	12	

5 Wandle in die in Klammern angegebene Einheit um.
a) $2\,cm^2\ 34\,mm^2$ (mm^2)   b) $0{,}045\,ha$ (m^2)
c) $25{,}471\,dm^2$ (mm^2)   d) $24\,346\,m^2$ (km^2)
e) $27\,dm^2\ 7\,cm^2$ (dm^2)   f) $349\,m^2$ (ha)
g) $5\,cm^2\ 2381\,mm^2$ (cm^2)   h) $0{,}000\,980\,dm^2$ (cm^2)
i) $35\,km^2\ 1\,a\ 1104\,m^2$ (km^2)

6
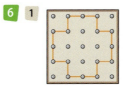
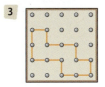

a) Spanne die Figuren auf dem Geobrett. Bestimme deren Flächeninhalt und Umfang.
b) Finde zu jeder Figur zwei weitere, die …
  A den gleichen Flächeninhalt, aber einen anderen Umfang haben.
  B den gleichen Umfang, aber unterschiedlichen Flächeninhalt besitzen.

7 Verbessere die Fehler in deinem Heft.

a) $18\,cm^2\ 3\,mm^2$	$= 18{,}3\,cm^2$
b) $711\,mm^2$	$= 7{,}11\,dm^2$
c) $3\,km\ 16\,ha$	$= 3160\,a$
d) $450\,039\,mm^2$	$= 45\,a\ 39\,mm^2$

8 Zu einem 5 cm breiten und 245 cm langen Rechteck sollen Rechtecke mit gleichem Flächeninhalt bestimmt werden. Unter diesen Rechtecken gibt es eines mit möglichst kleinem Umfang. Gib an, welche besondere Eigenschaft es besitzt.

9 Herr Prahl möchte seine rechteckige 25 m lange und 10 m breite Rasenfläche mähen. Sein Mäher hat eine Schnittbreite von 50 cm. Berechne, wie viele Meter Herr Prahl beim Rasenmähen mindestens zurücklegen muss.
Tipp: Wie könnte Herr Prahl laufen? Eine Skizze kann dir helfen.

10 Vergleiche. Setze <, > oder = ein.
a) $4\,m^2$ ☐ $415\,dm^2$; $50\,dm^2$ ☐ $5000\,cm^2$;
  $750\,mm^2$ ☐ $7\,cm^2\ 5\,mm^2$
b) $1250\,cm^2$ ☐ $12{,}5\,dm^2$; $500\,dm^2$ ☐ $0{,}5\,cm^2$
  $55\,ha\ 55\,a$ ☐ $55\,555\,m^2$

5 Trainingsrunde: Kreuz und quer

11 Finde heraus, welche dieser Figuren den gleichen Flächeninhalt besitzen.

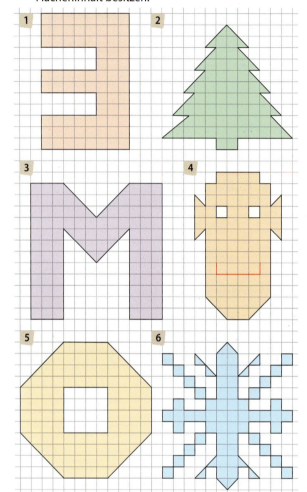

12 Zeichne das nebenstehende Quadrat mehrmals auf kariertes Papier und schneide es aus. Zerschneide es längs der Gitterlinien so in zwei Teile, dass die beiden Teilfiguren in Form und Größe übereinstimmen. Wie viele Möglichkeiten findest du?

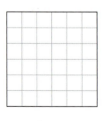

13 Tintenkleckse! Vervollständige die Zeilen in deinem Heft.
a) 14 m² 50 dm² = ❋ dm² = 145 000 ❋
= ❋ mm²
b) 2500 a = 25 000 000 ❋ = ❋ ha
= ❋ mm²

14 Übertrage die Aufgaben in dein Heft und ergänze sie dann dort.

a) Rechteck
Länge: 7,2 cm; Breite: 1,8 cm;
Umfang: U_R = ☐; Flächeninhalt: A_R = ☐

b) Rechteck
Länge: 5 cm; Breite: ☐;
Umfang: U_R = ☐; Flächeninhalt: 850 mm²

c) Quadrat
Länge: ☐ cm; Umfang: U_Q = ☐;
Flächeninhalt: 64 dm²

d) Quadrat
Länge: ☐; Umfang: 60 m;
Flächeninhalt: A_Q = ☐

e) Rechteck
Länge: ☐; Breite: ☐;
Umfang: 20 cm; Flächeninhalt: 9 cm²

15 Gib jeweils eine Aufgabenstellung an, die zu der angegebenen Rechnung passt. Berechne anschließend.
a) 7,2 cm · 4 cm
b) 20 · (7,2 cm + 4 cm)
c) (7,2 cm · 4 cm) : 2
d) 6 · (2 m · 2 m)
e) 6 cm² + 8 cm² + 12 cm²
f) 6 · 9 dm²
g) 12 · 9 dm²
h) 12 · 8 cm
i) 18 dm² : 2

16 Wandle jede der Größen in die in der Klammer angegebene Einheit um.
a) 700 mm² (cm²)
b) 300 m (km)
c) 600 m² (ha)
d) 3 m² (cm²)
e) 7000 m² (a)
f) 750 m² (km²)
g) 6,05 km (m)
h) 37 000 m² (km²)
i) 120 s (min)
j) 2,5 dm² (cm²)
k) 7,5 ha (m²)
l) 3700 dm² (m²)
m) 600 m (km)
n) 60 500 a (ha)
o) 30 000 mm² (dm²)
p) 10 200 dm² (m²)
q) 0,605 km (m)
r) 7,5 m² (cm²)
s) 700 a (ha)
t) 240 min (h)

Umfang und Flächeninhalt von Figuren

17 Ein rechteckiges Kinderzimmer (Länge: 5 m 25 cm, Breite: 3 m) erhält einen neuen Teppichboden.
a) Zeichne den Grundriss des Zimmers im Maßstab 1 : 100 in dein Heft.
b) Berechne die Kosten, wenn man für 1 m² 19,20 € einplanen muss.
c) Die Rechnung des Raumausstatters beträgt mit dem Teppichboden 487,40 €. Gib an, wie viele Stunden ein Handwerker bei einem Stundenlohn von 37 € gearbeitet hat.

18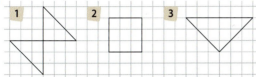

Die Figuren 1, 2 und 3 wurden aus den zwei deckungsgleichen Dreiecken ▽ und ▽ gelegt.
a) Berechne den Flächeninhalt der Figuren 1, 2 und 3.
b) Bestimme den Umfang der jeweiligen Figur.
c) Formuliere in deinen Worten, was dir bei der Berechnung der Flächeninhalte und Umfänge der Figuren aufgefallen ist.
d) Finde eine Erklärung dafür.

19 a) Übertrage die Zahlenmauern in dein Heft und berechne. Der Wert eines Steins ergibt sich aus der Summe der beiden darunter liegenden Steine.

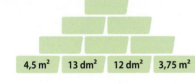

b) Verdopple (halbiere) die Größen auf allen untersten Steinen. Wie verändert sich der Wert auf dem obersten Stein?

20 Aus den drei abgebildeten Rechtecken lassen sich verschiedene Rechtecke legen.

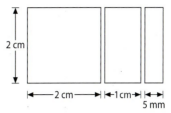

a) Ina behauptet, dass sich insgesamt sieben verschieden große Rechtecke legen lassen. Überprüfe ihre Behauptung.
b) Leon sagt, dass das kleinste Rechteck, das sich legen lässt, einen Flächeninhalt von 1 cm² hat und das größte siebenmal so groß ist. Überprüfe seine Aussage.

21 Gib an, wie viele verschiedene Dreiecke in der Figur vorkommen und wie viele davon rechtwinklig sind. Berechne den Flächeninhalt des Dreiecks BCE und beschreibe, wie du dabei vorgehst.

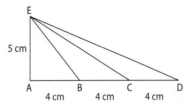

22 Berechne den Flächeninhalt von Gregors achsensymmetrischem Drachen auf zwei verschiedene Arten.

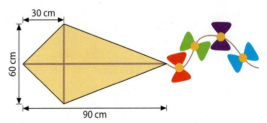

23 Berechne den Flächeninhalt des gelben „Pfeils" im abgebildeten Quadrat.

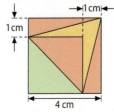

5 Am Ziel

Aufgaben zur Einzelarbeit

☺ Das kann ich! ☹ Das kann ich fast! ☹ Das kann ich noch nicht!

1. **Teste dich!** Bearbeite dazu die folgenden Aufgaben und bewerte die Lösungen mit einem Smiley.
2. Hinweise zum Nacharbeiten findest du auf der folgenden Seite, die Lösungen findest du im Anhang.

1 Berechne den Umfang der Figur.

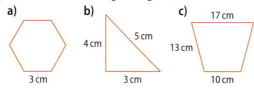

2 Eine Baugrube für ein Haus ist 12 m lang und 9,50 m breit. Rund um die Grube wird ein Absperrband gespannt, das aus Sicherheitsgründen einen Abstand von 1,50 m zum Grubenrand hat. Ermittle, wie lang das Band mindestens sein muss.

3 Gib geeignete Flächeneinheiten an, um die Größe folgender Flächen anzugeben: Wohnzimmer, DIN-A4-Blatt, Stadtgebiet von Duisburg, Tennisplatz, Geodreieck

4 Schreibe in der in Klammern angegebenen Einheit.
a) 92 dm² (cm²) b) 275 km² (ha)
c) 8,5 a (m²) d) 7400 cm² (dm²)
e) 91 000 ha (m²) f) 15 ha (a)
g) 0,75 km² (ha) h) 7266 a (km²)
i) 825 dm² (a) j) 7,05 km² (cm²)

5 Vergleiche. Setze <, > oder = ein.
a) 5 ha 46 a ▨ 54 600 m²
b) 14 dm² ▨ 0,14 m²
c) 1570 ha ▨ 15 km² 7 ha
d) 23 m² ▨ 23 000 cm²

6 Trage die Punkte A(0|0), B(7|0), C(7|6) und D(0|6) in ein Koordinatensystem ein und verbinde sie der Reihe nach zu einem Viereck. Bestimme den Flächeninhalt und den Umfang des Vierecks.

7 Berechne die fehlenden Werte des Rechtecks.

	a)	b)	c)
a	15 mm	12 cm	8 m
b	15 mm	7 cm	
U_R			24 m
A_R			

	d)	e)	f)
a	5 dm		4,7 cm
b		36 m	
U_R			204 mm
A_R	600 dm²	540 m²	

8

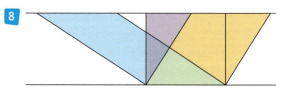

Zwischen den parallelen Geraden sind zwei Parallelogramme und ein Rechteck eingezeichnet. Begründe, dass die drei Figuren den gleichen Flächeninhalt haben.

9 Zeichne ein Rechteck mit den Seitenlängen
1 6 cm und 4 cm, **2** 5 cm und 3 cm
und dazu zwei inhaltsgleiche Parallelogramme. Gib den Flächeninhalt an.

10 Über das zugehörige flächeninhaltsgleiche Rechteck lässt sich der Flächeninhalt der jeweiligen Parallelogramme berechnen. Entnimm die notwendigen Maße der Zeichnung und berechne so die Flächeninhalte der abgebildeten Parallelogramme.

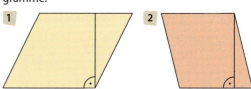

Umfang und Flächeninhalt von Figuren

11 Ein Fußballfeld ist üblicherweise 105 m lang und 68 m breit.
  a) Berechne die Größe der Fläche, die der Platzwart mindestens mähen muss.
  b) Zum Aufwärmen muss eine Mannschaft dreimal um das Fußballfeld laufen. Bestimme, wie viele Meter jeder Spieler mindestens laufen muss.
  c) Ein Basketballfeld ist 28 m lang und 15 m breit. Wie oft passt ein Basketballfeld vollständig in ein Fußballfeld? Schätze zuerst und rechne dann nach.

12 Hier ist der Grundriss eines Zimmers abgebildet. Berechne den Flächeninhalt auf drei verschiedene Weisen.

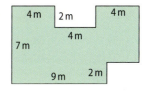

13 Herr Prahl hat bei seiner Nachbarin eine rechteckige Rasenfläche in lauter zueinander parallelen Bahnen gemäht. Mit seinem Rasenmäher der Schnittbreite 50 cm hat er dabei 0,2 km zurückgelegt. Welche Maße könnte die Rasenfläche haben? Erläutere.

Aufgaben für Lernpartner

1 Bearbeite diese Aufgaben zuerst alleine.
2 Suche dir einen Partner und erkläre ihm deine Lösungen. Höre aufmerksam und gewissenhaft zu, wenn dein Partner dir seine Lösungen erklärt.
3 Korrigiere gegebenenfalls deine Antworten und benutze dazu eine andere Farbe.

Sind folgende Behauptungen **richtig** oder **falsch**? Begründe.

A Verschieden große Flächen können denselben Umfang haben.
B Wenn man von a in cm² umwandeln möchte, muss man sechs Nullen hinzufügen.
C Ein Quadrat mit der Seitenlänge 30 cm besitzt den gleichen Flächeninhalt wie acht Rechtecke mit den Seitenlängen a = 7,5 cm und b = 15 cm.
D Zwei Figuren haben den gleichen Flächeninhalt, wenn sie sich jeweils in gleiche Teilfiguren zerlegen lassen.
E Man kann den Flächeninhalt einer Figur bestimmen, indem man die Fläche in bekannte Figuren zerlegt und deren Flächeninhalte addiert.
F Jedes rechtwinklige Dreieck lässt sich zu einem Rechteck ergänzen, das den doppelten Flächeninhalt besitzt.
G Die Höhe in einem Parallelogramm ist stets die kürzere Seite des Parallelogramms.

Ich kann …	Aufgabe	Hilfe	Bewertung
den Umfang von Figuren bestimmen.	1, 2, 6, 7, A	S. 156, 159, 166, 172	☺ 😐 ☹
Flächeneinheiten umwandeln.	3, 4, 5, B	S. 162	☺ 😐 ☹
den Flächeninhalt von Rechteck und Quadrat berechnen.	6, 7, 11, 12, 13, C, D, E	S. 166	☺ 😐 ☹
den Flächeninhalt weiter Figuren bestimmen.	8, 9, 10, F, G	S. 172, 174, 176	☺ 😐 ☹

5 Auf einen Blick

Seite 156

Umfang

Der **Umfang** U einer geometrischen Figur ist die **Länge** ihrer **Randlinie**.

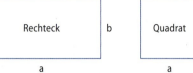

$U_R = 2 \cdot a + 2 \cdot b$
$U_R = 2 \cdot (a + b)$

$U_Q = 4 \cdot a$

Seite 156, 160

Flächeninhalt

Flächen, die man mit denselben Flächenstücken auslegen kann, sind gleich groß. Sie besitzen den gleichen **Flächeninhalt**.

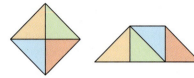

Seite 162

Flächeneinheiten

Zum Messen von **Flächeninhalten** legt man die Fläche mit Einheitsquadraten aus. Die **Umwandlungszahl** zwischen benachbarten Flächeneinheiten ist 100.

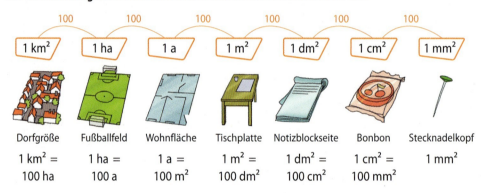

Dorfgröße	Fußballfeld	Wohnfläche	Tischplatte	Notizblockseite	Bonbon	Stecknadelkopf
1 km² = 100 ha	1 ha = 100 a	1 a = 100 m²	1 m² = 100 dm²	1 dm² = 100 cm²	1 cm² = 100 mm²	1 mm²

Seite 166

Flächeninhalt von Rechteck und Quadrat

Der **Flächeninhalt** A_R eines **Rechtecks** berechnet sich als Produkt der beiden Seitenlängen.
Den Flächeninhalt A_Q eines **Quadrats** kann man als Sonderfall des Flächeninhalts eines Rechtecks bestimmen.

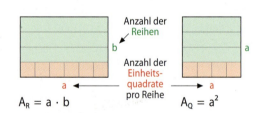

$A_R = a \cdot b$ $A_Q = a^2$

Seite 174

Zerlegung von Flächen

Lassen sich Figuren in bekannte Teilfiguren zerlegen, kann man den Flächeninhalt der Figur mithilfe der Teilfiguren bestimmen.

Einstieg
Getränkepackungen werden oftmals so gebündelt, dass sie zusammen eine rechteckige Fläche einnehmen.
- Erkläre, welche Anzahl an Flaschen sich dazu eignen. Gib an, woran das liegt.

Teile und Anteile

Ausblick
Am Ende dieses Kapitels hast du gelernt, …
… was **Teiler und Vielfache von Zahlen** sind.
… wie man **Teilbarkeitsregeln** entdeckt und wozu man sie anwendet.
… was **Primzahlen** sind.
… **Anteile** auf verschiedene Arten zu beschreiben.

6 Startklar

Vorwissen

Natürliche Zahlen multiplizieren und dividieren

$$56 \cdot 7 = 392$$
1. Faktor 2. Faktor → Produkt

Multiplikation ↔ Division

Vorgehen bei schriftlicher Multiplikation:
1. Multipliziere die Ziffern des 2. Faktors stellenweise mit dem 1. Faktor. Beginne mit der höchsten Stelle.
2. Schreibe alle Teilprodukte stellengerecht unter den 2. Faktor.
3. Addiere zum Schluss alle Teilprodukte.

```
  8 9 5 · 3 2
    2 6 8 5 0
      1 7 9 0
          1 1
    2 8 6 4 0
```

$$72 : 8 = 9$$
Dividend Divisor → Quotient

Die Reihenfolge der Begriffe „Dividend" und „Divisor" bei der Division kannst du dir mithilfe des Alphabets merken:
„**d** vor **s**".

Vorgehen bei schriftlicher Division:
1. Fasse vom Dividenden von links so viele Ziffern zusammen, dass der Divisor in ihnen enthalten ist.
2. Notiere im Ergebnis, wie oft der Divisor vollständig in den Teildividenden passt. Schreibe dann das Produkt dieser Zahl mit dem Divisor stellengerecht unter die Teilrechnung. Notiere die Differenz beider Zahlen als Rest.
3. Hänge den nächsten Stellenwert des Dividenden an den Rest an.
4. Wiederhole 2. und 3.

```
 939 : 13 = 72 Rest 3
-91
  29
 -26
   3
```

Teiler von natürlichen Zahlen

Hier siehst du das kleine Einmaleins in einer Tabelle zusammengefasst. Um die Zahlen der „2er-Reihe" (Vielfache von 2) zu finden, braucht man nur in die Zeile oder Spalte zu schauen, die mit einer grauen 2 anfängt.

Andersherum kann man die Tabelle auch nutzen, um herauszufinden, durch welche Zahlen eine Zahl ohne Rest dividiert werden kann. Sucht man beispielsweise, durch welche Zahlen 18 dividiert werden kann, dann muss man nur herausfinden, wo die Zahl 18 steht und erkennt dann die Divisoren. Die Teiler von 18 sind 2, 3, 6, 9 und natürlich 1 und 18.

·	1	2	3	4	5	6	7	8	9	10
1	1	2	3	4	5	6	7	8	9	10
2	2	4	6	8	10	12	14	16	⑱	20
3	3	6	9	12	15	⑱	21	24	27	30
4	4	8	12	16	20	24	28	32	36	40
5	5	10	15	20	25	30	35	40	45	50
6	6	12	⑱	24	30	36	42	48	54	60
7	7	14	21	28	35	42	49	56	63	70
8	8	16	24	32	40	48	56	64	72	80
9	9	⑱	27	36	45	54	63	72	81	90
10	10	20	30	40	50	60	70	80	90	100

Teile und Anteile

Vorwissentest

☺ Das kann ich! 😐 Das kann ich fast! ☹ Das kann ich noch nicht!

Teste dich! Schau dir dazu zunächst die bereits bekannten Inhalte auf der linken Seite an. Bearbeite die Aufgaben und bewerte deine Lösungen. Die Ergebnisse findest du im Anhang.

1 Sage die 1er- (2er-, 3er-, …, 10er-) Reihe vom Einmaleins auf.

2 Schreibe die 9er-Reihe auf. Finde Zusammenhänge in der Reihe, indem du die erste mit der letzten Zahl der Reihe, die zweite mit der vorletzten … vergleichst. Begründe.

3 Erkläre Zusammenhänge zwischen folgenden Reihen des kleinen Einmaleins:
a) 2er; 4er; 8er   b) 5er; 10er   c) 3er; 9er

4 Notiere die 11er- (12er-, 13er-) Reihe. Erläutere dein Vorgehen.

5 Wie lautet die letzte Ziffer der Zahl? Welche Zahl bilden die letzten beiden Ziffern der angegebenen Zahl?
a) 123   b) 4415   c) 987 654   d) 1 000 001

6 Berechne. Beschreibe Gesetzmäßigkeiten, die du erkennst.

16 : 2   16 : 4   16 : 8   16 : 16   48 : 3   48 : 6   48 : 12   48 : 24   48 : 48

18 : 9   19 : 9   20 : 9   21 : 9   22 : 9   23 : 9   24 : 9   25 : 9   26 : 9   27 : 9

7 Schreibe die Zahl als Produkt zweier Faktoren größer als 1. Findest du mehrere Möglichkeiten?
a) 4   b) 6   c) 8   d) 10   e) 12   f) 15   g) 20   h) 21   i) 22
j) 26   k) 27   l) 28   m) 30   n) 60   o) 99   p) 120   q) 333   r) 1000

8 Rechne schriftlich.
a) 2256 : 8; 4718 · 23   b) 1719 : 9; 8074 · 12   c) 6816 : 12; 303 · 202

9 Übertrage die Tabelle in dein Heft und überprüfe auf Teilbarkeit.

teilbar durch	2	3	4	5	9	10
68						
85						
520						
315						

Ich kann …	Aufgabe	Bewertung
Zusammenhänge im kleinen Einmaleins beschreiben.	1, 2, 3	☺ 😐 ☹
Zahlreihen bestimmen.	4, 5, 6, 7	☺ 😐 ☹
natürliche Zahlen multiplizieren und dividieren.	8, 9	☺ 😐 ☹

6 Entdecken

Habt ihr in der Klasse schon einmal verschiedene Mannschaften gebildet? Wenn ihr Glück habt, dann sind die Mannschaften gleich groß, doch manchmal auch nicht.

Wir untersuchen im Folgenden, in welchen Fällen es genau gleich große Mannschaften gibt.

Stell dir vor, in deiner Klasse sind 30 Schülerinnen und Schüler.

Gib verschiedene Möglichkeiten an, die du hast, um jeweils gleich große Mannschaften zu bilden.

Möglichkeit **1**:
Eine Mannschaft mit 30 Schülern – das ist eine einfache Lösung, aber ein Spiel kommt dabei nicht zustande.

Möglichkeit **2**:
Zwei Mannschaften mit jeweils 15 Schülern.

Möglichkeit **3**:
Drei Mannschaften mit jeweils 10 Schülern.

- Setze die Reihe fort und finde möglichst alle Möglichkeiten. Dabei ist auch der Fall, dass jeder für sich spielt, eine Lösung.
- Die nebenstehende Übersicht zeigt, aus wie vielen Spielerinnen und Spielern eine Mannschaft bei einigen Sportarten besteht. Mache Vorschläge, Mannschaften zu bilden. Beschreibe, was mit dem „Rest" bei der Aufteilung passiert.

Handball: **7**   Volleyball: **6**
Fußball: **11**   Basketball: **5**

Wie sieht es in deiner Klasse aus? Gib alle Möglichkeiten für Mannschaftsbildungen deiner Klasse an.

- Schreibe den Namen von jeder Schülerin und jedem Schüler auf einen Zettel und versuche Rechtecke mit den Zetteln zu legen.
- Gib an, wie viele Rechtecke du erhältst.
- Begründe, dass das gleichmäßige Aufteilen der Zettel in Mannschaften immer als ein solches Rechteck gelegt werden kann.

In Ordnung bringen ...

Teile und Anteile

Mithilfe von Rechtecken kannst du auch weitere Zahlen untersuchen. Dabei reicht es aus, die Anzahl der Kästchen für Länge und Breite des Rechtecks zu verwenden.

⇢ Die Anzahl der Kästchen in einer Reihe (Länge) entspricht also der Anzahl der Personen in einer Mannschaft.

⇢ Die Anzahl der Reihen (Breite) entspricht dann der Anzahl der Mannschaften.

Beispiel:

24 Personen sollen gleichmäßig auf drei Mannschaften verteilt werden.
Man erhält ein Rechteck mit $3 \cdot 8 = 24$ Kästchen.
Also sind in jeder Mannschaft 8 Personen.

- Finde alle Rechtecke, die sich mit den 24 Kästchen bilden lassen. Notiere jeweils das zugehörige Produkt aus Anzahl der Reihen und Karten pro Reihe.
- Zeichne ebenso alle Rechtecke, die auf diese Weise möglich sind, mit …
  1 12 Kästchen. **2** 13 Kästchen. **3** 20 Kästchen. **4** 32 Kästchen.
- Beschreibe Zusammenhänge, die du zwischen der Anzahl der Kästchen und den Seitenlängen der Rechtecke erkennst.

Medien & Werkzeuge

Alternative

Informiere dich im Internet über die Zerlegung von einer Zahl in zwei Faktoren. Stelle die Ergebnisse deiner Recherche in deiner Klasse vor.

6.1 Teiler und Vielfache

Entdecken

24 Pralinen werden in verschiedenen rechteckigen Verpackungen angeordnet.

- Finde alle Möglichkeiten, wie du die Pralinen zu einem Rechteck anordnen kannst, ohne dass Lücken entstehen. Beschreibe, wie du vorgegangen bist.

Verstehen

Du weißt bereits, dass du aus zwei beliebigen Zahlen ein Produkt bilden kannst. Das Produkt kannst du dann wieder in die Ausgangszahlen aufteilen. Es gibt aber oftmals mehrere Möglichkeiten, eine Zahl in zwei Faktoren zu zerlegen.

Merke

Erklärvideo

Mediencode 61165-26

Eine Zahl ist **Teiler** einer anderen Zahl, wenn bei der Division kein Rest bleibt. Jede Zahl ist durch sich selbst und 1 teilbar. Diese beiden Teiler bezeichnet man als **unechte Teiler**. Alle anderen Teiler einer Zahl heißen **echte Teiler**.

Alle echten und unechten Teiler einer Zahl zusammen ergeben die **Teilermenge**.

Als **Vielfaches** einer Zahl bezeichnet man das Produkt aus der Zahl mit einer beliebigen anderen Zahl.
Alle Vielfachen einer Zahl werden in der Vielfachenmenge zusammengefasst.

Beispiele ohne Rest:
a) 18 ist durch 3 teilbar, denn $18 : 3 = 6$.
   Schreibe: $3 \mid 18$ „3 ist Teiler von 18."
b) 18 ist nicht (ohne Rest) durch 5 teilbar, denn $18 : 5 = 3$ Rest 3.
   Schreibe: $5 \nmid 18$
   „5 ist nicht Teiler von 18."

Beispiel: Menge aller Teiler von 18
$T_{18} = \{1; 2; 3; 6; 9; 18\}$.

ist Teiler von
3 ⟶ 18
ist Vielfaches von

Beispiel: Menge aller Vielfachen von 3
$V_3 = \{3; 6; 9; 12; 15; \ldots\}$

*{…} in einer **Menge** gibt man alle Zahlen an, die die eine angegebene Eigenschaft (z. B. Teiler, Vielfache) haben.*

Beispiele

I. Begründe, ob folgende Angaben wahr oder falsch sind.
a) $9 \mid 27$ b) $3 \nmid 28$ c) $8 \mid 8$ d) $16 \mid 4$

Lösung:
a) wahr, denn $27 : 9 = 3$
c) wahr, denn $8 : 8 = 1$
b) wahr, denn $28 : 3 = 9$ Rest 1
d) falsch, denn $4 \mid 16$, aber nicht umgekehrt

II. a) Gib die Menge aller Teiler von 24 an.

Lösung:
a) $24 = 1 \cdot 24$
   $24 = 2 \cdot 12$
   $24 = 3 \cdot 8$
   $24 = 4 \cdot 6$
   $T_{24} = \{1; 2; 3; 4; 6; 8; 12; 24\}$

b) Bestimme die Menge aller Vielfachen von 4.

b) $1 \cdot 4 = 4$
   $2 \cdot 4 = 8$
   $3 \cdot 4 = 12$
   …
   $V_4 = \{4; 8; 12; 16; \ldots\}$

*Trenne Teiler und Vielfache stets durch ein **Semikolon**; voneinander.*

*Man bezeichnet z. B. 3 und 8 als **Partnerteiler** von 24. Mithilfe der Partnerteiler lassen sich schnell alle Teiler einer Zahl bestimmen.*

Teile und Anteile

Nachgefragt

- Begründe, dass man niemals vollständig alle Vielfachen einer Zahl angeben kann.
- Luca hat bei der Bestimmung aller Teiler von 81 bereits die Zahlen 1, 2, 3, ..., 8 probiert. Er stellt nun fest, dass $81 = 9 \cdot 9$ ist. Begründe, dass er Zahlen größer als 9 nicht mehr untersuchen muss.

Aufgaben

1 Übertrage in dein Heft und ersetze das Zeichen ■ durch | oder ∤.
  a) 5 ■ 23   b) 4 ■ 48   c) 9 ■ 46   d) 7 ■ 59   e) 12 ■ 142
     4 ■ 36   6 ■ 48   11 ■ 121   3 ■ 123   7 ■ 92
     8 ■ 72   7 ■ 48   12 ■ 108   9 ■ 135   12 ■ 48

2 Bestimme die Menge der Teiler und schreibe wie im Beispiel II. Finde Partnerteiler.
  a) T_4; T_6; T_9; T_{12} b) T_{18}; T_{22}; T_{27}; T_{23} c) T_{36}; T_{45}; T_{39}; T_{56} d) T_{48}; T_{66}; T_{100}; T_{225}

3 Bestimme die Menge der Vielfachen und schreibe wie im Beispiel II.
  a) V_3; V_4; V_5; V_8 b) V_{10}; V_{12}; V_{13}; V_{15} c) V_{16}; V_{18}; V_{20}; V_{24} d) V_{35}; V_{56}; V_{75}; V_{100}

4 Memory-Karten werden meist als Rechteck angeordnet, weil man sich so die Lage bestimmter Bilder besser merken kann.
  a) Gib an, welche verschiedenen Rechtecke du legen kannst, wenn das Spiel aus 12 (18, 20, 36, 48) Karten besteht.
  b) Memory-Karten wurden als Rechteck in drei Reihen angelegt. Wie viele Karten könnte es haben? Nenne fünf Möglichkeiten.

5 Ordne die Zahlenmengen richtig zu.

  A {1; 11}   B {1; 3; 5; 15}   C {1; 4; 9}   1 V_5 2 Menge aller einstelligen Quadratzahlen
  D {12; 15; 18; 21; ... ; 96; 99}   3 T_{11} 4 Menge der einstelligen Vielfachen der Zahl 3
  E {5; 10; 15; 20; ...}   F {3; 6; 9}   5 T_{15} 6 Menge aller zweistelligen Vielfachen der Zahl 3

6 Um welche Vielfachenmengen handelt es sich? Übertrage in dein Heft und setze ein.
  a) $V_■ = \{■; 4; ■; 8; ■; ...\}$; $V_■ = \{■; ■; 15; ■; 25; ■; ...\}$; $V_■ = \{■; ■; 21; ■; ...\}$
  b) $V_■ = \{■; 22; ■; ■; ...\}$; $V_■ = \{■; 36; ■; 72; ■; ...\}$; $V_■ = \{■; ■; ■; 100; ■; ...\}$

7 Um welche Teilermenge kann es sich handeln? Setze alle fehlenden Zahlen ein.
  a) $T_■ = \{■; 3\}$; $T_■ = \{1; ■; 3; ■; 6; ■\}$; $T_■ = \{■; ■; ■; ■; 6; ■; 15; ■\}$; $T_■ = \{1; ■\}$
  b) $T_■ = \{1; 2; 5; 10; ■; ■\}$; $T_■ = \{1; 3; 17; ■\}$; $T_■ = \{■; ■; ■; ■\}$; $T_■ = \{■; ■; ■\}$

Bei einigen Teilaufgaben sind mehrere Lösungen möglich.

8 Ein Lichtspiel hat Leuchten in vier Farben. Die gelben Lämpchen blinken alle 3 Sekunden, die blauen alle 5 Sekunden und die roten alle 9 Sekunden. Die grünen blinken nur, wenn die anderen drei Lämpchen gleichzeitig blinken. Bestimme für die grünen Lämpchen ...
  a) nach wie vielen Sekunden sie zum ersten Mal blinken.
  b) wie oft sie innerhalb von 5 Minuten blinken.

6.2 Teilbarkeitsregeln

Entdecken

- Markiere auf einem Hunderterfeld alle Vielfachen von 2 (5; 10). Welche Gesetzmäßigkeit erkennst du, wenn du die jeweils letzte Ziffer der Vielfachen betrachtest?
- Was lässt sich hieraus für die Teilbarkeit einer Zahl durch 2 (5; 10) folgern?
- 100 ist durch 4 teilbar. Alle Zahlen größer als 100 lassen sich als Summe aus einem Vielfachen von 100 und einer Zahl kleiner als 100 darstellen. Übertrage und notiere weitere Beispiele.

1	2	3	4	5	6	7	8	9	10
11	12	13	14	15	16	17	18	19	20
21	22	23	24	25	26	27	28	29	30
31	32	33	34	35	36	37	38	39	40
41	42	43	44	45	46	47	48	49	50
51	52	53	54	55	56	57	58	59	60
61	62	63	64	65	66	67	68	69	70
71	72	73	74	75	76	77	78	79	80
81	82	83	84	85	86	87	88	89	90
91	92	93	94	95	96	97	98	99	100

$104 = 100 + 4$ $321 = 3 \cdot 100 + 21$ $4516 = 45 \cdot 100 + 16$

- Welche der notierten Zahlen sind durch 4 teilbar? Formuliere eine Regel.

Verstehen

Bei der Überprüfung der Teilbarkeit von Zahlen durch 2, 4, 5 und 10 muss man nur die letzten Ziffern einer Zahl betrachten, um auf die Teilbarkeit zu schließen.

Merke

Endstellenregel: Eine natürliche Zahl ist teilbar durch …
- **2**, wenn ihre letzte Ziffer eine gerade Zahl (also 0, 2, 4, 6 oder 8) ist.
- **4**, wenn ihre letzten beiden Ziffern jeweils 0 sind oder eine durch 4 teilbare Zahl bilden.
- **5**, wenn ihre letzte Ziffer 0 oder 5 ist.
- **10**, wenn ihre letzte Ziffer 0 ist.

Beispiele

I. Überprüfe, ob die Zahl 2730 durch 2 (4; 5; 10) teilbar ist.

  Lösung:
  - 2 | 2730:   2730 ist durch 2 teilbar, da ihre letzte Ziffer gerade (0) ist.
  - 4 ∤ 2730:   2730 ist nicht durch 4 teilbar, da ihre letzten beiden Ziffern keine durch 4 teilbare Zahl bilden: 4 ∤ 30.
  - 5 | 2730:   2730 ist durch 5 teilbar, da ihre letzte Ziffer 0 ist.
  - 10 | 2730:   2730 ist durch 10 teilbar, da ihre letzte Ziffer 0 ist.

II. Ist jede natürliche Zahl, die durch 5 teilbar ist, auch durch 10 teilbar? Begründe.

  Lösung:
  Beispielsweise ist 15 durch 5 teilbar, aber nicht durch 10. Folglich ist nicht jede natürliche Zahl, die durch 5 teilbar ist, auch durch 10 teilbar.

Findest du weitere Gegenbeispiele?

Nachgefragt

- Begründe, dass jede natürliche Zahl, die durch 10 teilbar ist, auch durch 2 und 5 teilbar ist.
- Lisa behauptet: „Jede natürliche Zahl, die durch 2 teilbar ist, ist auch durch 4 teilbar." Hat sie Recht? Begründe.

Teile und Anteile

Aufgaben

1. Gib an, ob die Zahl jeweils durch 2; 4; 5 oder 10 teilbar ist.
   a) 46; 90; 208; 345; 458; 600; 1310; 2349; 4568; 9305; 10 005; 23 674
   b) 55 561; 70 000; 123 456; 367 985; 456 786; 934 107; 3 375 800

2. Das Kreuz bedeutet: 144 ist durch 2 teilbar. Übertrage die Tabelle in dein Heft und vervollständige. Beschreibe Zusammenhänge zwischen der Teilbarkeit, die du erkennst.

	144	275	266	395	1430	4200	196	598 723	45 860
2	×								
4									
5									
10									

3. Bestimme die Zahlen, die gemeinsame Vielfache sind von …
   a) 2 und 5.
   b) 4 und 10.
   c) 5 und 10, aber kein Vielfaches von 4.

2376; 5788; 4235; 9821; 2332; 5112; 8836; 5161; 392; 8796; 1495; 1270; 290; 4020; 6665; 7445; 742; 364

4. Vervollständige mit passenden Ziffern.
   a) 5 | 6 ▪   b) 4 | 3 ▪   c) 10 | 1 ▪ 5 ▪   d) 4 | 6735 ▪ ▪

   Finde verschiedene Möglichkeiten, wenn es sie gibt.

5. Gib die kleinste natürliche Zahl an, die zugleich teilbar ist durch …
   a) 4 und 5.   b) 2, 5 und 10.   c) 4, 5 und 10.   d) 2, 4, 5 und 10.

6. Welche Zahl ist leichter zu erraten? Begründe.

Ich habe mir eine dreistellige Zahl gedacht, die durch 10 teilbar ist. Die erste Ziffer ist 7.

Ich habe mir eine dreistellige Zahl gedacht, die durch 5 teilbar ist. Die mittlere Ziffer ist 3.

Weiterdenken

Es gibt weitere **Endstellenregeln**, die sich aus den bisher bekannten Regeln ableiten lassen. Eine natürliche Zahl ist teilbar durch …
- **100** (**1000**), wenn ihre letzten beiden (drei) Ziffern jeweils 0 sind.
- **25**, wenn ihre letzten beiden Ziffern jeweils 0 sind oder die Zahl 25, 50 oder 75 bilden.

7. Erkläre die Endstellenregel für die Teilbarkeit durch 100 (1000; 25).

8. Gib fünf Zahlen zwischen 1001 und 9999 an, die durch 25 teilbar sind.

6.2 Teilbarkeitsregeln

9 Formuliere eine Regel für die Teilbarkeit durch 1 000 000 (50).

10 **Argumentieren und Begründen**
Für die Teilbarkeit durch 9 bzw. 3 gibt es ebenfalls eine Regel.
a) 9, 99, 999, … sind jeweils durch 9 und 3 teilbar. Erkläre, was dies für die Teilbarkeit der Vielfachen von 9, 99, 999 … bedeutet.
b) Jede **Stufenzahl** (10; 100; …) lässt sich als Summe aus einem Vielfachen von 9 (99; …) und der 1 bilden. Erläutere die Beispiele und finde weitere.

$12 = 10 + 2 = 9 + 1 + 2 = 9 + 3$

$13 = 10 + 3 = 9 + 1 + 3 = 9 + 4$

$27 = 2 \cdot 10 + 7 = 2 \cdot (9 + 1) + 7$
$= 2 \cdot 9 + 2 + 7 = 2 \cdot 9 + 9$

$179 = 100 + 7 \cdot 10 + 9 = 99 + 1 + 7 \cdot (9 + 1) + 9$
$= 99 + 1 + 7 \cdot 9 + 7 + 9 = 99 + 7 \cdot 9 + 17$

c) Welche der von dir gefundenen Zahlen sind durch 9 bzw. 3 teilbar? Formuliere eine Regel für die Teilbarkeit einer Zahl durch 9 bzw. 3.

Idee:
- Nutze einfache Teilbarkeit.
- Suche einfache Zahlenbeispiele.
- Beschreibe Zusammenhänge.

Weiterdenken

Die Teilbarkeit durch 3 und 9 kann man anhand der **Quersumme** beurteilen.
Beispiel: Quersumme von 846: 8 + 4 + 6 = 18

Quersummenregel: Eine natürliche Zahl ist teilbar durch …
- **3**, wenn ihre Quersumme durch 3 teilbar ist.
- **9**, wenn ihre Quersumme durch 9 teilbar ist.

---

11 a) Begründe: Jede natürliche Zahl, die durch 9 teilbar ist, ist auch durch 3 teilbar.
b) Judith behauptet: „Die Quersumme der Zahl 687 ist 21, die Quersumme der Zahl 21 ist 3. Die Zahl 3 ist durch 3 teilbar, also ist 687 durch 3 teilbar." Stimmt das? Erläutere.

Die Buchstaben der durch 3 teilbaren Zahlen ergeben der Reihe nach ein Lösungswort.

12 Bestimme die Quersumme. Überprüfe damit die Zahlen auf Teilbarkeit durch 3.
a) 127 (F)   27 828 (I)   2414 (A)   894 (T)   333 333 (A)
     6730 (R)   234 (L)   34 722 (I)   777 333 (E)   354 (N)
b) 504 (E)   573 (N)   1134 (G)   3905 (J)   657 (L)
     3419 (K)   83 700 (A)   91 011 (N)   345 678 (D)

13 Welche der auf den Kärtchen stehenden Zahlen sind teilbar durch 9 (3 und 9; 3, aber nicht durch 9)?

14 Gib fünf Zahlen zwischen 10 000 und 100 000 an, …
a) deren Quersumme 10 (20) ist.
b) die durch 3 (9) teilbar sind.

15 Vervollständige mit Ziffern so, dass eine durch ▉1▉ 9 ▉2▉ 3 teilbare Zahl vorliegt.
a) 5▉   b) 3▉3   c) 4▉79   d) 55▉7   e) 101▉
f) 123▉56   g) 2▉7▉   h) 673 5▉▉   i) 3▉▉▉   j) ▉00▉0▉

Gib, wenn möglich, verschiedene Möglichkeiten an oder beschreibe, wie man vorgehen muss.

16 Gib die kleinste natürliche Zahl an, die zugleich teilbar ist durch …
a) 3 und 4.   b) 2, 5 und 9.   c) 3, 5 und 10.   d) 3, 5, 9 und 10.

> **Weiterdenken**
>
> Es gibt auch Teilbarkeitsregeln, die sich aus der Endstellenregel und der Quersummenregel zusammensetzen.
>
> Eine natürliche Zahl ist teilbar durch …
> - **6**, wenn ihre letzte Ziffer gerade (also 0, 2, 4, 6 oder 8) ist und zugleich ihre Quersumme durch 3 teilbar ist.

17 a) Was steckt hinter der Regel für die Teilbarkeit durch 6? Erkläre.
b) Finde weitere Zahlen, bei denen sich die Teilbarkeitsregeln aus einer Endstellenregel und der Quersummenregel zusammensetzen. Erkläre, wie du solche Zahlen findest.

18 Überprüfe, ob die Zahl durch 6 teilbar ist.
a) 80   b) 666   c) 80 333   d) 91 000   e) 121 212
f) 563 224   g) 783 898   h) 2 432 722   i) 123 456 789   j) 1 234 567 890

19 Das Kreuz bedeutet: 120 ist durch 3 teilbar. Übertrage die Tabelle ins Heft und vervollständige sie. Was fällt dir auf? Erläutere.

	120	837	3378	6625	7020	8748	11 562	13 631
3	×							
6								
9								

20 Fürs Schulfest wurden alle Getränke in Sixpacks gekauft.

Mirko: *Insgesamt sind 126 volle Flaschen übrig geblieben. An Leergut haben wir 825 Flaschen.*

Stephan: *Dann ist es möglich, dass wir alle vollen Flaschen im Sixpack zurückgeben.*

a) Erläutere, wie Stephan zu seiner Aussage kommen könnte.
b) Begründe, dass Mirko in einem Fall nicht richtig gezählt hat.

21 Katja behauptet, dass eine natürliche Zahl durch 18 teilbar ist, wenn sie zugleich durch 3 und 6 teilbar ist.
a) Widerlege durch ein Gegenbeispiel.
b) Finde eine Erklärung, warum Katjas Behauptung falsch ist.
c) Formuliere eine mögliche Regel für die Teilbarkeit durch 30.

Findest du mehrere Gegenbeispiele? Vergleiche mit der Regel für die Teilbarkeit durch 6.

6.3 Besondere Vielfache und Teiler: Primzahlen

Entdecken

Du kennst als besondere natürliche Zahlen bereits Quadratzahlen. Doch es gibt noch weitere.

1	2	3	4	5	6	7	8	9	10
11	12	13	14	15	16	17	18	19	20
21	22	23	24	25	26	27	28	29	30
31	32	33	34	35	36	37	38	39	40
41	42	43	44	45	46	47	48	49	50
51	52	53	54	55	56	57	58	59	60
61	62	63	64	65	66	67	68	69	70
71	72	73	74	75	76	77	78	79	80
81	82	83	84	85	86	87	88	89	90
91	92	93	94	95	96	97	98	99	100

- Nimm ein Hunderterfeld und streiche die Zahl 1. Die nächstgrößere, nicht durchgestrichene Zahl ist 2. Markiere sie farbig. Streiche alle Vielfachen von 2. Die nächstgrößere, nicht durchgestrichene Zahl ist 3. Markiere sie farbig. Streiche alle Vielfachen von 3 usw.
- Welche besondere Eigenschaft haben alle Zahlen, die nicht durchgestrichen wurden?
- Notiere zu jeder durchgestrichenen Zahl von 2 bis 30 die längste mögliche Multiplikation, sodass die Faktoren so klein wie möglich sind. Der Faktor 1 soll dabei nicht vorkommen.
  Beispiel: $24 = 4 \cdot 6 = 2 \cdot 2 \cdot 6 = 2 \cdot 2 \cdot 2 \cdot 3$
  Beschreibe, was dir auffällt, wenn du die einzelnen Faktoren betrachtest.

Verstehen

Zahlen, die nur sich selbst und die 1 als Teiler haben, werden auch als Bausteine der natürlichen Zahlen bezeichnet.

„Prima" bedeutet einzigartig, ganz speziell.

Erinnere dich:

Erklärvideo

Mediencode 61165-27

Merke

Eine natürliche Zahl heißt **Primzahl**, wenn sie genau zwei Teiler hat: 1 und sich selbst.
Die Menge der Primzahlen lautet {2; 3; 5; 7; 11; 13; …}.
Mit Ausnahme der Zahl 1 lässt sich jede natürliche Zahl, die selbst keine Primzahl ist, als Produkt aus Primzahlen zerlegen. Eine solche Zerlegung nennt man **Primfaktorzerlegung**.
Beispiel: $144 = 12 \cdot 12 = 3 \cdot 4 \cdot 3 \cdot 4 = 3 \cdot 2 \cdot 2 \cdot 3 \cdot 2 \cdot 2 = 2 \cdot 2 \cdot 2 \cdot 2 \cdot 3 \cdot 3 = 2^4 \cdot 3^2$

Schrittweise Zerlegen. Nutze Teilbarkeitsregeln. — Sortieren — Vereinfachen

Beispiel

Überprüfe, ob **a)** 115, **b)** 113 eine Primzahl ist.

Lösung:

a) 5 | 115, da die letzte Ziffer der Zahl 115 eine 5 ist. Folglich ist 115 keine Primzahl.

b) 2 ∤ 113, da die letzte Ziffer der Zahl 113 nicht gerade ist.
3 ∤ 113, da die Quersumme der Zahl 113 nicht durch 3 teilbar ist: 3 ∤ 5.
5 ∤ 113, da die letzte Ziffer der Zahl 113 weder 0 noch 5 ist.
7 ∤ 113, da 113 : 7 = 16 Rest 1
11 ∤ 113, da 113 : 11 = 10 Rest 3
Da der zu 11 gehörende „Partnerteiler" kleiner als 11 ist, kann es außer 113 (der Zahl selbst) keinen weiteren Teiler geben. Folglich ist 113 eine Primzahl.

Nachgefragt

- Erkläre, warum 1 keine Primzahl ist.
- Erkläre, wie viele gerade Primzahlen es geben kann.

Teile und Anteile

Aufgaben

1 Suche nach Primzahlen. Nutze dazu die Teilbarkeitsregeln.
   a) 1; 11; 21; 31; 41; 51
   b) 2; 12; 22; 32; 42; 52
   c) 3; 13; 23; 33; 43; 53
   d) 4; 14; 24; 34; 44; 54
   e) 5; 15; 25; 35; 45; 55
   f) 19; 29; 39; 49; 59; 69; 79

2 Zerlege in ein Produkt aus Primzahlen, wenn möglich.
   a) 8; 28; 46; 120
   b) 124; 101; 169; 216
   c) 368; 1000; 44; 108
   d) 150; 270; 529; 117
   e) 125; 225; 294; 468
   f) 36; 48; 72; 325

3 Finde die kleinste (größte) Primzahl, die ① zweistellig, ② dreistellig ist.

Alles klar?

4 a) Zerlege jeweils in ein Produkt aus Primzahlen.
   2; 8; 12; 17; 25; 39; 48; 53; 87; 112; 117; 165; 201; 223
   b) Erkläre, ob es eine Quadratzahl geben kann, die zugleich Primzahl ist.

5 Bestimme die Zahl, deren Primfaktorzerlegung aus den angegebenen Primzahlen besteht.
   a) 2; 2; 5; 5
   b) 3; 7; 7
   c) 2; 2; 2; 3; 3; 5
   d) 3; 3; 3; 11
   e) 3; 3; 5; 5; 5
   f) 3; 13; 13
   g) 5; 5; 5; 7
   h) 2; 2; 2; 3; 3; 5; 5; 7

Lösungen zu 5:
100; 147; 297; 360;
507; 875; 1125; 12 600

6 „Die 13 ist eine Primzahl. Drehe ich die Ziffern, erhalte ich die 31. Das ist auch eine Primzahl. Das gleiche gilt für die 17."

Überprüfe die Aussage. Finde weitere „Mirpzahlen".

Rückwärts lesen:
PRIMzahlen
→ MIRPzahlen

MK 7 **Medien und Werkzeuge:** Scheibe einen kurzen Aufsatz, in dem du darstellst, warum Primzahlen in der heutigen Welt so wichtig sind. Informiere dich dazu im Internet.

8 „Welche Zahl bin ich?" Ich bin …
   a) die kleinste dreistellige Primzahl mit der Quersumme 4.
   b) die kleinste zweistellige Primzahl mit der Quersumme 14.
   c) der Vorgänger einer zweistelligen Primzahl. Meine Quersumme hat den Wert 12.

Vertiefung Geschichte

Sieb des Eratosthenes

Das Vorgehen mit dem Hunderterfeld beim **Entdecken** auf der Vorseite hat schon vor über 2000 Jahren der griechische Mathematiker Eratosthenes verwendet.

- Zeichne ein solches „Sieb" in dein Heft.
- Finde mit der Methode alle Primzahlen bis 100.
- Begründe, warum du durch das Vorgehen an dem Hunderterfeld alle Primzahlen zwischen 1 und 100 gefunden hast.

1	②	3	4̸	5	6̸	7	8̸	9	1̸0̸
11	12	13	14	15	16	17	18	19	20
21	22	23	24	25	26	27	28	29	30
31	32	33	34	35	36	37	38	39	40
41	42	43	44	45	46	47	48	49	50
51	52	53	54	55	56	57	58	59	60
61	62	63	64	65	66	67	68	69	70
71	72	73	74	75	76	77	78	79	80
81	82	83	84	85	86	87	88	89	90
91	92	93	94	95	96	97	98	99	100

6.3 Besondere Vielfache und Teiler: Primzahlen

9 a) Du hast die Primzahlen 2; 7; 13 und 19 zur Verfügung. Du kannst jede Primzahl beliebig oft verwenden. „Baue" mindestens fünf verschiedene Zahlen, indem du Produkte aus den Primzahlen bildest.
b) Begründe: Zwei Zahlen, die aus denselben Primfaktoren bestehen, müssen gleich sein.

10 Wahr oder falsch? Begründe.
a) Die Quadratzahl einer geraden Zahl ist durch 4 teilbar.
b) Die Quadratzahl einer ungeraden Zahl ist durch 3 teilbar.
c) Jede Quadratzahl ist durch 2 teilbar.

11 An dem Hunderterfeld kannst du weitere Entdeckungen machen.
a) Übertrage das Hunderterfeld in dein Heft. Markiere alle Vielfachen von 8 in blau und alle Vielfachen von 12 in rot.
b) Beschreibe die Muster, die die Vielfachen in dem Zahlenfeld erzeugen.
c) Was kannst du über gemeinsame Vielfache von 8 und 12 sagen? Beschreibe Zusammenhänge in den Mustern.

1	2	3	4	5	6	7	8	9	10
11	12	13	14	15	16	17	18	19	20
21	22	23	24	25	26	27	28	29	30
31	32	33	34	35	36	37	38	39	40
41	42	43	44	45	46	47	48	49	50
51	52	53	54	55	56	57	58	59	60
61	62	63	64	65	66	67	68	69	70
71	72	73	74	75	76	77	78	79	80
81	82	83	84	85	86	87	88	89	90
91	92	93	94	95	96	97	98	99	100

Weiterdenken

Wenn man mehrere Zahlen untersucht, dann interessiert man sich in der Mathematik oftmals für ihre gemeinsamen Vielfachen oder Teiler.

Eine Zahl nennt man **gemeinsames Vielfaches** zweier Zahlen, wenn sie in der Vielfachenmenge von jeder der beiden Zahlen enthalten ist. Unter den gemeinsamen Vielfachen heißt die kleinste Zahl das **kleinste gemeinsame Vielfache (kgV)**.

Eine Zahl nennt man **gemeinsamen Teiler** zweier Zahlen, wenn sie in der Teilermenge von jeder der beiden Zahlen enthalten ist. Unter den gemeinsamen Teilern nennt man die größte Zahl den **größten gemeinsamen Teiler (ggT)**.

Erklärvideo
Mediencode 61165-27

12 a) Erkläre das Vorgehen beim Bestimmen des kleinsten gemeinsamen Vielfachen von 4 und 6:
$V_4 = \{4; 8; \underline{12}; 16; 20; 24; …\}$; $V_6 = \{6; \underline{12}; 18; 24; 30; …\}$
gemeinsame Vielfache (4; 6) = $\{\underline{12}; 24; 36; …\}$; kgV (4; 6) = $\underline{12}$

kgV (4; 6) bedeutet kleinstes gemeinsames Vielfaches von 4 und 6.

b) Erkläre das Vorgehen beim Bestimmen des größten gemeinsamen Teilers von 18 und 27:
$T_{18} = \{1; 2; 3; 6; \underline{9}; 18\}$; $T_{27} = \{1; 3; \underline{9}; 27\}$
gemeinsame Teiler (18; 27) = $\{1; 3; \underline{9}\}$; ggT (18; 27) = $\underline{9}$

ggT (18; 27) bedeutet größter gemeinsamer Teiler von 18 und 27.

13 Bestimme die gemeinsamen Vielfachen und das kgV der Zahlen.
a) 3 und 5   b) 3 und 11   c) 4, 5 und 6   d) 6, 12 und 15
7 und 9   7 und 14   4, 5 und 8   4, 6 und 9
25 und 100   21 und 28   2, 3 und 11   10, 20 und 25

14 Bestimme die gemeinsamen Teiler und den ggT der Zahlen.
a) 16 und 24
21 und 35
28 und 42
b) 24 und 54
27 und 11
10 und 50
c) 14, 21 und 28
21, 28 und 42
20, 25 und 45
d) 15, 36 und 45
12, 18 und 28
45, 75 und 120

15 a) *Erkläre mir, warum zwei Zahlen unendlich viele gemeinsame Vielfache haben.*
b) *Erkläre mir, wie viele gemeinsame Teiler zwei Zahlen höchstens haben können.*

16 Ergänze die Lücke. Finde jeweils zwei passende Zahlen.
a) Das kgV von 6 und ■ ist 30.
b) Das kgV von 5 und ■ ist 15.
c) Das kgV von ■ und 12 ist 48.
d) Das kgV von ■ und 9 ist 36.
e) Das kgV von 11 und ■ ist 66.
f) Das kgV von ■ und 18 ist 54.

17 Finde jeweils drei passende Zahlen für die Lücke.
a) Der ggT von 16 und ■ ist 4.
b) Der ggT von 25 und ■ ist 5.
c) Der ggT von 8 und ■ ist 8.
d) Der ggT von ■ und 20 ist 4.
e) Der ggT von ■ und 30 ist 15.
f) Der ggT von 36 und ■ ist 12.

Weiterdenken

Die Zerlegung von Primzahlen hilft auch bei der Bestimmung des kleinsten gemeinsamen Vielfachen (kgV) und des größten gemeinsamen Teilers (ggT) von Zahlen.
Schreibe die Primfaktorzerlegung zweier Zahlen untereinander.
Das **kgV** ist das Produkt aller Primfaktoren, die auftauchen. Taucht ein Primfaktor in beiden Zerlegungen auf, dann wählt man diejenigen mit der größten Anzahl aus.
Beim **ggT** wählt man nur die Primfaktoren, die in beiden Zerlegungen auftauchen, und zwar mit dem kleinsten Exponenten.

Beispiel: kgV (70; 120)
70 $= 2 \quad\quad\quad \cdot 5 \cdot 7$
120 $= 2 \cdot 2 \cdot 2 \cdot 3 \cdot 5$
kgV (70; 120) $= 2 \cdot 2 \cdot 2 \cdot 3 \cdot 5 \cdot 7 = 840$

ggT (70; 120)
70 $= 2 \quad\quad\quad \cdot 5 \cdot 7$
120 $= 2 \cdot 2 \cdot 2 \cdot 3 \cdot 5$
ggT (70; 120) $= 2 \cdot \quad\quad \cdot 5 \quad = 10$

18 a) Bestimme das kgV (den ggT) mithilfe der Primfaktorzerlegung.
1 36 und 50 **2** 105 und 175 **3** 12, 30 und 45 **4** 97 und 101
b) Setze die fehlenden Zahlen ein. Überprüfe, ob es mehrere Möglichkeiten gibt.
1 ggT (11; ■) = 11; ggT (144; ■) = 18 **2** kgV (■; 7) = 35; kgV (8; ■; 36) = 72

6.4 Anteile erkennen

Entdecken

Für den Schokoguss eines Kuchens brauchst du oftmals nur den Teil von einer ganzen Schokolade.

- Unterteile die beiden Schokoladentafeln auf verschiedene Arten in gleich große Teile. Wie viele gleich große Teile erhältst du jeweils? Beschreibe dein Vorgehen.

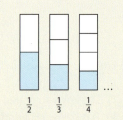

Verstehen

Im Alltag beschreiben wir oft Anteile eines Ganzen in Worten, z. B. eine Viertelstunde, ein Achtelliter, ein Zehntelmillimeter usw.

Merke

Wird ein Ganzes in 2, 3, 4, … **gleich große Teile** zerlegt, so erhält man Halbe, Drittel, Viertel, …

Für ein Halbes, Drittel, Viertel, … schreibt man $\frac{1}{2}, \frac{1}{3}, \frac{1}{4},$ …

(**Bruchschreibweise**). Diese Brüche bezeichnet man auch als **Stammbrüche**.

Ein Ganzes kann in zwei Halbe, drei Drittel, vier Viertel, … zerlegt werden.

Erklärvideo

Mediencode 61165-28

Beispiele

I. In wie viele gleich große Teile ist die Figur zerlegt? Welcher Bruchteil ist gefärbt?

a)   b)

Lösung:
a) Die Waffel ist in fünf gleich große Herzen geteilt. Ein Fünftel ist markiert.
b) Die Strecke ist in drei gleich lange Abschnitte geteilt. Ein Drittel ist markiert.

II. Das folgende Dreieck ist ein Sechstel von einem Ganzen.
Ergänze das Dreieck auf unterschiedliche Weise zum Ganzen.
Lösungsbeispiele:

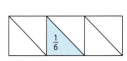 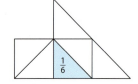

Nachgefragt

- Die Worte Drittel, Viertel, Fünftel, … leiten sich jeweils vom Wort „Teil" ab. Erkläre.
- Wie viele Stammbrüche gibt es? Begründe.

Teile und Anteile

Aufgaben

1 In wie viele gleich große Teile ist die Figur zerlegt? Wie heißt ein solcher Bruchteil?

a)   b)   c)  d)

e)   f) 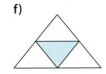 g) 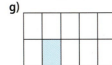 h)

2 Übertrage jede Figur im Maßstab 2 : 1 vier Mal in dein Heft. Kennzeichne dann die Hälfte (ein Viertel, ein Sechstel, ein Zwölftel) der Figur farbig.

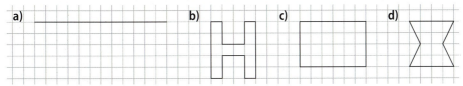

3 Falte ein Blatt Papier in 2 (4, 8, ...) gleich große Teile. Wie heißt ein solcher Teil? Begründe, welche Stammbrüche sich so besonders gut herstellen lassen.

4 Ergänze die Figur auf zwei verschiedene Arten zum Ganzen. Kannst du dabei auch achsensymmetrische Figuren bilden? Zeichne die Symmetrieachsen ein.

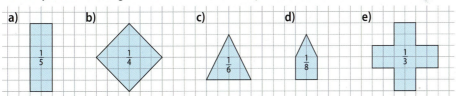

5 Wurde der farbige Teil richtig bezeichnet? Überprüfe und korrigiere, falls nötig.

a)   b)   c)   d)   e)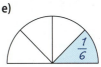

Alles klar?

6 Jede der fünf Figuren stellt ein Ganzes dar, das in lauter gleich große Teile zerlegt wurde. Gib jeweils an, wie ein solcher Teil heißt.

a)   b)  c)   d)   e)

7 Erkläre, aus wie vielen **1** Vierteln, **2** Fünfteln, **3** Hundertsteln ein Ganzes besteht.

6.4 Anteile erkennen

Die orangen Figuren können auch gedreht oder gespiegelt werden.

8 a) Welche der orangen Figuren stellen Stammbrüche der blauen dar? Erkläre das Beispiel und notiere weitere im Heft.
Beispiel: Figur B ist ein Viertel $\left(\frac{1}{4}\right)$ von Figur 7.

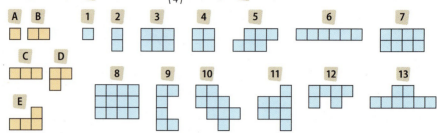

b) Entwirf zu den orangen noch weitere blaue Figuren und notiere ebenso.

9 Welcher Teil der ganzen Tafel Schokolade ist in 1 bis 4 jeweils dargestellt?
Finde weitere Unterteilungen und beschreibe, wie du sie erhältst.

Ganze Schokolade:

Weiterdenken

*Anstatt Anteil sagt man auch oft **Bruchteil**.*

Wird das Ganze in drei gleich große Teile unterteilt, so erhält man drei Drittel. Werden davon zwei Teile betrachtet, so verwendet man für diesen **Anteil** den Bruch $\frac{2}{3}$ („zwei Drittel").

Jeder Bruch besteht somit aus folgenden Bestandteilen:

$\frac{2}{3}$ ← Zähler ← Bruchstrich ← Nenner $\frac{a}{b}$, wobei a eine beliebige natürliche Zahl ist und b eine natürliche Zahl ungleich Null.

Der **Nenner** gibt an, in wie viele gleich große Teile das Ganze zerlegt wird.
Der **Zähler** gibt die Anzahl der Teile an, die betrachtet werden.
Der **Bruchstrich** zeigt an, dass es sich um einen Teilungsvorgang handelt.

10 Welcher Bruchteil der Figur ist jeweils eingefärbt, welcher ist weiß?
Benenne dabei Zähler und Nenner.

a) b) c) d) e) f)

Teile und Anteile

11 a) Falte ein Blatt Papier so, dass du anschließend den angegebenen Anteil vom Blatt abschneiden kannst. Welcher Anteil vom Blatt bleibt übrig?

Beispiel: $\frac{3}{4}$ **Lösungsmöglichkeiten:**

Verfahre ebenso mit $\frac{1}{2}$, $\frac{3}{8}$, $\frac{7}{8}$, $\frac{3}{16}$ und $\frac{5}{16}$.

b) Falte folgende Brüche und beschreibe dein Vorgehen: $\frac{2}{3}$, $\frac{3}{5}$, $\frac{5}{6}$.

12

a) Welcher Anteil an der Gesamtstrecke ist bis A (B, C, D, E) zurückgelegt?
b) Gib die Anteile aus a) als Stammbrüche an, falls möglich.

13

a) Gib jeweils an, welcher Anteil bei den Figuren zum Ganzen fehlt.
b) Zeichne die Figuren in dein Heft und ergänze sie zum Ganzen. Kannst du dabei auch symmetrische Figuren bilden? Zeichne die Symmetrieachsen ein.

14 Überprüfe, ob die beiden Aussagen stimmen. Was fällt dir auf?

So ein Mist, jetzt sind $\frac{6}{18}$ der Eier hinüber!

Oh je, ein Drittel der Eier ist kaputt!

15 Der vom Minutenzeiger einer Uhr überstrichene Teil veranschaulicht eine Zeitspanne. Gib diese Zeitspanne jeweils als Anteil einer Stunde an. Finde verschiedene Möglichkeiten.

a)   b)   c)   d)   e)

203

6.5 Anteile herstellen

Entdecken

Im Alltag sprechen wir oft über Anteile an einem Ganzen, z. B. eine Dreiviertelstunde, ein halber Kilometer oder Sieben-Achtel-Hosen.

- Nenne weitere Beispiele aus deinem Alltag, in denen Anteile vorkommen.
- Überlege, wie du auf verschiedene Weise $\frac{2}{5}$ einer Strecke bestimmen kannst. Nimm dazu einen Bindfaden und eine Schere und erkläre dein Vorgehen, wenn du $\frac{2}{5}$ von 10 cm bestimmen möchtest.

Verstehen

Anteile kann man auf verschiedene Arten darstellen und bestimmen.

Merke

Erklärvideo

Mediencode 61165-29

Ein **Anteil** $\frac{3}{4}$ vom Ganzen lässt sich auf zwei verschiedene Arten bestimmen:

1. Das Ganze wird zunächst in vier Teile zerlegt, dann werden drei Teile ausgewählt.

2. Das Ganze wird zunächst verdreifacht, dann wird ein Viertel davon ausgewählt.

Beispiele

I. Bestimme $\frac{2}{3}$ von 75 mℓ anschaulich auf zwei verschiedene Arten.

Lösung:

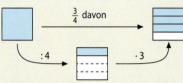

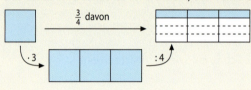

Antwort: $\frac{2}{3}$ von 75 mℓ sind 50 mℓ.

II. $\frac{2}{5}$ vom Ganzen sind 20 cm. Bestimme das Ganze. Beschreibe dein Vorgehen.

Lösung:
Das Ganze wurde in fünf Teile geteilt. Zwei Teile sind 20 cm.
Dann ist ein Teil 20 cm : 2 = 10 cm.
Fünf Teile sind somit 5 · 10 cm = 50 cm.
Antwort: Das Ganze ist 50 cm lang.

Teile und Anteile

Nachgefragt
- Wie oft muss man ein DIN-A4-Blatt mindestens falten, um 16 gleich große Teile zu erhalten?
- Welcher Anteil ist größer: $\frac{2}{3}$ oder $\frac{4}{6}$? Begründe deine Antwort.

Aufgaben

1 Veranschauliche, wie man folgende Anteile vom Ganzen auf zwei verschiedene Arten erhält: $\frac{2}{3}$; $\frac{3}{5}$; $\frac{5}{8}$. Nimm als Ganzes jeweils ein Rechteck.

2 Berechne den Bruchteil auf verschiedene Arten wie in Beispiel I.
a) $\frac{2}{3}$ von 90 cm
b) $\frac{3}{4}$ von 120 €
c) $\frac{2}{5}$ von 25 kg
d) $\frac{3}{10}$ von 20 min
e) $\frac{5}{6}$ von 24 h
f) $\frac{3}{8}$ von 1000 mℓ
g) $\frac{1}{6}$ von 72 m
h) $\frac{5}{12}$ von 60 min
i) $\frac{3}{125}$ von 1875 t
j) $\frac{8}{100}$ von 2400 €
k) $\frac{12}{25}$ von 300 mm
l) $\frac{9}{32}$ von 480 kg

3 Bestimme jeweils das Ganze. Bearbeite wie in Beispiel II.
a) $\frac{1}{4}$ vom Ganzen sind 6 h.
b) $\frac{3}{4}$ vom Ganzen sind 75 €.
c) $\frac{2}{3}$ vom Ganzen sind 12 cm.
d) $\frac{5}{8}$ vom Ganzen sind 250 mℓ.
e) $\frac{7}{12}$ vom Ganzen sind 35 min.
f) $\frac{6}{7}$ vom Ganzen sind 108 mm.

Lösungen zu 3:
18; 24; 60; 100; 126; 400
Die Einheiten sind nicht angegeben.

4 Hier sind Vorgehensweisen beim Ermitteln eines Anteils graphisch dargestellt. Formuliere jeweils eine entsprechende Aufgabe dazu.
a)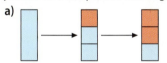
b)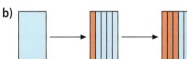
c)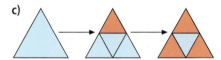
d)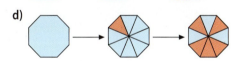

6 In welcher Zeit überstreicht der große Zeiger der Uhr die gekennzeichnete Fläche? Bezeichne auch die Anteile an der ganzen Stunde.
a)
b)
c)
d)
e)

7 Stefanie und Marko streiten sich, wer den Rucksack länger beim Ausflug getragen hat. Stefanie trug den Rucksack sechs Zehntel des Weges, Marko zwei Fünftel.
Kannst du helfen? Veranschauliche durch eine Zeichnung.

8 Bei einer Schranke wechseln sich weiße und rote Bereiche zur besseren Erkennung ab. Jeder Bereich ist 25 cm lang. Am Anfang und am Ende ist die Schranke rot. Bestimme, welcher Anteil einer 4,25 m langen Schranke weiß (rot) ist.

6.6 Anteile auf verschiedene Arten angeben

Entdecken

- Welchen Anteil der Pizza erhält man bei folgenden Unterteilungen?
  Erkläre, wie die Anteile gebildet wurden. Beschreibe Zusammenhänge, die du entdeckst.
- Falte folgenden Anteil von einem Blatt Papier. Finde verschiedene Brüche, um diesen Anteil zu bezeichnen, und veranschauliche sie durch weitere Faltungen.

Verstehen

Ein Anteil ändert sich nicht, wenn die Unterteilung verfeinert oder vergröbert wird. Brüche, die diesen Anteil beschreiben, werden als **gleichwertig** bezeichnet.

Merke

Verfeinern nennt man auch **Erweitern von Brüchen.**
Zähler und Nenner werden mit derselben natürlichen Zahl multipliziert.
Beispiel: $\frac{2}{3} = \frac{2 \cdot 4}{3 \cdot 4} = \frac{8}{12}$ (Erweiterungszahl 4)

Vergröbern nennt man auch **Kürzen von Brüchen.**
Zähler und Nenner werden durch denselben gemeinsamen Teiler dividiert.
Beispiel: $\frac{12}{15} = \frac{12 : 3}{15 : 3} = \frac{4}{5}$ (Kürzungszahl 3)

Erklärvideo
Mediencode 61165-30

Erklärvideo
Mediencode 61165-31

Beispiele

I. Veranschauliche durch Erweitern und Kürzen, dass $\frac{2}{3} = \frac{8}{12}$ bzw. $\frac{8}{12} = \frac{2}{3}$ ist.

Lösung:

Verfeinern der Einteilung
Erweitern: $\frac{2}{3} = \frac{2 \cdot 4}{3 \cdot 4} = \frac{8}{12}$

Kürzen: $\frac{8}{12} = \frac{8 : 4}{12 : 4} = \frac{2}{3}$
Vergröbern der Einteilung

II. a) Erweitere mit 3: $\frac{1}{4}$; $\frac{5}{6}$; $\frac{7}{12}$ b) Kürze mit 5: $\frac{5}{10}$; $\frac{25}{100}$; $\frac{15}{35}$

Lösung:

a) $\frac{1}{4} = \frac{1 \cdot 3}{4 \cdot 3} = \frac{3}{12}$

$\frac{5}{6} = \frac{5 \cdot 3}{6 \cdot 3} = \frac{15}{18}$

$\frac{7}{12} = \frac{7 \cdot 3}{12 \cdot 3} = \frac{21}{36}$

b) $\frac{5}{10} = \frac{5 : 5}{10 : 5} = \frac{1}{2}$

$\frac{25}{100} = \frac{25 : 5}{100 : 5} = \frac{5}{20}$

$\frac{15}{35} = \frac{15 : 5}{35 : 5} = \frac{3}{7}$

Nachgefragt

- Wie viele gleichwertige Brüche gibt es zum Bruch $\frac{3}{4}$? Begründe.
- Lässt sich jeder Bruch **1** erweitern **2** kürzen? Begründe oder finde ein Gegenbeispiel.

Teile und Anteile

Aufgaben

1 Veranschauliche folgende Gleichheit.

a) $\frac{1}{2} = \frac{4}{8}$ b) $\frac{3}{4} = \frac{12}{16}$ c) $\frac{2}{5} = \frac{8}{20}$ d) $\frac{3}{6} = \frac{12}{24}$ e) $\frac{5}{12} = \frac{25}{60}$

2 Gib jeweils die Zahl an, mit der erweitert bzw. gekürzt wurde.

a)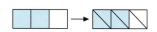

b)

c)

d)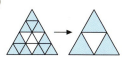

e)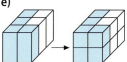

f)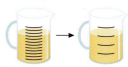

g) $\frac{1}{2} = \frac{10}{20}$ h) $\frac{2}{3} = \frac{8}{12}$ i) $\frac{3}{5} = \frac{9}{15}$ j) $\frac{2}{7} = \frac{14}{49}$ k) $\frac{13}{20} = \frac{65}{100}$ l) $\frac{7}{8} = \frac{56}{64}$

m) $\frac{12}{18} = \frac{4}{6}$ n) $\frac{120}{200} = \frac{15}{25}$ o) $\frac{96}{144} = \frac{8}{12}$ p) $\frac{72}{80} = \frac{9}{10}$ q) $\frac{104}{136} = \frac{13}{17}$ r) $\frac{17}{17} = \frac{1}{1}$

3 Übertrage die beiden Figuren in dein Heft und veranschauliche jeweils …

a) das Erweitern mit 2 (4).

b) das Erweitern mit 3 (6).

c) das Kürzen mit 2 (4).

d) das Kürzen mit 5.

4 Kürze mit der angegebenen Zahl.

a) mit 2: $\frac{2}{4}$; $\frac{10}{14}$; $\frac{6}{18}$; $\frac{24}{20}$; $\frac{18}{6}$

b) mit 4: $\frac{12}{16}$; $\frac{32}{40}$; $\frac{28}{44}$; $\frac{8}{24}$; $\frac{20}{4}$

c) mit 5: $\frac{5}{10}$; $\frac{25}{15}$; $\frac{45}{40}$; $\frac{75}{50}$; $\frac{65}{35}$

d) mit 8: $\frac{16}{40}$; $\frac{64}{72}$; $\frac{32}{88}$; $\frac{120}{56}$; $\frac{96}{48}$

e) mit 10: $\frac{20}{30}$; $\frac{10}{100}$; $\frac{70}{50}$; $\frac{110}{20}$; $\frac{50}{10}$

f) mit 11: $\frac{33}{44}$; $\frac{77}{110}$; $\frac{99}{121}$; $\frac{165}{55}$; $\frac{143}{11}$

5 Erweitere mit der angegebenen Zahl.

a) mit 2: $\frac{2}{3}$; $\frac{8}{9}$; $\frac{36}{17}$; $\frac{18}{11}$

b) mit 3: $\frac{5}{6}$; $\frac{7}{9}$; $\frac{36}{17}$; $\frac{35}{13}$

c) mit 7: $\frac{1}{7}$; $\frac{4}{9}$; $\frac{15}{11}$; $\frac{29}{8}$

d) mit 9: $\frac{2}{7}$; $\frac{6}{9}$; $\frac{13}{15}$; $\frac{21}{8}$

e) mit 10: $\frac{2}{3}$; $\frac{5}{6}$; $\frac{17}{13}$; $\frac{35}{4}$

f) mit 13: $\frac{1}{2}$; $\frac{8}{9}$; $\frac{0}{10}$; $\frac{12}{7}$

6.6 Anteile auf verschiedene Arten angeben

Alles klar?

6 Übertrage die Angabe in dein Heft und ersetze dort jeden Platzhalter durch eine natürliche Zahl, sodass eine wahre Aussage entsteht. Gib deine Überlegungen an.

a) $\frac{144}{384} = \frac{\square}{192} = \frac{\square}{96} = \frac{\square}{48} = \frac{\square}{24} = \frac{\square}{8}$ b) $\frac{45}{225} = \frac{9}{\square} = \frac{3}{\square} = \frac{1}{\square}$ c) $\frac{135}{225} = \frac{\square}{75} = \frac{15}{\square} = \frac{\square}{5}$

7 „Größere Brüche haben größere Zähler, kleinere Brüche haben kleinere Nenner."
Stimmt das? Argumentiere.

Lösungen zu 8:
3; 3; 4; 4; 5; 9; 12; 20; 21; 36; 55; 108

8 Ergänze die fehlende Zahl. Erkläre, wie du sie gefunden hast. Notiere auch die Zahl, mit der erweitert bzw. gekürzt wurde, wie in Beispiel II.

a) $\frac{2}{5} = \frac{\square}{10}$ b) $\frac{3}{8} = \frac{\square}{32}$ c) $\frac{5}{7} = \frac{15}{\square}$ d) $\frac{\square}{4} = \frac{12}{16}$ e) $\frac{4}{\square} = \frac{12}{9}$ f) $\frac{25}{10} = \frac{\square}{2}$

g) $\frac{5}{6} = \frac{30}{\square}$ h) $\frac{1}{6} = \frac{\square}{24}$ i) $\frac{12}{\square} = \frac{60}{100}$ j) $\frac{\square}{96} = \frac{9}{8}$ k) $\frac{14}{\square} = \frac{42}{27}$ l) $\frac{11}{5} = \frac{121}{\square}$

9 Erweitere die Brüche auf den angegebenen Nenner. Notiere die Erweiterungszahl.

a) auf 100: $\frac{2}{50}$; $\frac{3}{10}$; $\frac{12}{25}$; $\frac{15}{20}$; $\frac{3}{2}$; $\frac{7}{4}$ b) auf 40: $\frac{1}{4}$; $\frac{5}{8}$; $\frac{3}{5}$; $\frac{13}{2}$; $\frac{7}{10}$; $\frac{13}{20}$

Lösungen zu 10:
$\frac{1}{6}$; $\frac{1}{7}$; $\frac{2}{3}$; $\frac{1}{5}$; $\frac{9}{10}$; $\frac{5}{6}$; $\frac{1}{2}$; $\frac{4}{5}$; $\frac{3}{5}$; $\frac{5}{8}$; $\frac{9}{10}$; $\frac{16}{31}$; $\frac{3}{13}$; $\frac{1}{3}$; $\frac{4}{5}$

10 Kürze jeden Bruch so weit wie möglich.

Beispiel: $\frac{60}{105} = \frac{60:5}{105:5} = \frac{12}{21} = \frac{12:3}{21:3} = \frac{4}{7}$

a) $\frac{50}{100}$; $\frac{2}{14}$; $\frac{15}{75}$; $\frac{6}{36}$; $\frac{72}{80}$ b) $\frac{48}{60}$; $\frac{24}{40}$; $\frac{27}{81}$; $\frac{39}{169}$; $\frac{600}{900}$ c) $\frac{56}{70}$; $\frac{126}{140}$; $\frac{64}{124}$; $\frac{125}{150}$; $\frac{160}{256}$

11   1 $\frac{22}{8} = \frac{11}{4}$ 2 $\frac{83}{9} = \frac{27}{249}$ 3 $\frac{341}{151} = \frac{1364}{604}$ 4 $\frac{33}{51} = \frac{11}{3}$

a) Prüfe, ob richtig gekürzt bzw. erweitert wurde, und verbessere, falls nötig.
b) Beschreibe stichpunktartig die gemachten Fehler.

12 Ein Süßwarenhersteller verkauft helle und dunkle Schokoküsse in Packungen zu 16, 24 und 40 Stück. Der Anteil der hellen Schokoküsse soll in allen Packungen gleich sein. Bestimme alle Möglichkeiten.

13 Silke möchte den Zuckeranteil von zwei Schokopuddings ermitteln. Der erste Pudding wiegt 140 g und enthält laut Becherangabe 35 g Zucker. Der zweite Pudding wiegt 100 g und enthält 20 g Zucker. Erkläre Silke, wie sie vorgehen muss.

14 In der 5. und 6. Jahrgangsstufe der Leopoldschule wurde eine Umfrage zu Lieblingstieren gemacht. Es gab folgendes Ergebnis:

	Hund	Katze	Pferd	Sonstiges
Anzahl in 5. Jgst.	24	15	18	3
Anzahl in 6. Jgst.	24	18	24	6

a) Bestimme die Anteile der Lieblingstiere in den einzelnen Jahrgangsstufen und stelle die Ergebnisse jeweils in einem Diagramm dar.
b) In welcher Jahrgangsstufe gibt es mehr Katzenfreunde? Begründe.

Teile und Anteile

15 Stell dir vor: Dominosteine stellen Brüche dar. Der abgebildete Stein steht beispielsweise für den Bruch $\frac{3}{4}$.
a) Finde heraus, wie viele unterschiedliche Brüche du durch Dominosteine bilden kannst.
b) Welche „Dominostein-Brüche" lassen sich durch Erweitern und Kürzen bilden? Schreibe entsprechende wertgleiche Brüche auf.
c) Gib Dominosteine an, die keine Brüche darstellen.

Ein Dominostein besteht aus zwei Feldern. Jedes Feld zeigt das Seitenbild eines Würfels oder ist leer.

16

Ich kann jeden erweiterten Bruch mindestens einmal kürzen. — Paul

Ich darf einen Bruch niemals mit 0 erweitern oder kürzen. — Eva

Was bedeutet eigentlich das Erweitern bzw. Kürzen mit der Zahl 1? — Maria

a) Erkläre Pauls Aussage.
b) Hat Eva Recht? Begründe deine Antwort.
c) Versuche Maria zu helfen.

Spiel

Bruchmemory (2 Spieler)

Herstellung des Spielmaterials
- Für einen Kartensatz Memory benötigt ihr vier Blatt dickes Papier (DIN-A4). Jedes Blatt zerschneidet ihr in acht gleich große Teile, sodass ihr insgesamt 32 Memorykarten erhaltet, die ihr zu 16 Kartenpaaren zusammenlegt.
- Auf eine Karte eines Kartenpaares schreibt ihr einen Bruch oder visualisiert ihn durch eine Figur. Auf die andere Karte notiert oder zeichnet ihr einen dazugehörigen erweiterten oder gekürzten Bruch. Diesen Vorgang wiederholt ihr für jedes Kartenpaar.

Spielregeln:
Die bekannten Memory-Regeln

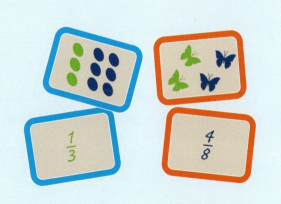

6 Trainingsrunde: Differenziert

Die folgenden Aufgaben behandeln alle Themen, die du in diesem Kapitel kennengelernt hast. Auf dieser Seite sind die Aufgaben in zwei Spalten unterteilt. Die **grünen** Aufgaben auf der linken Seite sind etwas einfacher als die **blauen** auf der rechten Seite. Entscheide bei jeder Aufgabe selbst, welche Seite du dir zutraust!

1 Überprüfe auf Teilbarkeit durch 2, 4, 5 und 10. Nenne jeweils die passende Teilbarkeitsregel.

625	430	1748	14 000
15 424	5736	214	77 365
12 450	7860	5326	7772

a) Schreibe fünf sechsstellige Zahlen auf, die teilbar sind durch 5 (10; 8; 4).
b) Bestimme die größte (kleinste) fünfstellige Zahl, die durch 4 und gleichzeitig durch 5 teilbar ist.

2 Setze Ziffern so ein, dass die Zahl durch 3, aber nicht durch 9 teilbar ist (grüne Aufgaben). Finde mindestens zwei fünfstellige Zahlen mit der gesuchten Teilbarkeit (blaue Aufgaben).

a) 3■8   b) 6■5
c) 25■1 d) 1■88
e) 12■25 f) ■21
g) 2■82 h) ■24 956

a) 2 und 3   b) 3 und 4
c) 3 und 10   d) 2 und 9
e) 5 und 9   f) 4 und 10
g) 2, 5 und 9 h) 3, 4 und 5

3 Begründe:
Jede Zahl, die durch 9 teilbar ist, ist auch durch 3 teilbar.

Erläutere an der Zahl 47 934:
Um zu prüfen, ob die Zahl durch 9 teilbar ist, kann man die Quersumme ohne die Ziffer 9 bilden.

4 Gib den gefärbten und weißen Anteil der Figuren bzw. Körper an.

a)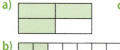
b)
c)

a)
b)
c)

5 Berechne möglichst im Kopf.

a) $\frac{1}{2}$ von 18 €   b) $\frac{2}{3}$ von 18 €
c) $\frac{1}{6}$ von 18 €   d) $\frac{17}{18}$ von 18 €

a) $\frac{3}{10}$ von 60 €   b) $\frac{1}{5}$ von 30 h
c) $\frac{9}{17}$ von 85 a   d) $\frac{11}{24}$ von 144 m²

6 Übertrage jeweils die Angabe in dein Heft und setze dann dort für den Platzhalter ■ eine natürliche Zahl ein, sodass eine wahre Aussage entsteht. Erkläre deine Überlegungen.

a) $\frac{5}{8} = \frac{■}{32}$ b) $\frac{16}{48} = \frac{1}{■}$
c) $\frac{■}{22} = \frac{15}{11}$ d) $\frac{7}{■} = \frac{49}{98}$

a) $\frac{125}{275} = \frac{■}{11}$ b) $\frac{■}{14} = \frac{60}{56}$
c) $\frac{37}{111} = \frac{■}{333}$ d) $\frac{26}{39} = \frac{2}{■}$

Trainingsrunde: Kreuz und Quer

Teile und Anteile

1 a) Erkläre, unter wie vielen Personen man die 36 Karten eines Kartenspiels gleichmäßig und ohne Rest aufteilen kann.
b) Gib weitere typische Kartenanzahlen bei Spielen an und erläutere, welche Überlegungen hinter den Kartenanzahlen stecken.

2 Überprüfe, ob die Zahl durch 2 (3; 4; 5; 6; 8; 9; 10; 25; 100) teilbar ist.
a) 240 b) 919 c) 3000 d) 10 303
e) 484 848 f) 36 067 g) 964 049 h) 6 000 006

3 a) Erstelle eine Häufigkeitstabelle für die Primzahlen in den Zahlenbereichen 1–20, 21–40, 41–60, 61–80 und 81–100.
b) Fertige zur Häufigkeitstabelle ein Säulendiagramm an.

4 a) Wie lautet die gedachte natürliche Zahl?

Meine Zahl ist größer als 11 und kleiner als 20. Sie ist teilbar durch 2, 3 und 4.

b) Überlege dir selbst ein Zahlenrätsel und stelle es einem Partner oder einer Partnerin.

5 Zerlege, wenn möglich, in Primfaktoren; stelle die Primfaktorzerlegung in Potenzschreibweise dar.
a) 50 b) 59 c) 81 d) 102
e) 204 f) 333 g) 524 h) 4641

6 Die Tabelle zeigt den Notenspiegel einer Klassenarbeit.

Note	1	2	3	4	5	6
Anzahl	2	7	12	4	1	0

a) Bestimme die Anteile der Arbeiten in den einzelnen Notenstufen.
b) Stelle den Notenspiegel in einem Säulendiagramm dar.

7 Gib jeweils an, welcher Bruchteil farbig dargestellt ist.

a)   b)

c)   d)

e) f) g)

8 Bestimme die nächsten fünf Brüche der Zahlenfolge. Beschreibe jeweils die Gesetzmäßigkeit, mit der du die Brüche gebildet hast.
a) $\frac{3}{4}; \frac{4}{5}; \frac{5}{6}; \frac{6}{7}; \ldots$ b) $\frac{1}{2}; \frac{3}{4}; \frac{5}{8}; \frac{7}{16}; \ldots$
c) $\frac{4}{5}; \frac{6}{5}; \frac{8}{5}; 2; \ldots$ d) $\frac{2}{9}; \frac{2}{9}; \frac{4}{9}; \frac{6}{9}; \ldots$

9 Schreibe eine 20-stellige Zahl auf, die durch 3 (9; 8) teilbar ist.

10 Formuliere eine mögliche Regel für die Teilbarkeit durch 1 000 000 000.

11 Ordne der Größe nach. Überprüfe, indem du jeweils den Produktwert berechnest.
a) $2^3 \cdot 3^2$ $7 \cdot 3 \cdot 5^2$ $2^2 \cdot 3 \cdot 5 \cdot 7$
   $2^3 \cdot 3^3$ $3 \cdot 5^2 \cdot 11$
b) $2^3 \cdot 5^2$ $2 \cdot 3^2 \cdot 7$ $2^2 \cdot 3^2 \cdot 5 \cdot 7$
   $3^4 \cdot 5^3$ $2 \cdot 4^3 \cdot 5^2$

12 Bestimme das kgV der Zahlen.
a) 12; 14 b) 20; 35 c) 16; 20 d) 5; 7; 21

13 Ermittle den ggT der Zahlen.
a) 25; 45 b) 22; 66 c) 36; 64 d) 17; 51; 85

14 Silvia möchte bei ihrer Freundin Gummibärchenpackungen von 12 g gegen solche von 150 g Inhalt eintauschen. Bei welchen Mengen ist der Tausch fair?

6 Trainingsrunde: Kreuz und quer

15 Eier werden in Kartons zu je 6, 10, 12 und 18 Stück angeboten.

a) In welche Kartons dieser Formen kann man 1400 Eier vollständig verpacken? Gib dazu unterschiedliche Möglichkeiten an.

b) Braucht man für die doppelte Anzahl von Eiern auch die doppelte Anzahl von Schachteln zum Verpacken? Begründe deine Antwort.

16 Erkläre: Um zu prüfen, ob eine Zahl durch 3 (9) teilbar ist, können bei der Bildung der Quersumme alle Ziffern, die 3 (9) sind, weggelassen werden. Überprüfe zuerst an selbst gewählten Beispielen.

17 Drei Sorten von Holzstangen sollen in einer Schreinerei als Massenproduktion aus langen Holzrohlingen gefertigt werden.

S. 220

9 cm   6 cm   4 cm

a) Wie lang müssen die Rohlinge mindestens sein, damit man ohne Verschnitt alle drei Längen erreichen kann? Gib verschiedene mögliche Längen von Rohlingen an. Die Dicke des Sägeblattes soll nicht berücksichtigt werden.

b) Alle Stangen sollen je um 1 cm verlängert werden. „Dann müssen wir aber andere Rohlinge bestellen", meint der Geselle. Erkläre und gib verschiedene Möglichkeiten an.

18 Felix, Anna und Petra laufen regelmäßig dieselbe Waldstrecke ab. Felix macht das jeden dritten Tag, Anna jeden vierten Tag und Petra läuft jeden fünften Tag. Am 2. August sind sie zum letzten mal gemeinsam laufen gewesen.

a) Wann laufen jeweils zwei wieder gemeinsam? Gib jeweils das Datum an.

b) Zu welchem Datum sieht man sie frühestens wieder alle drei zusammen?

19 Sophia behauptet: „Wenn man auf der Tastatur jede Ziffer – gleich in welcher Reihenfolge – je einmal anschlägt, erhält man stets eine durch 9 teilbare Zahl." Probiere selbst aus und begründe.

20 Gib mindestens zwei Brüche an, die zwischen den genannten Brüchen liegen.

a) $\frac{5}{6}$; $\frac{14}{12}$ b) $\frac{1}{4}$; $\frac{3}{8}$ c) $\frac{5}{7}$; $\frac{6}{7}$ d) $\frac{2}{3}$; $\frac{2}{5}$

21 Gib jeweils an, mit welcher (welchen) natürlichen Zahl(en) gekürzt wurde.

a)

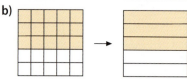

b)

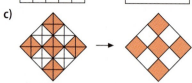

c)

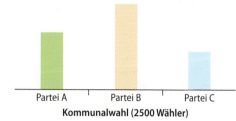

d) $\frac{14}{18} = \frac{7}{9}$ e) $\frac{144}{216} = \frac{72}{108} = \frac{36}{54} = \frac{18}{27} = \frac{2}{3}$

f) $\frac{225}{270} = \frac{5}{6}$ g) $\frac{33}{121} = \frac{3}{11}$ h) $\frac{84}{432} = \frac{7}{36}$

22 **1** Das Diagramm zeigt die Aufteilung einer landwirtschaftlichen Anbaufläche.

| Weizen | Gerste | Mais |

Anbaufläche (11 520 m²)

2 Das Diagramm zeigt das Ergebnis einer Wahl.

Partei A   Partei B   Partei C
Kommunalwahl (2500 Wähler)

a) Bestimme den Anteil, der in den Diagrammen auf die einzelnen Bereiche entfällt. Beschreibe dein Vorgehen.

b) Bestimme jeweils die Größe der einzelnen Anbauflächen bzw. die Anzahl der Wähler der einzelnen Parteien. Beschreibe dein Vorgehen.

23 Gib jeweils an, mit welcher natürlichen Zahl erweitert wurde.

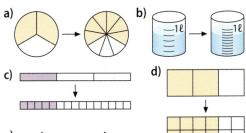

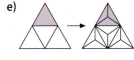

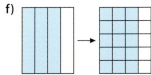

g) $\frac{7}{11} = \frac{35}{55}$ h) $\frac{8}{7} = \frac{800}{700}$ i) $\frac{9}{19} = \frac{45}{95}$

j) $\frac{3}{10} = \frac{21}{70}$ k) $\frac{1}{2} = \frac{7}{14}$ l) $\frac{2}{7} = \frac{10}{35}$

m) $\frac{9}{13} = \frac{18}{26}$ n) $\frac{5}{8} = \frac{30}{48}$ o) $\frac{11}{12} = \frac{121}{132}$

24 Widerlege durch ein Gegenbeispiel: „Eine natürliche Zahl ist durch 20 teilbar, wenn sie zugleich durch 2 und durch 10 teilbar ist."

25 Begründe oder widerlege die Aussage durch ein Gegenbeispiel.
 a) Die Quersumme einer natürlichen Zahl ist stets kleiner als die ihres Nachfolgers.
 b) Ist ein Anteil einer Figur dargestellt, so kann man diesen nicht immer zu einer ganzen Figur ergänzen.

26 Warum können niemals drei aufeinander folgende natürliche Zahlen Primzahlen sein? Begründe.

27 Eine Zahl heißt vollkommen, wenn sie sich als Summe ihrer Teiler – außer der Zahl selbst – schreiben lässt. Finde eine vollkommene Zahl. Beschreibe dein Vorgehen.

28 Übertrage die Figur dreimal in dein Heft. Ergänze sie dann dort jeweils so, dass der Bruchteil $\frac{1}{2}$ farbig dargestellt wird. Dabei soll die entstehende Figur …

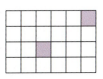

 a) achsensymmetrisch mit genau einer Symmetrieachse sein.
 b) achsensymmetrisch mit genau zwei Symmetrieachsen sein.
 c) nicht achsen-, aber punktsymmetrisch sein.

Spiel

Primzahl-Würfelspiel (2–4 Spieler)

Material
1 Spielwürfel pro Gruppe

Spielanleitung:
Der erste Spieler würfelt einmal. Ist die Augenzahl eine Primzahl, wird diese notiert und der zweite Spieler ist an der Reihe. Ist die Augenzahl keine Primzahl, so darf der erste Spieler nochmals würfeln. Ist die Summe der geworfenen Augenzahlen eine Primzahl, wird diese notiert und der zweite Spieler ist an der Reihe. Ist die Summe der geworfenen Augenzahlen keine Primzahl, so darf der erste Spieler nochmals würfeln usw. Nach 10 Runden addiert jeder Spieler seine notierten Zahlen. Wer den größten Summenwert hat, ist Sieger.

6 Am Ziel

Aufgaben zur Einzelarbeit

😊 Das kann ich!   😐 Das kann ich fast!   ☹ Das kann ich noch nicht!

1 **Teste dich!** Bearbeite dazu die folgenden Aufgaben und bewerte die Lösungen mit einem Smiley.

2 Hinweise zum Nacharbeiten findest du auf der folgenden Seite, die Lösungen findest du im Anhang.

1 Übertrage ins Heft und setze | oder ∤ ein.
a) 25 ▢ 5   b) 12 ▢ 144   c) 16 ▢ 48
3 ▢ 27   13 ▢ 36   29 ▢ 29
17 ▢ 35   15 ▢ 100   1 ▢ 82

2 Bestimme die Teilermengen (Vielfachenmengen) für folgende Zahlen.
a) 18   b) 125   c) 37   d) 120

3 Bestimme die gemeinsamen Teiler folgender Zahlen. Gib auch den größten gemeinsamen Teiler (ggT) an.
a) 25; 35   b) 11; 28   c) 27; 36
d) 70; 90   e) 15; 30; 50   f) 12; 36; 72

4 Bestimme die gemeinsamen Vielfachen folgender Zahlen. Gib auch das kleinste gemeinsame Vielfache (kgV) an.
a) 9; 24   b) 1; 56   c) 125; 225
d) 12; 64   e) 12; 15; 18   f) 0; 17; 34

5 Überprüfe auf Teilbarkeit durch 2, 3, 4, 5, 9, 10.
a) 49; 1287; 4515; 232   b) 7373; 3120; 9876
c) 756; 835; 765; 432   d) 283; 848; 999; 2000

6 Zeichne in dein Heft verschiedene Rechtecke, die aus der angegebenen Anzahl von Rechenkästchen bestehen. Wie viele Möglichkeiten gibt es?
a) 4   b) 12   c) 13   d) 15   e) 16
f) 18   g) 20   h) 21   i) 28   j) 42

7 Welches ist die kleinste (größte) dreistellige Zahl, die teilbar ist durch ...
a) 4 und 5?   b) 3 und 9?
c) 5 und 9?   d) 6 und 10?

8 Finde alle Primzahlen zwischen 20 und 90.

9 Führe eine Primfaktorzerlegung durch.
a) 48   b) 57   c) 97   d) 333
e) 246   f) 144   g) 625   h) 256

10 Nenne die kleinste zweistellige Primzahl.

11 Welche der angegebenen Zahlen ist eine Primzahl?
a) 121   b) 13   c) 98   d) 144
e) 31   f) 32   g) 97   h) 147

12 Zeichne unterschiedliche rechteckige Anordnungen von Schokostücken für eine Tafel Schokolade. Die Tafel besteht aus ...
a) 28 Stück.
b) 36 Stück.
c) 50 Stück.

13 Setze für die Kästchen eine Ziffer so ein, dass die Teilbarkeit durch die angegebene Zahl erreicht wird. Manchmal sind mehrere Lösungen denkbar. Gib sie alle an.
a) 23 45▢   teilbar durch 5
b) 144▢▢   teilbar durch 100
c) 7045▢   teilbar durch 9
d) 88335▢   teilbar durch 3
e) 2345▢   teilbar durch 10
f) 194▢▢   teilbar durch 4
g) 7025▢   teilbar durch 3
h) 88305▢   teilbar durch 9
i) 12▢56   teilbar durch 9
j) 105▢2   teilbar durch 4
k) 835▢0   teilbar durch 5
l) 45▢▢4   teilbar durch 8

14 Bestimme die gemeinsamen Vielfachen (Teiler) der Zahlen.
a) 12 und 18   b) 42 und 56   c) 17 und 21

Teile und Anteile

15 In wie viele gleich große Teile ist die Figur bzw. der Körper zerlegt? Gib den eingefärbten Teil als Bruch an. Wie viele Teile sind nicht eingefärbt?

a)
b)
c)
d)

16 Ergänze im Heft die Figur zum Ganzen.

a) $\frac{1}{3}$ b) $\frac{1}{8}$ c) $\frac{1}{5}$

d) $\frac{2}{7}$ e) $\frac{3}{10}$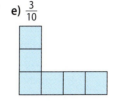

Aufgaben für Lernpartner

1 Bearbeite diese Aufgaben zuerst alleine.

2 Suche dir einen Partner und erkläre ihm deine Lösungen. Höre aufmerksam und gewissenhaft zu, wenn dein Partner dir seine Lösungen erklärt.

3 Korrigiere gegebenenfalls deine Antworten und benutze dazu eine andere Farbe.

Sind folgende Behauptungen **richtig** oder **falsch**? Begründe.

A Der Teiler einer Zahl muss immer kleiner sein als die Zahl selbst.

B Jede Zahl, die durch 10 teilbar ist, ist auch durch 2 (durch 5) teilbar.

C Jede Zahl, die durch 9 teilbar ist, ist auch durch 3 teilbar und umgekehrt.

D Alle Primzahlen sind ungerade.

E Jede Zahl ist durch 1 teilbar.

F Bei der Primfaktorzerlegung versucht man einfach nur, eine Zahl als Summe von lauter Primzahlen zu schreiben.

G Das Produkt zweier Zahlen ist auf jeden Fall immer ein gemeinsames Vielfaches der beiden Zahlen.

H 2 ist die kleinste Primzahl.

I Jedes Blatt Papier lässt sich auf genau eine Weise in Viertel (Achtel) falten.

J Bei allen zerlegten Figuren und Körpern kann man einen Anteil angeben.

K Der ggT zweier Zahlen ist ein gemeinsames Vielfaches der Zahlen.

Ich kann …	Aufgabe	Hilfe	Bewertung
Teiler und Vielfache von Zahlen bestimmen.	1, 2, 3, 4, 14, A, E, G, K	S. 190, 198	☺ 😐 ☹
die Teilbarkeit von Zahlen anhand von Teilbarkeitsregeln erkennen.	5, 6, 7, 12, 13, B, C	S. 192 – 195	☺ 😐 ☹
Primzahlen anhand ihrer Eigenschaften finden.	8, 10, 11, D, H	S. 196	☺ 😐 ☹
Zahlen in ihre Primfaktoren zerlegen.	9, F	S. 196, 199	☺ 😐 ☹
Anteile durch Erweitern und Kürzen als Brüche angeben.	15, 16, I, J	S. 200, 202, 204, 206	☺ 😐 ☹

6 Auf einen Blick

Seite 190

Teiler und Vielfache

Eine Zahl ist **Teiler** einer anderen Zahl, wenn bei der Division kein Rest bleibt.
Man fasst alle Teiler einer Zahl in der **Teilermenge** zusammen, alle **Vielfachen** einer Zahl in der **Vielfachenmenge**.

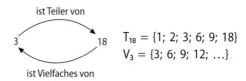

$T_{18} = \{1; 2; 3; 6; 9; 18\}$
$V_3 = \{3; 6; 9; 12; \ldots\}$

Seite 192 – 195

Teilbarkeitsregeln

Eine natürliche Zahl ist teilbar durch …

- **2**, wenn ihre letzte Ziffer eine gerade Zahl (also 0, 2, 4, 6 oder 8) ist. — 2000 ist durch 2 teilbar, 2017 dagegen nicht.
- **4**, wenn ihre letzten beiden Ziffern jeweils 0 sind oder eine durch 4 teilbare Zahl bilden. — 2000 ist durch 4 teilbar, 2017 dagegen nicht.
- **5**, wenn ihre letzte Ziffer 0 oder 5 ist. — 2000 ist durch 5 teilbar, 2017 dagegen nicht.
- **10**, wenn ihre letzte Ziffer 0 ist. — 2000 ist durch 10 teilbar, 2017 dagegen nicht.

Eine natürliche Zahl ist teilbar durch …

- **3**, wenn ihre Quersumme durch 3 teilbar ist. — 9000 ist durch 3 teilbar, 2017 dagegen nicht.
- **6**, wenn ihre letzte Ziffer eine gerade Zahl ist (also 0, 2, 4, 6 oder 8) und ihre Quersumme durch 3 teilbar ist. — 9000 ist durch 6 teilbar, 2017 dagegen nicht.
- **9**, wenn ihre Quersumme durch 9 teilbar ist. — 9000 ist durch 9 teilbar, 2017 dagegen nicht.

Die **Quersumme** einer Zahl erhält man, indem man alle Ziffern dieser Zahl addiert.

Seite 196

Primzahlen

Eine natürliche Zahl nennt man **Primzahl**, wenn sie nur sich selbst und 1 als Teiler hat.
Jede natürliche Zahl größer 1, die selbst keine Primzahl ist, lässt sich als Produkt aus Primzahlen darstellen.
Man nennt dieses die **Primfaktorzerlegung**.

Menge der Primzahlen:
$\{2; 3; 5; 7; 11; 13; \ldots\}$

$12 = 2 \cdot 2 \cdot 3$
$12 = 2^2 \cdot 3$

Seite 212

Anteile bilden

Wird das Ganze in fünf gleich große Teile unterteilt, so erhält man Fünftel. Werden davon zwei Teile betrachtet, so verwendet man für einen solchen **Anteil** den **Bruch** $\frac{2}{5}$.

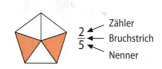

$\frac{2}{5}$ ← Zähler ← Bruchstrich ← Nenner

Seite 202, 206

Anteile erweitern und kürzen

Ein Bruch wird **erweitert**, indem man Zähler und Nenner mit derselben natürlichen Zahl **multipliziert**.
Ein Bruch wird **gekürzt**, indem man Zähler und Nenner durch denselben gemeinsamen Teiler **dividiert**.

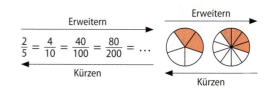

$\frac{2}{5} = \frac{4}{10} = \frac{40}{100} = \frac{80}{200} = \ldots$

Erweitern → / ← Kürzen

A Anhang — Sprachförderung

11 In Deutschland werden in jedem Jahr neue Autos von verschiedenen Automarken verkauft. Das Piktogramm zeigt die fünf Automarken mit den meisten Verkäufen in einem Jahr. In dem Piktogramm steht ein Auto für 50 000 verkaufte Autos.

1. Volkswagen 🚗🚗🚗🚗🚗🚗🚗🚗🚗🚗🚗
2. Mercedes 🚗🚗🚗🚗🚗🚗
3. Opel 🚗🚗🚗🚗🚗🚗
4. BMW 🚗🚗🚗🚗🚗
5. Audi 🚗🚗🚗🚗🚗

Ford 243 845 Renault 149 516 Toyota 147 995

Zu Seite 24

a) Gib die Anzahl der verkauften Autos von den fünf Automarken an. Die Anzahl ist dabei gerundet. Bestimme die kleinste und die größte Anzahl, die bei dieser Rundung möglich ist.
b) Begründe, ob Platz 2 mit 3 bzw. Platz 4 mit 5 in dem Piktogramm vertauscht werden können.
c) Zeichne das Piktogramm für die Automarken Ford, Renault und Toyota in dein Heft. Die Anzahl der verkauften Autos ist für diese Marken im Diagramm angegeben.

19 Verteilt man alle Autos in Deutschland gleichmäßig auf Gruppen von 100 Personen, dann gibt es in einer solchen Gruppe 66 Autos, 66 Fernseher, 82 Fahrräder und 104 Smartphones. Ebenso kann man sagen, dass in Deutschland im Durchschnitt 27 Apotheken 100 000 Einwohner versorgen.

Zu Seite 25

a) Nutze diese Zahlen und gib an, wie viele Autos, Fernseher … es demnach in deinem Wohnort (in Dortmund, in Deutschland) geben muss.
b) Suche Gründe dafür, dass die Zahlen aus a) nur geschätzt sind und nicht den tatsächlichen Zahlen entsprechen.
c) Zeichne ein Diagramm, das gut zu den Angaben passt.

16 Lies dir den Zeitungsartikel aufmerksam durch. Oftmals ist es hilfreich, wichtige Angaben zu markieren, wie es in dem Text bereits für dich gemacht wurde.

Zu Seite 29

> **Fernsehen spielt eine wichtige Rolle**
> Düsseldorf. Eine neue Umfrage hat ergeben, dass immer mehr Jugendliche ihre Zeit vorm Fernseher verbringen. Von 1000 befragten Jugendlichen gaben 181 an, dass sie jede Woche zwischen 21 und 30 Stunden fernsehen. 119 sagten, dass sie mehr als 30 Stunden jede Woche vor dem Fernseher sitzen. Nur noch 453 Jugendliche gaben an, weniger als 10 Stunden fernzusehen. Zwischen 11 und 20 Stunden verbringen …

Du kannst nun auch leicht eine Liste oder Tabelle erstellen. Sie könnte so anfangen:

Anzahl der Jugendlichen	Zeit zum Fernsehen
119	Mehr als 30 Stunden
…	…

Gib bei den folgenden Aussagen an, ob sie aufgrund dieser Umfrage richtig oder falsch sind. Begründe deine Antwort.
1. Jugendliche sehen mehr als 20 Stunden pro Woche fern.
2. Fast die Hälfte aller Jugendlichen sieht weniger als 10 Stunden in der Woche fern.
3. Die meisten Jugendlichen sehen höchstens eine Stunde pro Tag fern.

A Sprachförderung

Zu Seite 46

12 Die Firma Schneider benötigt für den Winter immer viel Heizöl, um ihre Gebäude warm zu halten. Zu Beginn des Winters sind 14 820 Liter im Öltank. Während des Winters wird viermal Öl geliefert:

1 5000 Liter **2** 11 500 Liter **3** 4550 Liter **4** 7800 Liter

a) Berechne, wie viele Liter Heizöl verbraucht wurden, wenn am Ende des Winters noch 3575 Liter im Öltank sind.
b) Herr Schneider rechnet für das nächste Jahr mit dem gleichen Verbrauch. Berechne, wie viele Liter Heizöl er für den nächsten Winter mindestens bestellen muss.
c) Nenne Gründe, warum die Planung von Herrn Schneider nicht stimmen muss.

Zu Seite 59

Eine Bakterie besteht aus nur einer Zelle und kann Krankheiten, Zersetzung, … hervorrufen.

9 Bakterien vermehren sich besonders stark. In einem Labor verdreifacht sich die Anzahl der Bakterien jede Stunde.

a) Zu Beginn einer Messung ist eine Bakterie vorhanden. In der Tabelle sollst du nun berechnen, wie viele Bakterien nach 1 Stunde, 2 Stunden, … vorhanden sind. Übertrage dazu die Tabelle in dein Heft und gib die Anzahl der Bakterien an.

Stunden	0	1	2	3	4	5	6
Anzahl der Bakterien	1	3					

b) Stelle mithilfe der Tabelle in einem geeigneten Diagramm die Anzahl der Bakterien im Laufe der Zeit dar. Runde die Anzahl sinnvoll, wenn es nötig ist.
c) Bestimme, nach wie vielen Stunden es mehr als 50 000 Bakterien gibt.

Zu Seite 80

In der Geometrie ist es oft notwendig, die Lage von Linien, Strecken, Geraden usw. zu beschreiben. Auch für die Konstruktion von geometrischen Figuren benötigst du häufig ganz bestimmte Begriffe.
Nutze die Satzbausteine, um ganze Sätze zu bilden. Fertige auch immer eine Zeichnung an, die zum jeweiligen Satz passt.

Strecke	liegt		auf	Strecke
Linie	schneidet	parallel		Linie
Gerade				Gerade
Halbgerade	steht	senkrecht	zu	Halbgerade
Strahl		im rechten Winkel		Strahl

218

Anhang

13 Oftmals sind Angaben wesentlich genauer angegeben, als wir sie im Alltag brauchen.

Zu Seite 123

a) Überlege, wann eine genaue Angabe benötigt wird und wann sie nicht benötigt wird.
b) Runde die folgenden Angaben geeignet. Finde eine passende Einheit.
   1 Das Leergewicht eines Geländewagens liegt zwischen 2 195 442 g und 2 710 106 g.
   2 Die Freiheitsstatue in New York ist 204,100032 t schwer.
   3 Der Boxer Arthur Abraham wiegt vor seinem Boxkampf genau 76,203 kg.

MK c) **Medien und Werkzeuge:** Suche in Büchern, im Internet, … nach weiteren solcher Beispiele. Stelle die Ergebnisse deiner Suche in deiner Klasse vor.

16 Ein Schiff kann höchstens 450 t laden. Bei der Abfahrt hat das Schiff 88 t Sand geladen. Im ersten Hafen lädt das Schiff 300 Container hinzu. Ein Container wiegt 800 kg. Ebenfalls werden 200 Ölfässer geladen. Ein Ölfass wiegt 250 kg. Der Kapitän erhält die Anfrage, ob er noch 1000 Säcke Reis laden kann. Ein Sack Reis wiegt 90 kg.

Zu Seite 123

a) Überlege, wie viele Säcke Reis der Kapitän aufladen kann.
b) Gib an, wie viel 1 Sand 2 Ölfässer der Kapitän abladen muss, um alle Säcke Reis mitzunehmen.

17 Augentierchen sind kleinste Lebewesen. Sie sehen so ähnlich aus wie Kaulquappen, sind aber viel kleiner: Sie sind nur etwa 10 µm (Mikrometer) lang.

Zu Seite 147

> **1 Mikrometer** (1 µm)
> = 1 millionstel Meter
> = 1 tausendstel mm
> 1000 µm = 1 mm
>
> **1 Nanometer** (1 nm)
> = 1 milliardstel Meter
> = 1 millionstel Millimeter
> 1 000 000 nm = 1 mm

1 Schätze, wie viele Augentierchen sich hintereinander legen müssten, damit eine 9 cm lange Reihe entsteht.
2 Noch kleiner als Augentierchen können Bakterien sein. Ihre Größe liegt zwischen 1 µm und 750 µm. Schätze, wie viele Bakterien sich hintereinander legen müssten, damit eine 9 cm lange Reihe entsteht.
3 Viren sind noch kleiner als Augentierchen oder Bakterien. Ihre Größe liegt zwischen 100 nm (Nanometer) und 4 µm. Schätze, wie viele Viren sich hintereinander legen müssten, damit eine 9 cm lange Reihe entsteht.
4 Vergleiche die Größe eines Augentierchens mit …
   A der Größe einer Bakterie.   B der Größe eines Virus.

A Sprachförderung

Zu Seite 158

11 Ein Tennisclub hat acht Tennisplätze. An jedem Wochenende werden die weißen Linien von jedem Tennisplatz neu gestreut.
  a) Berechne, wie lang alle gestreuten Linien zusammen …
   1 für einen Tennisplatz sind.
   2 für alle acht Tennisplätze sind.
  b) Eine Saison dauert im Tennis 28 Wochen. Berechne, wie lang alle gestreuten Linien zusammen in einer Saison sind.
  c) Für jeden Meter der gestreuten Linien werden etwa 15 g Kreide benötigt. 1 kg Kreide kostet 0,89 €.
   A Berechne, wie viel Kreide …
    1 an einem Wochenende benötigt wird.
    2 in einer Saison benötigt wird.
   B Berechne, wie teuer die gesamte Kreide in einer Saison ist.

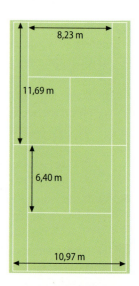

Zu Seite 165

17 Die Haut eines erwachsenen Menschen hat eine Fläche von ungefähr 2 m². Auf einem Quadratzentimeter Haut befinden sich ungefähr 500 Nervenzellen. Berechne die Anzahl der Nervenzellen auf der gesamten Haut. Präsentiere dein Ergebnis in der Klasse.

Zu Seite 169

16 Lucy und Lucas basteln aus blauem DIN-A4 Papier Bilderrahmen. Um jedes Foto herum soll dabei ein Rahmen sichtbar bleiben, der an jeder Stelle gleich breit ist (siehe Abbildung). Nimm ein DIN-A4-Papier und gib bei den beiden Aufgaben an, wie lang und wie breit das Foto ist. Berechne danach den Flächeninhalt des Fotos.
  a) Bei Lucys Foto ist der blaue Rahmen an jeder Seite 2,5 cm breit.
  b) Bei Lucas' „Minifoto" ist der blaue Rahmen an jeder Seite 8,1 cm breit.

Zu Seite 212

17 Eine Schreinerei möchte drei Sorten von Holzstiften in großer Menge herstellen. Dazu bestellt die Schreinerei eine Sorte von langen Holzstangen. Sie benötigt Holzstangen von einer ganz bestimmten Länge.
  a) Es soll mit jeder Holzstange möglich sein, daraus mehrere 9 cm, 6 cm oder 4 cm lange Holzstifte zu schneiden, ohne dass ein Rest übrig bleibt. Gib an, wie lang solche Holzstangen sein müssen. Finde verschiedene Möglichkeiten.
  b) Alle Holzstifte sollen um 1 cm verlängert werden. „Dann müssen wir andere Stangen bestellen", meint der Auszubildende. Erkläre seine Aussage. Gib für die neuen Holzstifte sinnvolle Längen der Holzstangen an.

Lösungen

Am Ziel! – Seiten 30 und 31

1

Orangen	Äpfel	Kirschen
⊬⊬ ⊬⊬	⊬⊬ ΙΙΙ	⊬⊬ ⊬⊬ ΙΙΙΙ

Erdbeeren	Limetten
⊬⊬ ⊬⊬	⊬⊬ ⊬⊬ ΙΙΙ

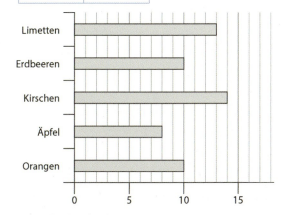

2 Die Ergebnisse können – je nach gewählter Seite – variieren. Wissenschaftliche Untersuchungen ergeben aber, dass im Deutschen von 100 Buchstaben etwa 17-mal das „e" vorkommt, der Vokal „i" ungefähr 8-mal, also nicht mal halb so oft. Der Vokal mit der drittgrößten Häufigkeit ist „a". Das Diagramm variiert je nach gewählter Seite.

3 a)

Jan.	Feb.	März	April
12	10	15	8
Mai	Juni	Juli	Aug.
16	20	26	28
Sept.	Okt.	Nov.	Dez.
29	28	10	12

b) Die meisten Sonnentage: September
Die wenigsten Sonnentage: April
c) 214 Sonnentage

4 a)

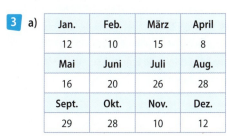

b)

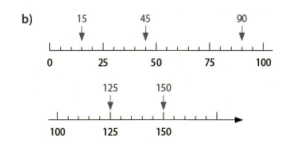

5
a) 35 > 27
b) 1100 > 1010
c) 1000 > 999
d) 18 < 81
e) 123 < 132
f) 173 = 173
g) 4 < 40
h) 987 > 789
i) 1010 < 1011

6
a) größte Zahl: 55 441
kleinste Zahl: 14 455
b) Man kann zwölf unterschiedliche Zahlen legen.
1455 < 1545 < 1554 < 4155 < 4515 < 4551 < 5145 < 5154 < 5415 < 5451 < 5514 < 5541

7

Das Bild wird in gleich große Felder zerlegt (siehe Abbildung). In einem Feld sind etwa 6 Bienen. In den insgesamt 28 Feldern sind also etwa 28 · 6 = 168 Bienen zu sehen.

8
a) 122 < 123 < 124   449 < 450 < 451
1298 < 1299 < 1300   1499 < 1500 < 1501
788 < 789 < 790   1788 < 1789 < 1790
17 898 < 17 899 < 17 900
b) 999 999 < 1 000 000 < 1 000 001
909 089 < 909 090 < 909 091
1 789 998 < 1 789 999 < 1 790 000
1 999 998 < 1 999 999 < 2 000 000
c) 58 < 59 < 60   499 < 500 < 501
5000 < 5001 < 5002
50 900 < 50 901 < 50 902
509 998 < 509 999 < 510 000

Lösungen

9 a) größte vierstellige Zahl: 9998 < **9999** < 10 000
kleinste vierstellige Zahl: 999 < **1000** < 1001
b) Beispiel: **63** + 62 + 64 = 189
189 : 3 = 63
Man erhält immer die Ausgangszahl da man quasi 3 mal die Ausgangszahl +1 − 1 addiert und das Ergebnis dann durch 3 teilt.

10 a) 3856; 3999; 20 035; 20 239; 29 393; 30 001
b) 4821; 4837; 4878; 4887; 4899; 4900; 4999
c) 11 011; 101 010; 111 000; 1 001 001; 1 010 100
d) 99 990; 899 999; 900 399; 919 999; 999 998

11 a) 12 450 ≈ 12 000   b) 374 900 ≈ 370 000
c) 9098 ≈ 9100   d) 1499 ≈ 1500

12 12 657 912 ≈ 13 000 000 (12 660 000)
4 390 000 ≈ 4 000 000 (4 390 000)
176 981 517 123 ≈ 176 982 000 000 (176 981 520 000)

13 a) Es wurden ca. 24 800 + 18 400
= 43 200 Karten verkauft.
b) Es sind ca. 24 800 + 18 400 + 1500
= 44 700 Plätze belegt.
Es sind noch ungefähr 300 Plätze frei.

Aufgaben für Lernpartner

A Für viele Sachverhalte trifft das zu. Aber manchmal braucht man andere Messmethoden, beispielsweise beim Messen von Temperaturen.

B Das ist falsch. Bei der Zahl 55 repräsentiert die Ziffer 5 einerseits die Zehner (Wert 50), aber auch die Einer (Wert 5).

C Das ist richtig. Beim Größenvergleich von Zahlen genügt es deshalb oft, die Anzahl der Ziffern zu vergleichen. Bei „Gleichstand" ist diejenige Ziffer entscheidend, an der sich die beiden Zahlen von links nach rechts gelesen das erste Mal unterscheiden.

D Das ist richtig. Allerdings gibt es irgendwann für die Zahlen keine speziellen Namen mehr.

E Das ist falsch. Richtige Regel: Beim Vergleich zweier Zahlen vergleicht man die Stellenwerte von links nach rechts. Es ist dann diejenige Zahl größer, die zuerst an einer bestimmten Stelle die größere Ziffer aufweist.

F Das ist falsch. Üblicherweise steht eine Figur für mehr als einen Gegenstand.

G Das ist richtig.

H Das ist richtig.

I Nein, damit würde man bewusst einen Fehler machen. Man sollte versuchen, sich vorab einen Überblick über die durchschnittliche Zahl der Gegenstände in den einzelnen Kästchen zu verschaffen. Als Zählgrundlage empfiehlt sich dann ein Kästchen, das diesem Durchschnittswert möglichst nahe kommt.

J Nein, viele Schätzungen (z. B. die Höhe eines Kirchturms) können anschließend mithilfe von Messungen genau überprüft werden, sodass man durchaus „gut" oder „schlecht" schätzen kann.

K Das ist richtig.

Startklar! – Seite 35

1 a) Die Schülerinnen und Schüler sollen hier nochmal das Kopfrechnen üben und die häufig vorkommenden Multiplikationen des kleinen 1 × 1 sicher ausführen können.
b) In der linken ersten Spalte und in der obersten Zeile stehen die Faktoren, die multipliziert werden. In der zweiten Zeile stehen nun alle Ergebnisse, die man durch die Multiplikation mit Eins erhält. In der dritten Zeile dann alle Ergebnisse mit der Multiplikation mit 2 usw.

c)

·	11	12	13	14	15
1	11	12	13	14	15
2	22	24	26	28	30
3	33	36	39	42	45
4	44	48	52	56	60
5	55	60	65	70	75
6	66	72	78	84	90
7	77	84	91	98	105
8	88	96	104	112	120
9	99	108	117	126	135
10	110	120	130	140	150

Startklar! – Seite 35

·	11	12	13	14	15
11	121	132	143	154	165
12	132	144	156	168	180
13	143	156	169	182	195
14	154	168	182	196	210
15	165	180	195	210	225

2 a) ·8: 6→48, 7→56, 4→32, 9→72

b) ·7: 7→49, 9→63, 6→42, 4→28

c) ·14: 7→98, 6→84, 3→42, 9→126

d) ·17: 9→153, 3→51, 7→119, 6→102

3 a)
6 · 645 =
6 · 600 = 3600
6 · 40 = 240
6 · 5 = 30
6 · 645 = 3870

b)
9 · 807 =
9 · 800 = 7200
9 · 0 = 0
9 · 7 = 63
9 · 807 = 7263

c)
8 · 5423 =
8 · 5000 = 40000
8 · 400 = 3200
8 · 20 = 160
8 · 3 = 24
8 · 5423 = 43384

d)
12 · 2576 =
12 · 2000 = 24000
12 · 500 = 6000
12 · 70 = 840
12 · 6 = 72
12 · 2576 = 30912

4 a)
5 · 534 =
5 · 500 = 2500
5 · 30 = 150
5 · 4 = 20
5 · 534 = 2670

3 · 345 =
3 · 300 = 900
3 · 40 = 120
3 · 5 = 15
3 · 345 = 1035

b)
7 · 902 =
7 · 900 = 6300
7 · 0 = 0
7 · 2 = 14
7 · 902 = 6314

8 · 590 =
8 · 500 = 4000
8 · 90 = 720
8 · 0 = 0
8 · 590 = 4720

c)
6 · 1473 =
6 · 1000 = 6000
6 · 400 = 2400
6 · 70 = 420
6 · 3 = 18
6 · 1473 = 8838

7 · 3242 =
7 · 3000 = 21000
7 · 200 = 1400
7 · 40 = 280
7 · 2 = 14
7 · 3242 = 22694

Lösungen

d)
```
11 · 7350 =
11 · 7000 = 77000
11 ·  300 =  3300
11 ·   50 =   550
11 ·    0 =     0
11 · 7350 = 80850

15 · 5092 =
15 · 5000 = 75000
15 ·    0 =     0
15 ·   90 =  1350
15 ·    2 =    30
15 · 5092 = 76380
```

e)
```
18 · 12567 =
18 · 10000 = 180000
18 ·  2000 =  36000
18 ·   500 =   9000
18 ·    60 =   1080
18 ·     7 =    126
18 · 12567 = 226206

60 · 40687 =
60 · 40000 = 2400000
60 ·     0 =       0
60 ·   600 =   36000
60 ·    80 =    4800
60 ·     7 =     420
60 · 40687 = 2441220
```

5 a)
```
1320 : 8 =
 800 : 8 = 100
 520 : 8 =  65
1320 : 8 = 165

4788 : 7 =
4200 : 7 = 600
 560 : 7 =  80
  28 : 7 =   4
4788 : 7 = 684
```

b)
```
5445 : 9 =
5400 : 9 = 600
  45 : 9 =   5
5445 : 9 = 605

4836 : 6 =
4800 : 6 = 800
  36 : 6 =   6
4836 : 6 = 806
```

c)
```
7776 : 12 =
7200 : 12 = 600
 576 : 12 =  48
7776 : 12 = 648

9120 : 15 =
9000 : 15 = 600
 120 : 15 =   8
9120 : 15 = 608
```

d)
```
56601 : 9 =
54000 : 9 = 6000
 1800 : 9 =  200
  801 : 9 =   89
56601 : 9 = 6289

13895 : 7 =
 7000 : 7 = 1000
 6300 : 7 =  900
  595 : 7 =   85
13895 : 7 = 1985
```

e)
```
55957 : 11 =
55000 : 11 = 5000
  880 : 11 =   80
   77 : 11 =    7
55957 : 11 = 5087

28404 : 18 =
18000 : 18 = 1000
 9000 : 18 =  500
 1404 : 18 =   78
28404 : 18 = 1578
```

Am Ziel! – Seiten 70 und 71

1 a) 1270 b) 11 608 c) 14 150
   d) 20 883 e) 28 902 f) 263 608

2 a) 452 + 838 + 14 = 1304
   b) 2311 + 384 + 4315 = 7010
   c) 9039 + 9983 + 3899 = 22921

3 a) 101 b) 7810 c) 1346
   d) 87 e) 1273 f) 3087
   g) 52 879

4 a) 506 b) 47 552 c) 391 034
   d) 223 672 e) 709 956 f) 115 128
   g) 1 183 888 h) 1 271 790 i) 409 356

5 a) 735 b) 216 c) 216
   d) 1345 Rest 5 e) 3654 f) 8547
   g) 64 Rest 35 h) 268

6 a) 251 · 48 = 12 048 b) 350 · 369 = 129 150
   c) 689 · 225 = 155 025 d) 666 · 545 = 362 970

7 12 € · 28 · 3 = 1008 €
   Die Übernachtungskosten betragen 1008 €.

8 1020 kg : 12 = 85 kg
   Es wird mit einem durchschnittlichen Gewicht von 85 kg pro Person gerechnet.

9 a) (121 : 11) + 76 = 11 + 76 = 87
   b) (56 − 26) · 8 = 30 · 8 = 240
   c) 27 · 3 − 21 = 81 − 21 = 60
   d) 14 · (33 − 19) = 14 · 14 = 196

10 a) 8; 243; 64 b) 1728; 289; 361 c) 1024; 14; 1

11 a) 3^5 b) 17^4 c) 25^3 d) 4^7

12 a) 17 + 48 + 23 (KG)
   = 17 + 23 + 48
   = (17 + 23) + 48 (Klammer zuerst)
   = 40 + 48
   = 88

b) 46 + (177 + 54) + 23 (KG)
   = 46 + (54 + 177) + 23 (AG)
   = (46 + 54) + (177 + 23) (Klammer zuerst)
   = 100 + 200
   = 300

c) (25 · 7) · 4 (KG)
   = (7 · 25) · 4 (AG)
   = 7 · (25 · 4) (Klammer zuerst)
   = 7 · 100
   = 700

d) 4 · 9 · 17 · 125 (KG)
   = 4 · 125 · 9 · 17
   = 500 · 9 · 17
   = 76 500

e) 12 + 88 · 113 − 13 (Punkt vor Strich)
   = 12 + 9944 − 13
   = 9943

f) 17 · (2 · 10 − 10) : 5
   (Punkt vor Strich, Klammer zuerst)
   = 17 · 10 : 5
   = 170 : 5
   = 34

g) (5 · (123 − 48) + 2) · 3 (Klammer zuerst)
   = (5 · 75 + 2) · 3 (Punkt vor Strich)
   = (375 + 2) · 3 (Klammer zuerst)
   = 377 · 3
   = 1131

h) 125 · $(5^2 − 4^2)^2$ (Potenz vor Strich)
   = 125 · $(25 − 16)^2$ (Klammer zuerst)
   = 125 · 9^2 (Potenz vor Punkt)
   = 125 · 81
   = 10 125

13 a) 15 · 23 + 15 · 17 = 15 · (23 + 17)
   = 15 · 40 = 600
   b) (9 + 8) · 6 = 9 · 6 + 8 · 6 = 54 + 48 = 102
   c) 8 · (8 + 40) = 8 · 8 + 8 · 40 = 64 + 320 = 384
   d) 45 · 3 − 15 · 3 = (45 − 15) · 3 = 30 · 3 = 90
   e) 17 · 120 + 83 · 120 = (17 + 83) · 120
   = 100 · 120 = 12 000
   f) 6 · 9 + 6 · 10 + 6 · 11 = 6 · (9 + 10 + 11)
   = 6 · 30 = 180

14 a) (346 + 686) : (804 − 792) = 1032 : 12 = 86
   b) (935 − 635) · 8^3 = 300 · 512 = 153 600

15 Es sind auch andere Texte möglich und richtig.
a) Multipliziere die Summe aus 17 und 4 mit 8.
   $(17 + 4) \cdot 8 = 21 \cdot 8 = 168$
   Bilde die Summe aus 17 und dem Produkt von 4 und 8.
   $17 + 4 \cdot 8 = 17 + 32 = 49$
b) Bilde das Produkt aus 2 und dem Quotienten von 96 und 4.
   $96 : 4 \cdot 2 = 24 \cdot 2 = 48$
   Dividiere 96 durch das Produkt aus 4 und 2.
   $96 : (4 \cdot 2) = 96 : 8 = 12$
c) Multipliziere die Summe der beiden Zahlen 9 und 5 mit ihrer Differenz.
   $(9 + 5) \cdot (9 - 5) = 14 \cdot 4 = 56$
   Bilde die Summe aus 9 und dem Produkt der Faktoren 5 und 9 und subtrahiere anschließend 5.
   $9 + 5 \cdot 9 - 5 = 9 + 45 - 5 = 49$
d) Dividiere die Differenz aus 12 und 8 durch die Differenz von 4 und 2.
   $(12 - 8) : (4 - 2) = 4 : 2 = 2$
   Bilde die Differenz aus 12 und dem Quotienten von 8 und 4 und subtrahiere anschließend 2.
   $12 - 8 : 4 - 2 = 8$

16 Es gibt $4 \cdot 3 \cdot 2 \cdot 1 = 24$ Möglichkeiten die Sehenswürdigkeiten zu betrachten. Der Stadionbesuch findet immer am Ende statt.

Aufgaben für Lernpartner

A Das ist richtig. Letztlich ist die Multiplikation nichts anderes als eine verkürzte Schreibweise der Addition für den Fall, dass lauter gleiche Summanden auftreten.

B Das ist falsch. Man ordnet beim schriftlichen Addieren alle Summanden unter den kleinsten Stellenwert an („von rechts").

C Das ist falsch. Prinzipiell ist die Reihenfolge der Faktoren bei der Multiplikation egal. Es kann aber hilfreich sein, wenn der 2. Faktor kleiner ist.

D Das ist falsch, denn es gibt Doppelungen bei den Buchstaben. Die Aussage wäre richtig, wenn es lauter verschiedene Buchstaben wären. Aus den Buchstaben A, N, N und A lassen sich folgende sechs Wörter bilden:
ANNA   ANAN   AANN   NANA
NAAN   NNAA

E Das ist falsch: $9^3 = 729$, aber $3^9 = 19\,683$.

F Das ist falsch. Sowohl das Vertauschungs- als auch das Verbindungsgesetz gelten nur für die Addition und die Multiplikation, nicht für die Subtraktion und die Division. Anhand von Gegenbeispielen lässt sich das zeigen (hier Subtraktion und Verbindungsgesetz):
$(10 - 5) - 3 = 2$ aber: $10 - (5 - 3) = 8$

G Das ist richtig. In den meisten Fällen hat man gar keine andere Wahl, als die innerste Klammer zuerst zu berechnen.

H Das ist richtig.

Startklar! – Seite 75

1

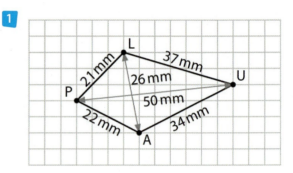

2

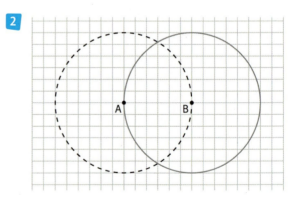

___ Kreis für Teilaufgabe a)
- - - - Kreis für Teilaufgabe b)
Die Kreise haben zwei Schnittpunkte.

3
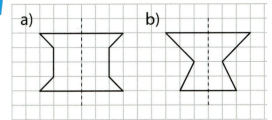
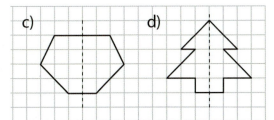

4
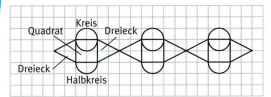

5 Lösungsbeispiel:
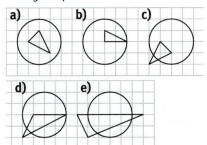

Am Ziel! – Seiten 108 und 109

1 Lösungsmöglichkeiten

Strecke	Halbgerade	Gerade
$\overline{AB}$; $\overline{AD}$; $\overline{AE}$; $\overline{BC}$; $\overline{BE}$; $\overline{CD}$; $\overline{CE}$; $\overline{DE}$	$\overrightarrow{BA}$; $\overrightarrow{AD}$; $\overrightarrow{DA}$; $\overrightarrow{AE}$; $\overrightarrow{EA}$; …	AD; AE; BC; BE; DE; CE

2
k ∥ h   a ∥ c   b ⊥ k   b ⊥ h

3
A: 7 mm   B: 2 cm 1 mm   C: 3 cm 2 mm
D: 1 cm 4 mm   E: 2 cm 8 mm   F: 0 cm

4 a)

Aus Platzgründen entfallen die Lösungen zu b) und c).

5
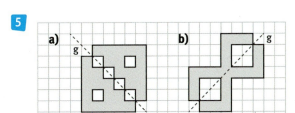

6
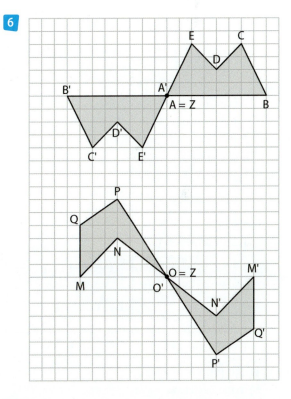

7
A(1|3)   B(4|2)   C(6|3)   D(5|1)   E(0|2)
F(3|1)   G(1|2)   H(0|3)   I(1|1)

8

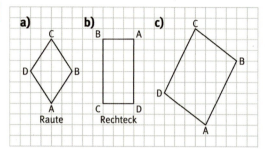

9 Lösungsmöglichkeit:

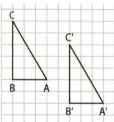

10

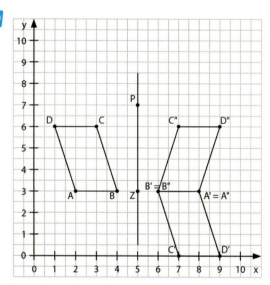

a) D(1|6)
b) siehe Zeichnung
c) Beispiel 1: R = A'; Raute RC"B'C'
   Koordinaten der Punkte der Raute:
   R(8|3), C"(7|6), B'(6|3), C'(7|0)
   Beispiel 2: R(10|3); Raute RD"A'D'
   Koordinaten der Punkte der Raute:
   R(10|3), D"(9|6), A'(8|3), D'(9|0)

11 a)

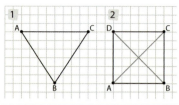

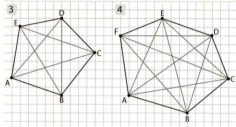

Eck-punkte	Verbindungs-linien	
3	3	= 1 + 2
4	6	= 1 + 2 + 3
5	10	= 1 + 2 + 3 + 4
6	15	= 1 + 2 + 3 + 4 + 5
7	21	= 1 + 2 + 3 + 4 + 5 + 6

b) Man muss von der Anzahl der Punkte 1 abziehen. Dann muss man alle natürlichen Zahlen bis zu dieser Zahl addieren. Bei 6 Punkten muss man also die natürlichen Zahlen von 1 bis 5 addieren.

Aufgaben für Lernpartner

A Ja, das ist richtig, denn sie besitzt keinen Anfangs- und keinen Endpunkt.

B Nein. Da die zweite Koordinate den y-Wert angibt, gilt: Keine Längeneinheit nach oben, aber vier Längeneinheiten nach rechts. Also liegt der Punkt auf der x-Achse.

C Das ist falsch! Die Reihenfolge der Koordinaten spielt eine Rolle: Der Punkt P(3|4) ist nicht derselbe wie Q(4|3).

D Ja, das ist richtig.

E a) Ja, denn gegenüberliegende Seiten einer Raute sind jeweils parallel.
b) Ja, denn die gegenüberliegenden Seiten sind parallel und gleich lang.

c) Nein, denn es gibt Parallelogramme ohne rechten Winkel. Die Umkehrung ist richtig: Jedes Rechteck ist zugleich ein Parallelogramm.
d) Nein, die Seiten eines Rechtecks sind nicht alle gleich lang.

F Ja, das ist richtig.

G Ja, das ist richtig.

H Nein, denn ein Rechteck, das nicht zugleich ein Quadrat ist, besitzt nur zwei Symmetrieachsen. Quadrate hingegen besitzen vier Symmetrieachsen.

I Ja, das ist richtig.

Startklar! – Seite 113

1 Lösungsmöglichkeiten:
a) Währungen, z. B. Euro (€) oder Cent (ct), auch Währungen anderer Länder
b) Längeneinheiten, z. B. Meter (m) oder Kilometer (km)
c) Masseneinheiten, z. B. Gramm (g), Kilogramm (kg) oder Tonne (t)
d) Zeiteinheiten, z. B. Stunde (h), Minute (min) oder Sekunde (s)

2 a)
  1 z. B.: großer Schritt, großes Bild
  2 z. B.: 1 ℓ Wasserflasche, leere Schultasche
  3 z. B.: Hausaufgaben, Tennisunterricht
  4 z. B.: Kaugummi, Bleistift
b) Individuelle Lösungen möglich

3
  1 3,5 cm 2 4 cm 3 3 cm
  4 6 cm   5 2,5 cm

4 a) Lineal um kleinere Gegenstände abzumessen
Meterstab um Räume abzumessen
Maßband um die Armlänge zu bestimmen vor dem Nähen eines Kleidungsstückes
b) Küchenwaage beim Backen
Personenwaage beim Kinderarzt
Messbecher beim Kochen
c) Uhr, um zu wissen wie lange man gelaufen ist

5 a) Die Fabrikhalle ist ca. 11 Parkplätze breit. Die Breite eines Parkplatzes beträgt üblicherweise ca. 2,4 m. Demnach ist die Fabrikhalle etwa 11 · 2,4 m = 26,4 m breit
b) Die Person ist mehr als einen Leitpfosten entfernt von der Brücke. In der Regel beträgt der Abstand zwischen zwei Leitpfosten in Deutschland 50 m. Demnach ist sie ca. 70 m von der Brücke entfernt.

Am Ziel! – Seiten 148 und 149

1 a) Zeitpunkt b) Zeitspanne c) Zeitpunkt
d) Zeitspanne e) Zeitspanne f) Zeitspanne

2 a) Lösungsmöglichkeiten:
Länge des Schulwegs: Bestimmung mittels Fahrradcomputer, Tachometer am Auto, Routenplanung über das Internet, …
Dauer des Schulwegs: Man bestimmt mit einer Uhr, wann man losgeht/losfährt und wann man ankommt. Die Zeitspanne dazwischen ist die Dauer des Schulwegs.
b) Masse der Schultasche: Am besten mithilfe einer Waage. Bei einer Haushaltswaage kann die Tasche vermutlich direkt gewogen werden. Hat man nur eine Personenwaage zur Verfügung, muss man sich evtl. selbst mit drauf stellen, weil die Anzeige im unteren Gewichtsbereich noch recht ungenau ist. Anschließend muss man die Differenz bilden aus „Mensch mit Tasche" und „Mensch ohne Tasche".
Fassungsvermögen: Man kann ein Gefäß, von dem man den Inhalt kennt (z. B. aufgeschnittene Milchtüte mit 1 ℓ Fassungsvermögen), mit kleinen Kugeln füllen und anschließend die Schultasche damit füllen. Anschließend muss man hochrechnen.

3 a) Nein, das kann nicht sein. Sehr gute Sprinter laufen 100 m in ungefähr 10 Sekunden, dann brauchen sie für die 200 m schon etwas über 20 Sekunden.
b) Nein, das kann nicht sein, denn es gibt kein Menschenbaby, das mit einem Geburtsgewicht von 30 000 g = 30 kg zur Welt kommt.
c) Ja, die Mülltonne wäre 12,5 kg schwer.

Lösungen

d) Theoretisch ist ein solches Modell natürlich möglich, aber es wäre eine Vergrößerung des Airbus, der dann im Modell 730 m lang wäre. Es wird sich niemand finden, der ein solches Modell bauen lässt, weswegen man die Frage verneint.

4 a) Länge eines Sattelschleppers: m
Länge eines Regenwurms: cm oder mm
b) Masse eines Fahrrads: kg
Masse eines Tischtennisballs: g oder mg
c) Dauer einer Halbzeit beim Fußball: min (oder h)
Dauer einer Halbzeit beim Handball: min (oder h)
d) Kosten ein s/w-Kopie im DIN-A4-Format: ct

5 a) 85 min = 1 h 25 min   b) 6 h 40 min
c) 11 h 50 min   d) 20 h 29 min
e) 23 h 45 min   f) 18 h 44 min

6 a) 0,20 €   b) 0,0005 kg   c) 700 mm
d) 3420 s   e) 14,05 dm   f) 3204 ct
g) 75,01 g   h) 10 801 s   i) 1180 ct
j) 50,005 km

7 Vroni hat nicht Recht, die Länge hängt von der Maßzahl und gleichzeitig von der Maßeinheit ab, es genügt also nicht, nur die Maßzahlen zu betrachten.
Beispiel: 7 mm < 5 cm, obwohl 7 > 5. Bei gleichen Maßeinheiten jedoch hat Vroni Recht.

8

	Länge in Wirklichkeit	Länge auf der Karte	Maßstab
a)	5 km	5 cm	1 : 100 000
b)	800 m	4 cm	1 : 20 000
c)	100 mm	4 mm	1 : 25

9 a) 1 cm : 150 m = 1 cm : 15 000 cm
Maßstab 1 : 15 000
b) Aufgrund der großen Darstellung der Karte könnte es ein Stadtplan sein.

10 a) 35 s + 25 s = 1 min   b) 1 min 17 s + 43 s = 2 min
c) 88 s + 32 s = 2 min

11 a) 2300 g > 2200,2 g   b) 3354 kg < 3500 kg
c) 31 500 m < 31 999 m   d) 116 s = 116 s

12 5 h Arbeit kosten 190 €.   ) : 5
1 h Arbeit kostet 38 €.   ) · 3
3 h Arbeit kosten 114 €.
3 h Arbeit kosten 114 €.

13 a) Ein 1,5 m langes Band lässt sich in sieben 20 cm Streifen schneiden. 10 cm Band sind dann noch übrig.
b) 15 : 10 Uhr + 25 min + 18 min = 15 : 53 Uhr
15 : 53 Uhr bis 16 : 45 Uhr: 52 min
Becca hat noch 52 Minuten Zeit.

14 6,50 € + 2,20 € + 1,70 € = 10,40 €
15 € − 10,40 € = 4,60 €
Sophie hat noch 4,60 € übrig.

15 Der nächste Kilometerstand mit lauter gleichen Ziffern ist bei 111 111 km.
111 111 km − 99 999 km = 11 112 km
Man muss noch 11 112 km fahren bis zum nächsten Kilometerstand mit lauter gleichen Ziffern.

16 a) 225 · 5 km = 1125 km
Der Postbote legt im Jahr eine Strecke von 1125 km zurück.
b) 17 · 1125 km = 19 125 km
Das reicht noch nicht für eine Erdumrundung (ca. 40 000 km).

Aufgaben für Lernpartner

A Es kommt auf die Betrachtungsweise an: Rein mathematisch gesehen bedeutet es dasselbe:
6:00 h = 6 h = 360 min
Üblicherweise wird man 6 h aber als eine Zeitspanne interpretieren, die zwischen 5:30 h und 6:29 h liegt, weil man annimmt, dass eine Rundung vorliegt. Bei 6:00 wurde offensichtlich auf Minuten genau gerundet. Insofern können sich die beiden Angaben voneinander unterscheiden.

B Das ist richtig.

C Das ist falsch. Prinzipiell kann man jede Einheit in eine beliebige größere bzw. kleinere umrechnen.
In manchen Fällen stößt man dabei lediglich an eine Grenze, weil es keine „vernünftigen" größeren bzw. kleineren Einheiten mehr gibt.

Startklar! – Seite 153

D Das ist falsch, denn 750 000 mg = 750 g.

E Doch, man kann in diesem Fall das Porto für 5 Kompaktbriefe berechnen. Das Porto für einen Kompaktbrief beträgt 85 ct, bei 5 Briefen beträgt es 4,25 €.

F Das ist falsch, 5 kg sind 25-mal so viel wie 200 Gramm.

G Das ist falsch, beispielsweise hat ein Tag 24 Stunden, eine Sekunde hat 1000 Millisekunden, ein Jahr hat 365 Tage. 60 ist lediglich die Umrechnungszahl zwischen Sekunden und Minuten und zwischen Minuten und Stunden.

Startklar! – Seite 153

1 a) 1 gleichseitiges Dreieck
     2 Kreis
     3 Rechteck
     4 Parallelogramm
     5 Quadrat
     6 achsensymmetrisches Trapez
  b) Lösungsmöglichkeiten:
     1 gleichseitiges Dreieck:
       drei gleich lange Seiten
       drei gleich große Winkel (60°)
     2 Kreis:
       Alle Geraden durch den Mittelpunkt des Kreises sind Symmetrieachsen.
       Punktsymmetrie bezüglich des Mittelpunkts
     3 Rechteck:
       Gegenüberliegende Seiten sind gleich lang und parallel zueinander.
       Alle Innenwinkel betragen 90°.
       Die beiden Diagonalen halbieren sich gegenseitig und sind gleich lang.
     4 Parallelogramm:
       Gegenüberliegende Seiten sind parallel und gleich lang.
       Gegenüberliegende Winkel sind gleich groß.

5 Quadrat:
  Alle Seiten sind gleich lang.
  Gegenüberliegende Seiten sind parallel zueinander.
  Alle Innenwinkel betragen 90°.
  Die beiden Diagonalen halbieren sich, sind gleich lang und stehen senkrecht aufeinander.
  Achsensymmetrie bezüglich der Mittelsenkrechten und Diagonalen
  Punktsymmetrie bezüglich des Diagonalenschnittpunkts

6 achsensymmetrisches Trapez:
  Zwei gegenüberliegende Seiten sind parallel (Grundseiten).
  Zwei gegenüberliegende Seiten sind gleich lang (Schenkel).

2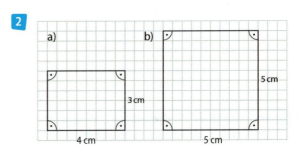

3 a) 12 cm   b) 37 m   c) 28 mm
  d) 1 dm   e) 138 km

4 |AB| = 26 mm |CD| = 47 mm
  |EF| = 54 mm |GH| = 80 mm = 8 cm

5 a) 8 cm = 80 mm   b) 4 km = 4000 m
     20 000 m = 20 km   1,5 m = 15 dm
  c) 32 dm = 320 cm   d) 7,02 m = 7020 mm
     1 km 20 m = 1020 m   2,018 km = 20 180 dm
  e) 14,81 m = 14 810 mm
     3 km 18 cm = 3 000 180 mm
  f) 1,5 m = 150 cm
     30 m = 0,03 km

Am Ziel! – Seiten 182 und 183

1
a) 6 · 3 cm = 18 cm
b) 4 cm + 5 cm + 3 cm = 12 cm
c) 17 cm + 10 cm + 2 · 13 cm = 53 cm

2
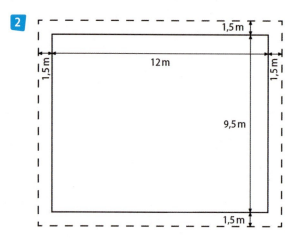

U = 2 · (15 m + 12,5 m) = 55 m
Das Band muss mindestens 55 m lang sein.

3 Wohnzimmer: m²; Tennisplatz: m²; DIN-A4-Blatt: cm² (oder dm²); Geodreieck: cm²; Stadtgebiet von Duisburg: km²

4
a) 9200 cm²   b) 27 500 ha   c) 850 m²
d) 74 dm²   e) 910 000 000 m²   f) 1500 a
g) 75 ha   h) 0,7266 km²   i) 0,0825 a
j) 70 500 000 000 cm²

5
a) 5 ha 46 a = 54 600 m²   b) 14 dm² = 0,14 m²
c) 1570 ha > 15 km² 7 ha   d) 23 m² > 23 000 cm²

6
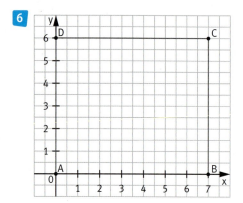

A = 7 cm · 6 cm = 42 cm²
U = 2 · 7 cm + 2 · 6 cm = 26 cm
Der Flächeninhalt beträgt 42 cm² und der Umfang beträgt 26 cm.

7

	a)	b)	c)
a	15 mm	12 cm	8 m
b	15 mm	7 cm	4 m
U_R	60 mm	38 cm	24 m
A_R	225 mm²	84 cm²	32 m²
	d)	e)	f)
a	5 dm	15 m	4,7 cm
b	120 dm	36 m	5,5 cm
U_R	250 dm	102 m	204 mm
A_R	600 dm²	540 m²	25,85 cm²

8 Da die Grundseite und die Höhe der beiden Parallelogramme sowie des Rechtecks gleich sind, haben die drei Figuren den gleichen Flächeninhalt.

9 Vgl. Aufgabe 8: $A_P = A_R$
1 A = 24 cm²   2 A = 15 cm²

10
1 A = 2,5 cm · 2 cm = 5 cm²
2 A = 2 cm · 2 cm = 4 cm²

11
a) 105 m · 68 m = 7140 m²
b) U = 2 · l + 2 · b
   U = 2 · 105 m + 2 · 68 m = 210 m + 136 m
     = 346 m
   Laufstrecke: 3 · 346 m = 1038 m
   Die Mannschaft muss 1038 m laufen.
c)
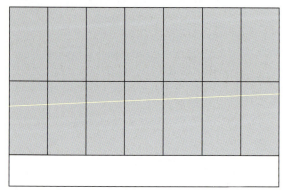

Gezeichnet ergeben sich 14 Basketballfelder.
Theoretisch ergibt sich für das Basketballfeld:
A = 15 m · 28 m = 420 m²
Verteilt auf die Fläche des Fußballfeldes folgt:
7140 m² : 420 m² = 17
Es würden 17 Basketballfelder auf ein Fußballfeld passen.
Dieser theoretische Wert berücksichtigt dabei nicht die tatsächlichen Abmessungen beider Felder, sondern es würden einfach die überstehenden Teilfelder aus der Überdeckung wieder zu neuen Basketballfeldern „zusammengesetzt" werden können.

12 Lösungsmöglichkeiten:
A = (4 m · 7 m) + (4 m · 5 m) + (7 m · 1 m) + (3 m · 5 m) = 70 m²
A = (12 m · 3 m) + (9 m · 2 m) + 2 · (2 m · 4 m) = 70 m²
A = (12 m · 7 m) − (2 m · 4 m) − (2 m · 3 m) = 70 m²

13 Die in 0,5 m breite Streifen aufgeteilte Rasenfläche hat die Länge a und die Breite b. Die zurückgelegte Strecke von 200 m setzt sich zusammen aus der Anzahl der Streifen mal der Länge der Streifen:
$200 \text{ m} = a \cdot \frac{b}{0,5 \text{ m}} \Leftrightarrow 100 \text{ m}^2 = a \cdot b$
Es gibt nun verschiedene Möglichkeiten für die Maße der Rasenfläche, zum Beispiel:
a = b = 10 m; a = 4 m, b = 25 m; a = 5 m, b = 20 m; a = 50 m, b = 2 m

Aufgaben für Lernpartner

A Das ist richtig. Man kann beispielsweise ein Quadrat der Seitenlänge 2 cm mit einem Rechteck der Seitenlängen 3 cm und 1 cm vergleichen. Die Figuren haben unterschiedlichen Flächeninhalt (4 cm² bzw. 3 cm²), aber gleichen Umfang: 8 cm.

B Das ist richtig.

C Die Aussage ist richtig, denn:
$A_{Quadrat} = (30 \text{ cm})^2 = 900 \text{ cm}^2 =$
$A_{Rechtecke} = 8 \cdot (7,5 \text{ cm} \cdot 15 \text{ cm}) = 900 \text{ cm}^2$

D Das ist richtig.

E Das ist richtig.

F Das ist richtig.

G Die Aussage ist falsch, denn die Höhe steht immer senkrecht auf einer Seite des Parallelogramms.

Startklar! – Seite 187

1

Einmaleins	1	2	3	4	5	6	7	8	9	10
1er	1	2	3	4	5	6	7	8	9	10
2er	2	4	6	8	10	12	14	16	18	20
3er	3	6	9	12	15	18	21	24	27	30
4er	4	8	12	16	20	24	28	32	36	40
5er	5	10	15	20	25	30	35	40	45	50
6er	6	12	18	24	30	36	42	48	54	60
7er	7	14	21	28	35	42	49	56	63	70
8er	8	16	24	32	40	48	56	64	72	80
9er	9	18	27	36	45	54	63	72	81	90
10er	10	20	30	40	50	60	70	80	90	100

2 9, 18, 27, 36, 45, 54, 63, 72, 81, 90
Die Summe der ersten mit der letzten Zahl bzw. der zweiten mit der vorletzten Zahl, ... ergibt immer 99.

3 a) Werden die Zahlen der 2er Reihe mit 2 multipliziert so erhalten wir die 4er Reihe. Wird die 2er Reihe hingegen mit 4 multipliziert erhalten wir die 8er Reihe. Genauso kann die 4er Reihe halbiert bzw. verdoppelt werden um die 2er und die 8er Reihe zu erhalten. Die 8er Reihe kann halbiert oder geviertelt werden um die 4er und 2er Reihe zu erhalten.
b) Die Zahlen der 10er Reihe kommen bis 50 in der 5er Reihe vor. Alle Zahlen der Reihen enden entweder mit 0 oder mit 5. Verdoppeln (halbieren) der 5er (10er) Reihe führt zur 10er (5er) Reihe.
c) Die Zahlen der 9er Reihe kommen bis einschließlich 30 in der 3er Reihe vor. Die Ergebnisse der 3er Reihe werden mit 3 multipliziert um die 9er Reihe zu erhalten. Genauso führt das dividieren durch 3 der 9er Reihe zur 3er Reihe.

Lösungen

4

	1	2	3	4	5	6	7	8	9	10
11er	11	22	33	44	55	66	77	88	99	110
12er	12	24	36	48	60	72	84	96	108	120
13er	13	26	39	52	65	78	91	104	117	130

Lösungsmöglichkeit: Für die 11er- (12er-, 13er-) Reihe addiert man die jeweiligen Werte der 10er-Reihe zu denen der 1er- (2er-, 3er-) Reihe.

5 a) letzte Ziffer: 3
Zahl aus den letzten beiden Ziffern: 23
b) letzte Ziffer: 5
Zahl aus den letzten beiden Ziffern: 15
c) letzte Ziffer: 4
Zahl aus den letzten beiden Ziffern: 54
d) letzte Ziffer: 1
Zahl aus den letzten beiden Ziffern: 1

6 16 : 2 = 8; 16 : 4 = 4; 16 : 8 = 2; 16 : 16 = 1
Es handelt sich hierbei um Quadratzahlen von 2.
48 : 3 = 16; 48 : 6 = 8; 48 : 12 = 4; 48 : 24 = 2;
48 : 48 = 1
Auch hier ist das Ergebnis stets eine Quadratzahl von 2.
18 : 9 = 2; 19 : 9 = 2 Rest 1; 20 : 9 = 2 Rest 2;
21 : 9 = 2 Rest 3; 22 : 9 = 2 Rest 4;
23 : 9 = 2 Rest 5; 24 : 9 = 2 Rest 6;
25 : 9 = 2 Rest 7; 26 : 9 = 2 Rest 8; 27 : 9 = 3
18 und 27 sind ein Vielfaches von 9 und ergeben daher eine ganze Zahl als Lösung. Bei den anderen Zahlen (19, 20, 21, …) hingegen bleibt stets ein Rest übrig, der genauso groß ist wie die Differenz dieser Zahl zum letzten ganzen Vielfachen von 9.

7 a) 2 · 2
b) 2 · 3
c) 2 · 4
d) 2 · 5
e) 2 · 6; 3 · 4
f) 3 · 5
g) 2 · 10; 4 · 5
h) 3 · 7
i) 2 · 11
j) 2 · 13
k) 3 · 9
l) 2 · 14; 4 · 7
m) 2 · 15; 3 · 10; 5 · 6
n) 2 · 30; 3 · 20; 4 · 15; 5 · 12; 6 · 10
o) 3 · 33; 9 · 11
p) 2 · 60; 3 · 40; 4 · 30; 5 · 24; 6 · 20; 8 · 15; 10 · 12
q) 3 · 111; 9 · 37
r) 2 · 500; 4 · 250; 5 · 200; 8 · 125; 10 · 100; 20 · 50; 25 · 40

8 a) 2256 : 8 = 282; 4718 · 23 = 108 514
b) 1719 : 9 = 191; 8074 · 12 = 96 888
c) 6816 : 12 = 568; 303 · 202 = 61 206

9

teilbar durch	2	3	4	5	9	10
68	×		×			
85				×		
520	×		×	×		×
315		×		×	×	

Am Ziel! – Seiten 214 und 215

1 a) 25 ∤ 5
3 | 27
17 ∤ 35
b) 12 | 144
13 ∤ 36
15 ∤ 100
c) 16 | 48
29 | 29
1 | 82

2 a) T_{18} = {1; 2; 3; 6; 9; 18}
V_{18} = {18; 36; 54; 72; …}
b) T_{125} = {1; 5; 25; 125}
V_{125} = {125; 250; 375; 500; …}
c) T_{37} = {1; 37}
V_{37} = {37; 74; 111; 148; …}
d) T_{120} = {1; 2; 3; 4; 5; 6; 8; 10; 12; 15; 20; 24; 30; 40; 60; 120}
V_{120} = {120; 240; 360; 480; …}

3 a) gemeinsame Teiler (25; 35) = {1; 5}
ggT (25; 35) = 5
b) gemeinsame Teiler (11; 28) = {1}
ggT (11; 28) = 1 (teilerfremd)
c) gemeinsame Teiler (27; 36) = {1; 3; 9}
ggT (27; 36) = 9
d) gemeinsame Teiler (70; 90) = {1; 2; 5; 10}
ggT (70; 90) = 10
e) gemeinsame Teiler (15; 30; 50) = {1; 5}
ggT (15; 30; 50) = 5
f) gemeinsame Teiler (12; 36; 72) = {1; 2; 3; 4; 6; 12}
ggT (12; 36; 72) = 12

4 a) gemeinsame Vielfache
(9; 24) = {72; 144; 216; 288; …}
kgV (9; 24) = 72
b) gemeinsame Vielfache
(1; 56) = {56; 112; 168; 224; …}
kgV (1; 56) = 56

c) gemeinsame Vielfache
   (125; 225) = {1125; 2250; 3375; 4500; …}
   kgV (125; 225) = 1125
d) gemeinsame Vielfache
   (12; 64) = {192; 384; 576; 768; …}
   kgV (12; 64) = 192
e) gemeinsame Vielfache
   (12; 15; 18) = {180; 360; 540; …}
   kgV (12; 15; 18) = 180
f) Es gibt keine Vielfachen zu 0.

5

	teilbar	2	3	4	5	9	10
a)	49						
	1287		×			×	
	4515		×		×		
	232	×		×			
b)	7373						
	3120	×	×	×	×		×
	9876	×	×	×			
	756	×	×	×		×	
c)	835				×		
	765		×		×	×	
	432	×	×	×		×	
d)	283						
	848	×		×			
	999		×			×	
	2000	×		×	×		×

6 Verschiedene Ansichten desselben Rechtecks werden nicht mitgezählt. Bei der Aufzählung wird jeweils die Anzahl der Kästchen in der Länge und Breite eines Rechtecks angegeben.
a) 2 Möglichkeiten: 1×4; 2×2
b) 3 Möglichkeiten: 1×12; 2×6; 3×4
c) 1 Möglichkeit: 1×13
d) 2 Möglichkeiten: 1×15; 3×5
e) 3 Möglichkeiten: 1×16; 2×8; 4×4
f) 3 Möglichkeiten: 1×18; 2×9; 3×6
g) 3 Möglichkeiten: 1×20; 2×10; 4×5
h) 2 Möglichkeiten: 1×21; 3×7
i) 3 Möglichkeiten: 1×28; 2×14; 4×7
j) 4 Möglichkeiten: 1×42; 2×21; 3×14; 6×7

7 a) 100 (980)   b) 108 (999)
   c) 135 (990)   d) 120 (990)

8 23; 29; 31; 37; 41; 43; 47; 53; 59; 61; 67; 71; 73; 79; 83; 89; 97

9 a) $48 = 2 \cdot 2 \cdot 2 \cdot 2 \cdot 3 = 2^4 \cdot 3$
b) $57 = 3 \cdot 19$
c) $97 = 97$
d) $333 = 3 \cdot 3 \cdot 37 = 3^2 \cdot 37$
e) $246 = 2 \cdot 3 \cdot 41$
f) $144 = 2 \cdot 2 \cdot 2 \cdot 2 \cdot 3 \cdot 3 = 2^4 \cdot 3^2$
g) $625 = 5 \cdot 5 \cdot 5 \cdot 5 = 5^4$
h) $256 = 2 \cdot 2 \cdot 2 \cdot 2 \cdot 2 \cdot 2 \cdot 2 \cdot 2 = 2^8$

10 Kleinste zweistellige Primzahl: 11

11 Primzahlen sind: **b)** 13, **e)** 31, **g)** 97

12 Zeichnung entfällt aus Platzgründen.
a) 6 verschiedene mögliche Anordnungen: 1×28; 2×14; 4×7; 7×4; 14×2; 28×1
b) 9 verschiedene Anordnungen: 1×36; 2×18; 3×12; 4×9; 6×6; 9×4; 12×3; 18×2; 36×1
c) 6 verschiedene Möglichkeiten: 1×50; 2×25; 5×10; 10×5; 25×2; 50×1

13 a) 23 450; 23 455
b) 14 400
c) 70 452
d) 883 350; 883 353; 883 356; 883 359
e) 23 450
f) 19 404; 19 408; 19 412; 19 416; 19 420; 19 424; 19 428; 19 432; 19 436; 19 440; 19 444; 19 448; 19 452; 19 456; 19 460; 19 464; 19 468; 19 472; 19 476; 19 480; 19 484; 19 488; 19 492; 19 496
g) 70 251; 70 254; 70 257
h) 883 053
i) 12 456
j) 10 512; 10 532; 10 552; 10 572; 10 592
k) 83 500; 83 510; 83 520; 83 530; 83 540; 83 550; 83 560; 83 570; 83 580; 83 590
l) 45 402; 45 408; 45 414; 45 420; 45 426; …; 45 492; 45 498

14 a) gemeinsame Vielfache
   (12; 18) = {36; 72; 108; 144; …}
   gemeinsame Teiler (12; 18) = {1; 2; 3; 6}

b) gemeinsame Vielfache
(42; 56) = {168; 336; 504; 672; ...}
gemeinsame Teiler (42; 56) = {1; 2; 7; 14}

c) gemeinsame Vielfache
(17; 21) = {357; 714; 1071; ...}
gemeinsame Teiler (17; 21) = { }

15

	Teile	gefärbter Anteil	nicht gefärbte Teile
a)	4	$\frac{1}{4}$	3
b)	12	$\frac{1}{12}$	11
c)	25	$\frac{15}{25} = \frac{3}{5}$	10
d)	12	$\frac{4}{12} = \frac{1}{3}$	8

16 Lösungsmöglichkeiten:

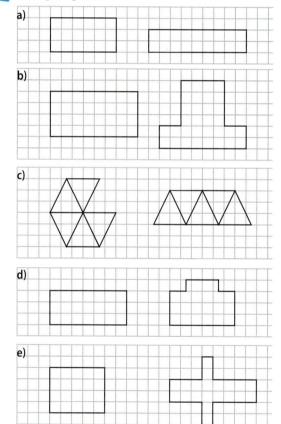

B Die Aussage ist richtig. Denn jede Zahl, die durch 10 teilbar ist, muss die Endziffer 0 haben. Damit ist sie nach den Endziffernregeln jedoch auch durch 2 (durch 5) teilbar.

C Die Aussage, dass jede Zahl, die durch 9 teilbar ist, auch durch 3 teilbar ist, ist richtig. Der Grund ist, dass alle Vielfachen von 9 auch Vielfache von 3 sind. Somit ist jede Quersumme, die durch 9 teilbar ist, auch ein Vielfaches von 3 und durch 3 teilbar. Die Umkehrung ist falsch, denn nicht alle Vielfachen von 3 sind auch Vielfache von 9. Beispiele: 15, 21, 330

D Die Aussage ist falsch, denn es gibt genau eine gerade Primzahl: die 2.

E Die Aussage ist richtig.

F Nein, bei der Primfaktorzerlegung versucht man, eine Zahl als Produkt (nicht als Summe) von Primzahlen zu schreiben.

G Ja, das ist richtig.

H Ja, das ist richtig.

I Nein, es gibt verschiedene Möglichkeiten.

J Ja, das ist richtig.

K Nein. Beispiel: ggT (3; 12) = 3 : 3 ist kein gemeinsames Vielfaches von 3 und 12.

Aufgaben für Lernpartner

A Die Aussage ist allgemein falsch, denn jede Zahl ist auch Teiler zu sich selbst. Für alle anderen Teiler ist die Aussage richtig.

A Umgang mit Operatoren

Anweisung	Erklärung	Beispiel
angeben, nennen, benennen	Beispiele, Begriffe, Wörter ohne weitere Erklärung aufschreiben	**Benenne** Vierecke, die du in der Abbildung erkennst. (S. 100) *mögliche Quadrate: BJIH; JDFI* *mögliches Rechteck: BDFH*
aufstellen, darstellen (1)	Zusammenhänge oder Ergebnisse übersichtlich aufschreiben	**Stelle** eine Formel für den Umfang **auf**. (S. 159) $U_D = 3 \cdot a$
darstellen (2), zeichnen	grafische Abbildung anfertigen	**Stelle** am Zahlenstrahl **dar**: $5 \cdot 7$. (S. 48) $5 \cdot 7 = 35$
begründen, argumentieren	Zusammenhänge erklären, dabei mathematische Beziehungen verwenden	Lassen sich auch Größen ohne Umwandlung in dieselbe Maßeinheit addieren? **Begründe**. (S. 134) *Nein, denn eine Größe besteht aus Maßzahl und Maßeinheit, und die Maßzahl ändert sich, wenn sich auch die Maßeinheit ändert.*
berechnen, rechnen	Ergebnis ermitteln	**Rechne** schriftlich: $808 + 537 + 76$. (S. 40)
beschreiben	Zusammenhänge oder Lösungswege in eigene Worte fassen	**Beschreibe**, wie man mit seltenen Antworten in Umfragen umgehen kann. (S. 13) *Solche „Ausreißer" können gestrichen werden, damit sie das Gesamtbild nicht verfälschen. Sie können auch in einer eigenen Kategorie „Sonstiges" zusammengefasst werden.*
bestimmen, ermitteln	Lösung oder Zusammenhang anhand vorliegender Informationen finden	**Bestimme** die Länge der Strecke $\overline{AB}$. (S. 78) *Die Länge der Strecke $\overline{AB}$ beträgt 45 mm.*

Anweisung	Erklärung	Beispiel
entscheiden	aus verschiedenen Möglichkeiten eine Auswahl treffen	**Entscheide**, welche der Formeln für die Berechnung des Umfangs der abgebildeten Figur geeignet sind … (S. 159) *Formel* 1 *beschreibt den Umfang, indem dort jede einzelne Streckenlänge der Figur nacheinander summiert wird.* *Formel* 3 *beschreibt den Umfang ebenso, nur dass dort gegenüber Formel* 1 *gleiche Streckenlängen zusammengefasst wurden.*
erklären, erläutern	Sachverhalte verständlich und nachvollziehbar machen	Runde die Zahl 567 185 auf Zehner. **Erkläre** dein Vorgehen. (S. 22) *567 185 ≈ 567 190 Rechts auf die Rundungsstelle folgt eine 5, also wird aufgerundet.*
ordnen	systematisch einteilen aufgrund einer Eigenschaft	**Ordne** die Zahlen der Größe nach. Beginne mit der kleinsten Zahl und gib das Lösungswort an. (S. 21) 122 (S); 24 (W); 83 (S); 506 (N); 42 (I); 371 (E) *24 (W); 42 (I); 83 (S); 122 (S); 371 (E); 506 (N)* *Lösungswort: WISSEN*
prüfen, überprüfen, untersuchen	Sachverhalt feststellen aufgrund von bekannten Eigenschaften oder Zusammenhängen	**Untersuche** das Verkehrszeichen auf Achsensymmetrie. (S. 86) *achsensymmetrisch*
vergleichen	Gemeinsamkeiten, Ähnlichkeiten und Unterschiede feststellen	**Vergleiche**. Setze <, > oder = ein. (S. 182) 5 ha 46 a ☐ 54 600 m² *5 ha 46 a = 54 600 m²*
zeigen	Bestätigen von Aussagen	Übertrage die Figuren in dein Heft. **Zeige** die Flächengleichheit der grünen Figuren, indem du sie mit den roten Teilfiguren abdeckst. (S. 178)

Inhaltsverzeichnis mathe.delta 6

Mathematische Zeichen und Abkürzungen 6

1 Rechnen mit Brüchen

Startklar 8
Entdecken: An der Saftbar 10
1.1 Brüche erkennen und herstellen 12
1.2 Verschiedene Sichtweisen auf Brüche 14
1.3 Echte und unechte Brüche erkennen 18
1.4 Brüche erweitern und kürzen 20
1.5 Gleichnamige Brüche addieren und subtrahieren . 24
1.6 Ungleichnamige Brüche addieren und subtrahieren 28
1.7 Brüche multiplizieren 32
1.8 Brüche dividieren 36
1.9 Rechenregeln 40
Trainingsrunde 42
Am Ziel 46
Auf einen Blick 48

2 Dezimalzahlen

Startklar 50
Entdecken: Backe, backe Kuchen 52
2.1 Dezimalzahlen 54
2.2 Ordnen von Dezimalzahlen 56
2.3 Runden von Dezimalzahlen 58
2.4 Umwandeln von Dezimalzahlen 60
2.5 Addieren und Subtrahieren von Dezimalzahlen . . . 62
2.6 Zusammenhänge zwischen Dezimalzahlen und Stellenwerten 66
2.7 Multiplizieren von Dezimalzahlen 68
2.8 Dividieren von Dezimalzahlen 70
2.9 Besondere Dezimalzahlen 74
2.10 Rechenregeln 76
2.11 Brüche, Dezimalzahlen und Prozente 78
Trainingsrunde 80
Am Ziel 84
Auf einen Blick 86

3 Kreise und Winkel

Startklar 88
Entdecken: Wir lernen ein Geometrieprogramm
 kennen 90
3.1 Kreise 92
3.2 Winkel bestimmen 96
3.3 Winkel messen und zeichnen 98
3.4 Winkel an Geraden 102
3.5 Kreis und Gerade 104
3.6 Mittelsenkrechte 106
Trainingsrunde 108
Am Ziel 112
Auf einen Blick 114

4 Umgang mit Daten

Startklar 116
Entdecken: Grau ist alle Theorie 118
4.1 Daten auswerten 120
4.2 Daten darstellen 122
4.3 Kennwerte von Daten: Modus und Zentralwert . . . 126
4.4 Kennwerte von Daten: Arithmetisches Mittel 128
4.5 Daten darstellen: Boxplot 130
4.6 Mit Daten Diagramme beeinflussen 134
Trainingsrunde 138
Am Ziel 142
Auf einen Blick 144

5 Körper

Startklar 146
Entdecken: Alles verpackt 148
5.1 Körper erkennen 150
5.2 Körper darstellen: Netze 152
5.3 Oberflächeninhalt von Quader und Würfel 154
5.4 Körper darstellen: Schrägbild 158
5.5 Volumen bestimmen 162
5.6 Volumeneinheiten 166
5.7 Volumen von Quader und Würfel 168
Trainingsrunde 172
Am Ziel 176
Auf einen Blick 178

6 Rechnen mit ganzen Zahlen

Startklar 180
Entdecken: Wetter 182
6.1 Ganze Zahlen und ihre Anordnung 184
6.2 Zunahmen und Abnahmen 188
6.3 Ganze Zahlen addieren und subtrahieren 192
6.4 Ganze Zahlen multiplizieren 196
6.5 Ganze Zahlen dividieren 198
6.6 Rechenregeln 200
6.7 Einfache Terme mit ganzen Zahlen 204
Trainingsrunde 208
Am Ziel 212
Auf einen Blick 214

Aufgaben zur Sprachförderung 215
Lösungen 219
Umgang mit Operatoren 237
Stichwortverzeichnis 239
Bildnachweis 240